城市与区域规划研究
澳门特辑

本期执行主编　边兰春　顾朝林

商务印书馆
创于1897　The Commercial Press

图书在版编目（CIP）数据

城市与区域规划研究. 澳门特辑/边兰春, 顾朝林主编. —北京：商务印书馆，2022

ISBN 978－7－100－21128－4

Ⅰ. ①城… Ⅱ. ①边… ②顾… Ⅲ. ①城市规划—研究—丛刊②区域规划—研究—丛刊③城市规划—研究—澳门④区域规划—研究—澳门 Ⅳ. ①TU984－55②TU982－55

中国版本图书馆 CIP 数据核字（2022）第 076377 号

城市与区域规划研究·澳门特辑

本期执行主编 边兰春 顾朝林

商 务 印 书 馆 出 版
（北京王府井大街 36 号邮政编码 100710）
商 务 印 书 馆 发 行
北京新华印刷有限公司印刷
ISBN 978－7－100－21128－4

2022 年 7 月第 1 版　　　开本 787×1092　1/16
2022 年 7 月北京第 1 次印刷　　印张 14 ½

定价：86.00 元

主编导读
Editor's Introduction

The year 2019 is both the 70th anniversary of the foundation of the People's Republic of China and the 20th anniversary of Macao's return to China. After the Handover on December 20, 2019, the People's Republic of China resumed its exercise of sovereignty over Macao, and the Macao Special Administrative Region was established. Over the past two decades, Macao, under the "One Country, Two Systems" policy, has been opening up to the world and seeking common prosperity with Chinese mainland. It has made remarkable achievements, enjoying fast economic growth, great social prosperity and stability, and sustained advance in living environment. To celebrate the 20th anniversary of Macao's return to China, this special issue, based on the continuous strategic research of Macao's urban spatial development conducted by a Tsinghua University team, gathers together research findings on Macao's spatial development as well as planning and construction by experts and scholars in Guangdong and Macao, interprets the long history of Macao as a city and its diversified social culture, analyzes the unique features and historical causes of Macao's spatial development, reviews the core issues and realistic challenges during its urban development, seizes the historical opportunity brought about by the strategy of Guangdong-Hong Kong-Macao Greater Bay Area Development to look into principles and vision of Macao's future planning and construction and reflect on strategies and mechanisms of its urban spatial development.

The twelve specially solicited papers included in this issue involve a variety of fields such as Macao's population, industrial

2019 年是中华人民共和国成立 70 周年，也是澳门回归祖国 20 周年。1999 年 12 月 20 日，澳门回归祖国母亲的怀抱，中华人民共和国正式恢复对澳门行使主权，澳门特别行政区成立。20 年来，在"一国两制"的伟大构想下，澳门向世界开放，与内地共荣，经济快速发展，社会繁荣稳定，人居环境建设持续推进，取得了举世瞩目的成就。本期为庆祝澳门回归祖国 20 周年专刊，以清华大学团队持续开展的澳门城市空间发展战略研究为基础，汇集粤澳地区专家学者有关澳门空间发展与规划建设研究成果，解读澳门悠久的城市历史与多元的社会文化，剖析澳门独特的城市空间发展特征与历史成因，厘清城市发展中的核心问题与现实挑战，积极把握粤港澳大湾区发展战略下澳门地区的历史机遇，展望澳门未来城市规划建设的原则与愿景，思考城市空间发展的策略与机制保障。

economy, ecological resources, spatial development, cultural heritage, improvement of living conditions, and institutional potential energy. There is not only overall understanding and reflection but also specialized depth analysis and study, not only review of the history but also prospect of the future. In the paper entitled "Review and Prospect of Research on Spatial Development of Macao" by TAN Zongbo, WANG Yue, ZHANG Yimeng et al., it, based on the strategic research on spatial development of Macao that Tsinghua University participated into twice, reviews the course and characteristics of sea reclamation during Macao's urban development. It proposes the "new three-island structure" to expand Macao's options for future spatial development on the basis of newly increased sea and land space in its administrative area. In the paper entitled "Research on the Planning of Resilient Cities: Reflections on Macao" by GU Chaolin and CAO Genrong, it takes into account Macao as a pocket-sized developed economy, and, based on ideas and methods of resilient urban planning, makes suggestions on urban planning research and practice in Macao from aspects of economy, resources, land use, society, facilities and disaster prevention.

Guangdong-Hong Kong-Macao Greater Bay Area Development, as a national strategy, emphasizes that innovative regional development should be realized in Hong Kong, Macao, and the Pearl River Delta Urban Agglomeration through trans-institutional cooperation and integration. In the paper entitled "Perception of the Institutional Potential Energy and Reflection on Development Issues of Macao Under the National Strategy of Guangdong-Hong Kong-Macao Greater Bay Area Development" by WANG Shifu, LI Ziming, and DENG Zhaohua, it analyzes the driving force brought about to Macao by the institutional innovation of "One Country, Two Systems", summarizes the perspectives of upgrading the visions and optimizing the spatial structure during Macao's development under the strategy of Guangdong-Hong Kong-Macao Greater Bay Area Development, and also makes foresighted planning to further release Macao's

本期特约 12 篇论文，涉及澳门社会人口、产业经济、生态资源、空间发展、文化遗产、居住改善、制度势能等多个领域，既有全局的整体认识与思考，又有专项的深入分析与研究；既有历史的回顾梳理，又有未来的前景展望。谭纵波、汪越、张艺萌等"澳门空间发展研究的回顾与展望"一文，基于清华大学两次参加城市空间发展战略研究，回顾澳门城市发展演进中填海造地的历程与特点，依托行政区划新增的海域空间，提出"新三岛"格局策略以拓展未来城市发展空间的方向选择。顾朝林、曹根榕"韧性城市的规划研究：澳门的思考"一文针对澳门世界袖珍型发达经济体的特征，以韧性城市规划的思路和方法，从经济、资源、用地、社会、设施、防灾等方面提出城市规划研究和实践工作的建议。

粤港澳大湾区发展作为国家战略，强调港澳和珠三角城市群实施跨制度融合与一体化，实现区域创新发展。王世福、黎子铭、邓昭华"粤港澳大湾区战略下澳门制度势能的认识及发展思考"一文，分析了"一国两制"制度创新为澳门带来的发展动力，总结了大湾区战略下澳门发展的定位提升及空间响应策略，并对进

development potential energy. In a new era of development, how to promote moderately diversified economic development is a key issue for Macao to achieve sustainable development. In the paper entitled "Development and Evolution of Macao Urban Industrial Space Based on the Perspective of Economic Transformation" by ZHENG Jianyi, it reveals the causes of Macao's industrial urban form, and, after summarizing the causes and contradictory characteristics of Macao's industrial space development, it elaborates the background and features of the development concept "the fourth space of Macao". In the paper entitled "Economic Growth and Development in Macao (1999-2016): The Role of the Booming Gaming Industry" by SHENG Mingjie and GU Chaolin, it evaluates the far-reaching impact of gaming industry on local economic growth and urban development, examines unique challenges facing gaming industry, and reveals future opportunities brought about by the strategy of moderately diversified economic development. In the paper entitled "Research on Social Development Strategies of Macao Towards Sustainability" by LIU Jiayan, it analyzes the recent evolution process and major characteristics of its population and social aspects, forecasts Macao's future challenges in terms of land resources, and proposes policy suggestions oriented at sustainable social development. In the paper entitled "Study on Urban Form Characteristics and Controlling Strategies in Macao" by BIAN Lanchun, WANG Xiaoting, LU Da et al., it focuses on Macao's characteristic high-density construction and diverse urban forms and proposes controlling strategies and supporting mechanisms in the realm of urban design. In the paper entitled "High-Density Living and Development Strategies of Macao" by WANG Ying, JIANG Yifan, and CAO Lei, it gives a brief review of the history of housing and urban development in Macao, and proposes strategies for improvement and development of its living space with the reference to housing solutions from other metropolises. In the paper entitled "Cultural Heritage Protection of Macao from the Perspective of Cultural Landscape" by ZHANG Jie and NIU Zewen, it

一步释放发展势能做出规划前瞻。在新的发展时期,如何促进澳门经济适度多元是澳门城市可持续发展的重要课题。郑剑艺"基于经济转型视角的澳门城市产业空间发展演变历程"一文,揭示了澳门产业空间形态的成因,并总结了产业空间发展的成因与矛盾性特征,阐述了澳门城市"第四空间"发展构想形成的背景与特点。盛明洁、顾朝林"博彩业繁荣对澳门经济增长与城市发展的影响(1999~2016)"一文,评估博彩业发展对澳门经济增长和城市发展的深远影响,审视博彩业面临的特殊挑战,揭示未来经济结构适度多元发展战略所面临的机遇。刘佳燕"面向可持续的澳门社会人口发展战略研究"一文,分析了澳门近年来社会人口发展态势和主要特征,总结了在土地资源上所面临的挑战,提出面向可持续的社会人口发展策略建议。边兰春、王晓婷、陆达等"澳门城市空间形态特征与管控策略研究"一文,聚焦澳门极具代表性的高密度建设形态和多元化形态特征,从城市设计的角度提出城市空间形态管控策略与机制保障。王英、蒋依凡、曹蕾"高密度居住与澳门发展对策研究"一文,回顾澳门住宅发展历程,分析住房供给模式以及

analyzes the historical process of interaction between human and island in Macao during the construction of its cultural landscape system, clarifies the corresponding relationship between the protected cultural heritage elements and the cultural landscape system in Macao, and proposes strategies for its cultural heritage preservation. In the paper entitled "Twenty Years of Urban Renewal in Macao from Planning to Implementation: A Case Study of the Cultural and Creative Industry Development in the S. Lazaro District" by CHUI Sai Peng Jose and TENG Kai On, it summarizes successful experience and lessons in Macao's urban renewal, comprehensively reviews interaction between urban renewal and economic and social development after Macao's return to China, and reveals the efforts made by Macao through urban renewal to promote development of cultural creative industry and propel diversified urban economic development. In the paper entitled "Study on Protection and Utilization Strategies of Eco-Cultural Landscape Resources in the Coastal Corridor of Coloane, Macao" by ZHENG Xiaodi, WANG Xiaoting, BIAN Lanchun, et al., it, based on an assessment of eco-environmental sensitivity and tourism eco-capacity, proposes protection and utilization strategies of Macao's eco-cultural landscape resources. In the paper entitled "Measurement of High-Density Public Space in Macao from the Perspective of Publicity" by CHEN Mingyu, GAN Cao and BIAN Lanchun, it develops the quantitative measurement index system applicable to the actual situation of public space in Macao, summarizes its public space domain types and characteristics, and reveals the impact of Macao's public space on daily use in the structural transformation process, and proposes several suggestions for improvement.

Urban development research of Hong Kong and Taiwan is of some reference value to the understanding of Macao's urban development. The Land Application List System was an important move to cope with the financial crisis. In the paper entitled "Effects of Land Application List System on Housing Prices in Hong Kong: An

城市发展的空间分布，借鉴其他城市住房发展和建设经验，提出澳门地区居住空间改善与发展对策。张杰、牛泽文"文化景观视角下澳门文化遗产保护"一文，分析澳门人岛互动的历史过程，构建澳门文化景观体系，明确受保护的文化遗产要素与文化景观体系的对应关系，提出文化遗产保护策略。崔世平、丁启安"澳门城市更新 20 年从规划到实践——以望德堂区的文创建设为例"一文，总结了澳门城市更新的成功经验与不足，对澳门回归后城市更新与经济社会发展互动的状况进行较为全面的梳理，展现以城市更新推动文创产业发展带动城市经济多元发展的努力过程。郑晓笛、王晓婷、边兰春等"澳门路环滨海带生态文化景观资源保护与利用策略研究"一文，通过生态环境敏感性分析和旅游生态容量评价，提出澳门生态文化景观资源保护与利用策略。陈明玉、甘草、边兰春"公共性视角下澳门高密度城市公共空间评测研究"一文，构建定量评测澳门公共空间现状的指标体系，归纳分析公共空间领域类型及特征，揭示公共空间在结构转型过程中对日常使用的影响并提出若干改进建议。

香港与台湾地区的城市发展

Analysis Based on Regression Synthesis Control Method" by LI Hao, ZHU Quan and CHEN Guanghan, it analyzes and evaluates the effect of the Land Application List System on Hong Kong's housing prices from its full implementation in 2004 to its end in 2013. In the paper entitled "Review of Taiwan's Urban History Study in the Qing Dynasty in Taiwan and Chinese Mainland" by SUN Shimeng, it explores and compares the study process, major topics, characteristics, and differences of studies conducted by scholars from both sides of the Taiwan Strait on Taiwan cities in the Qing Dynasty.

研究对理解澳门城市发展有一定的参考价值。勾地政策是应对金融危机的重要举措。李昊、朱荃、陈广汉"勾地政策对香港房价实施效果研究——基于回归合成控制法的分析"一文，具体分析并评价了勾地政策从2004年开始全面实施至2013年结束对香港房价的作用效果。孙诗萌"海峡两岸清代台湾城市史研究述评"一文，详细考察了海峡两岸学术界关于清代台湾城市史的研究历程、关注重点以及研究特色。

城市与区域规划研究

目　次 [澳门特辑，2022]

主编导读

澳门研究

1	澳门空间发展研究的回顾与展望	谭纵波　汪　越　张艺萌　等
19	韧性城市的规划研究：澳门的思考	顾朝林　曹根榕
32	粤港澳大湾区战略下澳门制度势能的认识及发展思考	王世福　黎子铭　邓昭华
44	基于经济转型视角的澳门城市产业空间发展演变历程	郑剑艺
58	博彩业繁荣对澳门经济增长与城市发展的影响（1999~2016）	盛明洁　顾朝林
73	面向可持续的澳门社会人口发展战略研究	刘佳燕
86	澳门城市空间形态特征与管控策略研究	边兰春　王晓婷　陆　达　等
100	高密度居住与澳门发展对策研究	王　英　蒋依凡　曹　蕾
118	文化景观视角下澳门文化遗产保护	张　杰　牛泽文
130	澳门城市更新20年从规划到实践——以望德堂区的文创建设为例	崔世平　丁启安
157	澳门路环滨海带生态文化景观资源保护与利用策略研究	郑晓笛　王晓婷　边兰春　等
167	公共性视角下澳门高密度城市公共空间评测研究	陈明玉　甘　草　边兰春

港台研究

185	勾地政策对香港房价实施效果研究——基于回归合成控制法的分析	
		李　昊　朱　荃　陈广汉
204	海峡两岸清代台湾城市史研究述评	孙诗萌

Journal of Urban and Regional Planning

CONTENTS [Special Issue on Macao, 2022]

Editor's Introduction

Macao Studies

1 Review and Prospect of Research on Spatial Development of Macao
TAN Zongbo, WANG Yue, ZHANG Yimeng, et al.

19 Research on the Planning of Resilient Cities: Reflections on Macao GU Chaolin, CAO Genrong

32 Perception of the Institutional Potential Energy and Reflection on Development Issues of Macao Under the National Strategy of Guangdong-Hong Kong-Macao Greater Bay Area Development
WANG Shifu, LI Ziming, DENG Zhaohua

44 Development and Evolution of Macao Urban Industrial Space Based on the Perspective of Economic Transformation ZHENG Jianyi

58 Economic Growth and Development in Macao (1999-2016): The Role of the Booming Gaming Industry
SHENG Mingjie, GU Chaolin

73 Research on Social Development Strategies of Macao Towards Sustainability LIU Jiayan

86 Study on Urban Form Characteristics and Controlling Strategies in Macao
BIAN Lanchun, WANG Xiaoting, LU Da, et al.

100 High-Density Living and Development Strategies of Macao WANG Ying, JIANG Yifan, CAO Lei

118 Cultural Heritage Protection of Macao from the Perspective of Cultural Landscape ZHANG Jie, NIU Zewen

130 Twenty Years of Urban Renewal in Macao from Planning to Implementation: A Case Study of the Cultural and Creative Industry Development in the S. Lazaro District CHUI Sai Peng Jose, TENG Kai On

157 Study on Protection and Utilization Strategies of Eco-Cultural Landscape Resources in the Coastal Corridor of Coloane, Macao ZHENG Xiaodi, WANG Xiaoting, BIAN Lanchun, et al.

167 Measurement of High-Density Public Space in Macao from the Perspective of Publicity
CHEN Mingyu, GAN Cao, BIAN Lanchun

Hong Kong and Taiwan Studies

185 Effects of Land Application List System on Housing Prices in Hong Kong: An Analysis Based on Regression Synthesis Control Method LI Hao, ZHU Quan, CHEN Guanghan

204 Review of Taiwan's Urban History Study in the Qing Dynasty in Taiwan and Chinese Mainland
SUN Shimeng

澳门空间发展研究的回顾与展望

谭纵波　汪　越　张艺萌　万君哲

Review and Prospect of Research on Spatial Development of Macao

TAN Zongbo[1], WANG Yue[2], ZHANG Yimeng[3], WAN Junzhe[4]

(1. School of Architecture, Tsinghua University, Beijing 100084, China; 2. Urban Planning & Design Institute of Shenzhen, Shenzhen 518052, China; 3. Guangzhou Urban Planning & Design Survey Research Institute, Guangzhou 510060, China; 4. Beijing Tsinghua Tongheng Urban Planning & Design Institute, Beijing 100085, China)

Abstract　In the last two decades after returning to the motherland, Macao, in spite of limited space, has developed dramatically and become one of four central cities in the Guangdong-Hong Kong-Macao Greater Bay Area. By reviewing the history of Macao, this paper concludes that several sea reclamations provide necessary land for its development and help Macao form a high-intensity, unbalanced, and mix-used city. The research on two spatial planning before and after the return of Macao to the motherland figures out that single industrial structure, limited urban space, and insufficient cooperation between Macao and Zhuhai are major problems impeding Macao's development for a long time, among which urban space is the key issue. With the central government's actions, including strategic positioning as "one center, one platform," adjusting the administrative division, and increasing sea area, large-scale offshore sea reclamation to form a "new three-island structure" is the first spatial solution for Macao. After the release of the "Outline

作者简介

谭纵波，清华大学建筑学院；
汪越，深圳市城市规划设计研究院有限公司；
张艺萌，广州市城市规划勘测设计研究院；
万君哲，北京清华同衡规划设计研究院有限公司。

摘　要　回归祖国 20 年来，澳门的社会经济在有限的空间资源下发展迅速，逐渐成为粤港澳大湾区四大中心城市之一。回顾澳门的历史可以发现，历次填海造地为澳门的发展提供了不可或缺的陆域空间，并逐渐形成了高强度、非均衡和混合利用等空间特征。通过回顾澳门回归前后两次空间发展研究，发现产业结构单一、发展空间受限和澳珠合作不足是长期困扰澳门发展的核心问题。其中，解决发展空间的不足是关键。在中央政府明确澳门"一中心、一平台"的战略定位，调整澳门特区行政区划，增加海域面积的背景下，采用大规模离岛式填海造地，形成澳门"新三岛"的空间格局是澳门未来发展策略的首选。随着《粤港澳大湾区发展规划纲要》的发布，这一策略不仅是澳门充分利用国家战略机遇力争实现的战略目标，也是粤港澳大湾区践行"一国两制"最新实践的行动方向。

关键词　空间发展规划；空间格局；情景规划；填海造地；澳门；粤港澳大湾区

　　自 1999 年回归祖国，20 年以来，澳门的经济社会发展迅速。2018 年澳门的 GDP 达 4 403 亿元（澳门元，本篇下同），较 1999 年的 490 亿元增长近 8 倍，总人口也从 43.8 万人增加到 66.7 万人，增长约 52%。但是，澳门的陆域面积却仅从 23.8 平方千米增加至约 32.9 平方千米，增长幅度仅为 38%[①]。弹丸之地的澳门何以承载如此高强度的经济和人口活动？由此引发了哪些城市空间上的问题和矛盾？回归 20 年来城市空间格局又发生了哪些变化？又有

of the Development Plan for Guangdong-Hong Kong-Macao Greater Bay Area", this spatial expansion solution not only accords with the national strategy, but also guides the newest practice of "One Country, Two Systems" in this region.

Keywords spatial planning; spatial structure; scenario planning; sea reclamation; Macao; Guangdong-Hong Kong-Macao Greater Bay Area

哪些保持相对稳定？未来随着粤港澳大湾区发展为世界级城市群，澳门如何拓展自己的发展空间，并在有限的城市空间内承载新的产业和民生功能？这些问题都值得在纪念澳门回归20周年的当下进行梳理和研究。围绕澳门空间发展，已有文献研究主要集中在三个方面：一是以澳门城市空间发展历史为主的研究，如童乔慧、盛建荣（2005），严忠明（2005、2006），杨雁（2009）等；二是以填海造陆的空间演变过程和形态特征为主的研究，如张耀光（2000）、黄就顺（2007）、欧阳莹（2007）、袁壮兵（2011）、郭姝伶（2012）、胡雅琳（2012）等；三是研究填海造陆的空间扩展给城市社会经济生态带来的影响，如温长恩（1987），谭光民（1999），龚唯平（2007），朱高儒、许学工（2011）等。本文主要作者有幸在1999年和2016年两次参与了有关澳门空间发展的研究工作。本文主要通过回顾1999年"21世纪澳门城市规划纲要研究"以及2016年"澳门城市空间发展策略研究"两次研究工作，对照回归20年来澳门空间发展的实际过程，对影响澳门空间发展的主要因素进行梳理和分析，探索澳门未来空间发展的可能路径。

1 回归前的澳门概况

1.1 澳门简史

澳门由靠近中国大陆的海上孤岛发展而来，一度成为葡萄牙的殖民地，其回归前后的历史可大致划分为以下四个阶段。

（1）殖民前历史

自秦朝开始，澳门正式记载于中国版图，在晋、隋、唐朝经历了属地的变化，自南宋开始，归属广东省香山县。

（2）葡萄牙人登陆

1553 年（明嘉靖三十二年），葡萄牙人借故商船需靠岸晾晒货物等原因，贿赂当地官员，获得了停靠澳门码头的权利，并于 1557 年开始定居于澳门。1582 年（明万历十年），中葡签订借地协约，每年向香山县缴纳地租 500 两白银。

（3）签订《中葡友好通商条约》

1840 年鸦片战争满清政府战败后，葡萄牙借机相继占领了澳门半岛、冰仔岛和路环岛，并于 1874 年擅自闯入香山筑新关闸作为澳门之界。1887 年满清政府与葡萄牙王国签订《中葡友好通商条约》，明确葡萄牙可长驻澳门管理，自此开始了长达百余年的殖民时期。

（4）联合声明与澳门回归

在 1985 年葡萄牙总统埃亚内斯访问中国、1986 年双方会谈的基础上，中葡两国于 1987 年正式签订《中葡两国政府关于澳门问题的联合声明》，宣布澳门地区是中国的领土，中华人民共和国将于 1999 年 12 月 20 日对澳门恢复行使主权。

1.2 回归前的经济与社会概况

回归前的澳门陆域面积约 24 平方千米，其中建成区约 14.7 平方千米，约合人均 35 平方米；总人口约 44 万人，其中 95%居住在澳门半岛；GDP 约 68.5 亿美元，约合人均 16 055 美元，约为同期香港的 62%；三次产业的比例约为 0.5：8.0：91.5，其中博彩业约占 42%[②]。

2 澳门的陆域空间演变及其特征

2.1 陆域空间的形成过程

澳门最初是由位于珠江口西岸伶仃洋上的数个岛屿所组成，与大陆之间仅有一条细长沙堤相连，后经过历代的填海工程以及自然淤积，岛与岛相连，陆域面积逐渐扩大，形成今日的面貌。在张耀光（2000）、黄就顺（2007）、袁壮兵（2011）等研究的基础上，本文将澳门陆域形成过程大致分为以下四个阶段[③]。

（1）澳门开埠，租借地发展，开始城市建设（1557～1840 年）

开埠后，澳门半岛从海中的数个岛屿，逐渐形成半岛的形态，并通过澳门半岛北部一条细长沙堤——莲花茎与大陆广东香山县建立了唯一的交通联系。明朝万历年间政府于莲花茎中段设置关闸。

（2）殖民开发，开始填海，城市扩张（1840～1974 年）

1840 年鸦片战争后，澳门进入殖民统治时期，同时开启了大规模填海时代。陆域的拓展主要集中在澳门半岛，冰仔岛也在西南方向进行了部分填海扩展，路环岛尚未大规模开发。冰仔岛和路环岛之间建设了一条海堤，形成了路凼公路的路基。伴随陆域空间的拓展，澳门的城市功能区开始形成，开启了迈向近代城市的步伐。

（3）自治过渡，城市平稳发展（1974～1999年）

1974年葡萄牙政府宣布非殖民政策后，澳门政权开始向澳人自治过渡，澳门城市建设的重点也放在了填海造地和基础设施建设上。澳门半岛、凼仔岛与路环岛的填海活动几乎在同步进行，凼仔岛与路环岛之间开始进行大规模的填海工程，澳门的多岛格局逐渐减弱。与此同时，连接澳门诸岛的大型基础设施开始建设，联系半岛与凼仔岛的嘉乐庇总督大桥和友谊大桥、连接凼仔与路环两个岛屿的路凼连贯公路相继建成，凼仔岛与填海而成的机场之间也修建了两座联络桥。对外，连接凼仔岛和珠海市横琴岛的莲花大桥落成，澳门内外的交通联系得到加强。

（4）澳门回归，城市高速建设（1999年至今）

1999年澳门回归，澳门实现高度自治，城市建设也进入了高速发展期，路凼填海工程全部完成，凼仔岛与路环岛连为一体，形成离岛。第三座联系半岛与离岛的西湾大桥建成，进一步加强了南北向联系。2009年，中央政府批复澳门填海造地申请，在澳门半岛东、南以及凼仔北侧重新规划了五片填海区域。

2.2 空间特征

经由长期的填海造地以及高强度人工开发，澳门形成了独具特色的空间格局，其主要特征如下。

（1）陆域多由淤积填埋而成

澳门的陆域面积狭小，对各项城市功能的开展多有不便并造成人口密度畸高。如前所述，借助位于珠江西岸的独特地理条件，澳门的陆域空间尤其是便于开展各项活动的平坦陆地主要依靠填海造地而成。澳门的填海工程始于1863年，至今经历了五次较大规模的填海造地活动。到1999年前后，填海造地所获得的陆域面积已达到原有澳门半岛面积的1.75倍①。

（2）高强度土地利用

高建筑密度、高容积率、高人口密度与狭小的人均用地面积是澳门高强度土地利用的主要特点。人均35平方米的城市建设用地无法满足除博彩业以外的产业发展需求，也难以改善市民的居住水平和居住环境。尤其是澳门半岛地区，人均城市建设用地不足20平方米，建筑密度、容积率和人口密度实属罕见。

（3）土地利用呈非均衡状态

澳门的土地利用强度与人口密度分布严重不均衡。由于历史的原因，澳门的人口与建设过度集中于澳门半岛地区。尤其是以黑沙环、祐汉为代表的地区，其中的人口密度超过10万人/平方千米，环境质量堪忧。澳门半岛的高强度土地利用与历史遗迹的保护及传统城市风貌的延续之间存在明显的冲突与矛盾。

（4）混合利用的形态

商住混合是澳门土地利用的显著特色，靠近道路的建筑物低层部分为商业用途，高层以及街区内部的建筑物则作为居住以及附属停车场使用，同时包含了平面混合与立体混合，商业与居住之间没有用地上的明显界限。此类混合用地在澳门半岛分布范围较广泛，主要位于主要街道两侧，用地规模达2平方千米，占总用地的7.8%，城市建设用地的13.7%[⑤]。除了商业、居住混合用地外，一些家庭作坊式的工厂形成的商业、居住、工业用途的混合也增加了澳门土地利用的复合程度。

（5）公共空间及绿化空间相对丰富

澳门的公园绿地及水域比例适中，生态环境总体良好。澳门半岛的自然山体部分得以保留，伴随小规模的渐进式填海所形成的用地中也布置了一些中小型公园，与历史上形成的大量街头绿地与小型广场（通常被命名为"某某前地"），共同组成了澳门半岛的绿化网络，为拥挤的高密度人工环境穿插了一丝喘息的空间。氹仔、路环的山体保留较好，生态绿化用地的总规模达到5.6平方千米，占总用地的21.7%[⑥]。

3 为迎接澳门回归开展的空间发展研究

3.1 澳门回归时期的问题

由于特殊的历史与治理政策等原因，长期以来澳门在产业结构、陆域空间以及与内地关系等方面存在诸多矛盾与深层次的问题，主要体现为以下三个方面。

（1）产业结构单一

澳门经济一直都依赖于博彩业以及旅游、典当等衍生产业，产业结构单一。1998年旅游博彩业占澳门GDP的42%，旅游博彩业的税收对政府财政收入的贡献达到50%左右。对经济形势及内地和周边地区政策影响敏感的旅游博彩业所形成的单一产业结构难以支撑澳门的健康发展。

（2）可拓展空间不足

回归前夕，路氹城一期填海工程尚未完工，澳门的主要功能与人口均过度集中于半岛地区，无论是实现产业转型还是改善生活环境，都需要较大幅度的拓展陆域空间。

（3）澳珠缺少深度合作

与澳门缺少发展空间的状况相反，毗邻的珠海市，尤其是与澳门相隔十字门水道的横琴岛尚有大量待开发的空间。但与香港利用深圳、东莞等地的空间开展深度产业合作的状况不同，除零星企业在珠海设厂外，澳珠之间尚未开展大规模的开发合作。

3.2 《21世纪澳门城市规划纲要研究》

针对上述问题和澳门发展中较为尖锐的矛盾，应澳门发展与合作基金会的邀请，清华大学等多家单位在1998年末开展对澳门回归后发展的研究，并于1999年10月形成了《21世纪澳门城市规划纲要研究》（以下简称《规划纲要》）[7]及相应的专题报告（以下简称《专题报告》）[8]。其中，对于澳门的城市发展与建设以及作为城市发展建设核心问题的土地利用，《专题报告》提出了改变形象、拓展空间、提高质量、稳步发展的方针以及三个适用于不同情景的空间发展方案。

3.2.1 澳门的发展方针

（1）改变形象

《专题报告》提出，改善单一的旅游博彩城市形象。通过适当划定开展博彩活动范围、疏解半岛地区人口、保护自然环境与城市格局等措施，利用文化遗产积极开展多种多样的旅游活动，带动产业多元化。同时，改善昔日殖民地的形象，以博大的胸怀积极地保护各民族优秀文化遗迹，树立东西文化交流中心的形象。此外，改善政府机构臃肿、透明度差、办事效率低的形象，建立与澳门经济水平相适应的现代行政体制。重新制定城市发展政策与发展规划，适时公布相关规划的内容，并逐步编制和公布各地区的法定规划。在积累经验的基础上，确立适合澳门特点的城市规划法规体系。

（2）拓展空间

《专题报告》指出，澳门城市发展的最大障碍就是缺少发展空间。要有计划地通过填海造地，与毗邻的珠海积极开展各种方式的合作，拓展陆域空间，为各项经济活动提供必要的空间基础。在采用填海造地方式时，应将沉降所需时间考虑在内。

（3）提高质量

随着澳门经济的发展与居民收入和生活水平的提高，市民对提高生活质量的要求将越来越迫切。无论是居住面积、居住环境质量的提高，还是各项生活服务设施的充实都离不开人均用地水平的提高和土地利用模式的合理调整。因此，在保证经济发展所需用地的前提下，澳门的新增土地应主要用于改善居民生活质量，而不应该保护与鼓励房地产投机行为。

（4）稳步发展

《专题报告》强调，澳门的经济规模较小，易受周遭地区的影响，房地产业发展的大起大落已经充分说明了这一点。因此，切实可行的开发规模、对投机因素的抑制都对澳门城市的健康发展起着至关重要的作用。

3.2.2 城市发展方案

《规划纲要》对澳门的未来发展，按照不同的社会经济发展情景，提出了以下三个不同的方案[9]。

（1）方案一：稳定型

稳定型方案的城市功能定位是：华南地区以博彩娱乐为特色的国际性旅游城市。该方案相对保守，以维持现状为主，稍作调整，保持和发挥澳门在区域中已有的地位和作用。除完成路氹之间的填海造地工程外，主要在氹仔岛北侧进行中等规模的填海造地。该方案的预测人口在 2020 年增至 55 万，城市建设用地增至 24.5 平方千米，人均用地达到 44 平方米。该方案的优点是可能造成社会震荡较少，人均用地规模有一定程度改善；缺点是产业转型难以实现，经济发展缺乏强劲动力。

（2）方案二：调整型

调整型方案较为稳健，其基本前提是对产业结构加以适度调整和改善，强调与周边地区的合作与联动，以增强澳门在区域中的经济功能，预设经济增长较稳定型方案更为积极。该方案将在澳门半岛与氹仔岛之间东侧海域进行大规模的填海造地工程，以承接产业转型以及所带来的较大幅度的人口增长。该方案的预测人口规模在 2020 年增至 62 万，城市建设用地增至 31.1 平方千米，但人均用地不及稳定型方案，为 39 平方米。城市的功能定位是：东亚地区有特色的旅游娱乐中心；香港国际大都市的休闲基地和经济的补充与延伸；与珠海一起，共同构成华南经济圈中面向珠江三角洲西部的经济中心。

（3）方案三：转换型

转换型方案更为大胆进取，其基本前提是通过争取中央政府对澳门的特殊政策，以租赁、托管或共建的形式获得珠海横琴岛的土地使用权，从根本上对现有产业结构进行较大的调整和转换，进而增强澳门在区域中的综合功能，发挥更大的作用。空间上的突破使产业结构转型成为可能，并有可能从根本上改变澳门的发展机制和路径。该方案预计的总体经济增长势头比调整型方案更为强劲，预测人口在 2020 年增至 66 万，城市建设用地增至 35.5 平方千米，人均用地达到 53.6 平方米。该方案优点是通过空间拓展上的突破，带动产业转型，实现较高的经济增长率；缺点是取决于中央政府的决策考量，也存在造成社会震荡的风险。相应的城市功能定位为：有国际特色的旅游娱乐中心；区域性离岸金融业务中心；区域性对外航空枢纽与物流中心；以娱乐软件、电子资讯配套产品、环保产品、中成药及海洋药业等为主体的新型制造中心；与珠海一起，共同构成华南经济圈中面向粤西南地区的经济中心。

3.3 《规划纲要》的验证

《规划纲要》是澳门回归前夕对澳门未来发展进行的一次较为全面的分析、评价和谋划，其预测中涉及的主要问题、发展规模、应对措施等在之后近 20 年的发展过程中均得到了不同程度的应验。现实中，《规划纲要》所预测的三种情境下的空间拓展模式均有不同程度体现。但是，《规划纲要》中提出的澳门发展所面临的三个主要问题在近 20 年后的今日均未获得根本性的改善，甚至有愈发严重的趋势（表 1）。

首先，经过近 20 年的发展，澳门无论是经济总量还是人均 GDP 均有大幅度的增长，但是博彩业的税收总额以及博彩业税收对政府财政收入的贡献不降反升，达到了 80% 左右，上升了 30 多个百分点，经济结构依赖博彩业的状况进一步加重。

其次，除完成路氹城二期填海工程以及连接港珠澳大桥的人工岛外，澳门还计划沿半岛南侧以及氹仔岛北侧进行小规模的填海工程，虽然可在一定程度上缓解发展空间不足的问题，但并不能从根本上改变澳门陆域空间过于狭小的问题。

最后，虽然澳珠合作及粤港澳合作的口号频频见诸各种规划和文件，但除澳门大学新校址获得横琴岛上约 1 平方千米的租借土地外，澳门并未实质性地在珠海获得发展空间。相反，由于珠海市积极推进横琴岛面向澳门一侧的大规模开发，使得澳门向横琴岛拓展空间的可能性几近丧失。

此外，博彩业外资的进入，专营许可放开所导致的博彩业规模快速扩大和设施分布的全域化，以及与此伴生的过度旺盛的房产需求等是《规划纲要》制定当时所未能预见的状况。

表 1   回归以来澳门主要社会经济发展指标对比

	1999 年	2018 年	增长幅度（%）
总人口（万人）	43.8	66.7	52
陆域面积（平方千米）	23.8	32.9	38
GDP 总量（亿澳门元）	490.0	4 403.0	799
人均 GDP（万澳门元）	11.2	66.0	489
博彩税收（亿澳门元）	47.7	1 067.8	2 139
博彩税收财政贡献（%）	48.0	79.6	——

资料来源：澳门特别行政区政府统计暨普查局网站 http://www.dsec.gov.mo/，2019 年 7 月 22 日访问。

4   澳门新时期空间发展研究

4.1   新时期空间发展研究的背景

2014 年以来，中央政府赋予澳门"一中心、一平台"的战略定位，即把澳门建成"世界旅游休闲中心"，并且发挥"中国与葡语国家商贸合作服务平台"的功能。2016 年 10 月，李克强总理视察澳门时表示，中央将继续支持澳门发挥"一中心，一平台"的功能。2015 年年底，经国务院批准，新版《中华人民共和国澳门特别行政区区域图》施行，明确了澳门管理的水域和陆界的范围，澳门将依法管理 85 平方千米的水域。

在此背景下，2016 年年初，受澳门特区政府政策研究室委托，清华大学建筑学院开展了《澳门特别行政区城市发展策略研究》课题，并形成《澳门特别行政区城市发展策略（2016～2030）》的成果（以下简称《发展策略》），作为澳门编制总体城市规划的基础被澳门特区政府采纳。围绕澳门空间发展和土地利用这一核心议题，本文作者按照"愿景—目标—政策"的分析框架，提出了"拓空间、变结构、强民生"的三大愿景，通过剖析新版行政区划的空间拓展契机和情景展望，提出了"新三岛"的空间拓展方案以及"空港陆枢踞中；右中心，左平台；后历史，前未来"的核心发展策略。

4.2 空间发展的三大愿景与五大目标

针对澳门长期存在的问题，结合中央政府赋予的功能定位，《发展策略》提出澳门发展的愿景应包括三个重要的方面：第一是拓空间，通过在新划定海域大规模集中填海造地，扩展城市发展空间；第二是变结构，根据产业结构调整、"一中心、一平台"建设和居住环境改善的需求，改善土地利用结构；第三是强民生，将通过填海造地获取的陆域空间主要用于各类民生相关项目。

通过政策制定、规划设计及实施管理，以上三大愿景又可以进一步落实至五大发展目标，即控制人口规模，包括人口的总量控制，疏解旧城人口，引导新城人口的适度聚集；改善产业结构，通过构筑"一中心、一平台"，实现产业转型；拓展民生用地，以营造高品质空间为导向，进行土地供给，实施对土地利用的有效管控；形成澳珠融合，力争与珠海实现区域竞争条件下的"互补与融合"，重新审视与构筑澳珠新型"门户—腹地"关系；构建空间新格局，依托大规模集中式填海造地所获得的陆域空间，构建"新三岛"空间发展格局。

4.3 拓展陆域空间的新契机

在上述澳门发展三大愿景中，"拓空间"是一个大前提，也是现实可行的有效路径。在《规划纲要》提出三种陆域空间拓展模式近 20 年后，并考虑澳门行政区新增 85 平方千米海域的新情况，《发展策略》对澳门未来陆域空间发展的可能性做出了以下分析。

第一种可能性是向西拓展。延续《规划纲要》建议的思路，寻求中央政府的特殊政策，以托管或者联合开发的方式开发横琴岛。但是由于错失回归初期横琴岛尚未开发的历史机遇，20 年后的横琴岛留给澳门的空间拓展机遇已基本不复存在，客观上澳门已不具备向大陆拓展的可能。

第二种可能性是维持现状。维持现状填海计划，适当扩大机场用地的规模，并对部分旧区进行改造以容纳人口和经济的增长。但是，澳门严峻的人地关系无法得到根本性解决，不仅改善居住环境等民生问题无法解决，同时伴随着澳门"一中心、一平台"建设的产业转型也缺少必要的空间支撑，澳门现存的土地利用问题将更加严峻。

第三种可能性是填海造地。澳门行政区新增的 85 平方千米海域是摆在澳门面前的又一次，恐怕也是最后一次历史机遇。通过填海获得的大量可供开发建设的陆域空间，由于不存在产权等历史问题，完全可以由澳门特区政府进行统一规划、管理和批租，按照既定的施政政策，统筹解决土地供给、产业结构转型以及民生改善三大问题，同时在实现澳珠融合的过程中占据主动位置。

综上所述，从澳门回归前后的历史演变过程来看，解决澳门的发展空间问题、实现经济结构转型和改善民生，填海造地是现阶段唯一可行的方案。

4.4 陆域空间拓展的多情景比较

在明确了填海造地是澳门获取陆域空间唯一现实可行方案后，《发展策略》对填海造地的方式、规模和方位进行了多方案比较（图1）。

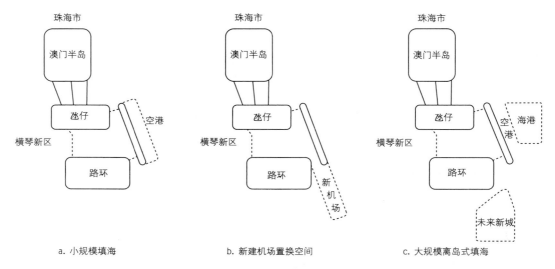

图 1　澳门陆域拓展的三个方案

注：虚线为填海区域。图纸表达方式受限于地形图的使用，存在部分内容表达不充分的情况，特此说明。

资料来源：郭姝伶，2012。

4.4.1　沿已有陆域向外延伸小规模填海

　　尊重已有的填海造地计划，延续沿已有陆域向外延伸，小规模持续填海的策略。该方案的优势是具有连续性，投资小，周期短，但存在明显不足，包括可获得的新增建设用地规模小，难以进行统一的规划建设，难以同时解决产业结构转型和改善民生等问题，无法对"一中心、一平台"的建设起到支撑作用。同时，澳门半岛与氹仔之间的海域空间有限，进一步的填海将对十字门水道的航行带来一定的影响。

4.4.2　以新建机场置换空间

　　在路环岛东南方向用填海的方式新筑离岛式机场，将现有机场旧址以及与路氹新城之间的水面填埋，作为新的城市建设用地。该方案的优点为投资适中，可为城市建设提供一定规模的用地，但问题在于澳门机场与香港大屿山机场、珠海机场以及深圳机场同处一个复杂的空域，牵一发而动全身，搬迁难度大；并且机场原址面积有限，仍难以彻底解决澳门陆域发展空间不足的问题。

4.4.3　大规模离岛式填海造地

　　选择在路氹东侧及南侧进行大规模的离岛式填海造地，主要包括三个部分：一是原址扩建机场，在现跑道东侧进行填海，作为未来航空枢纽的用地；二是在现有机场右侧采用离岛式填海，形成新的海港；三是在路环岛南侧进行大规模离岛式填海，形成未来新城的用地。该方案的优势在于可以结合

"一中心、一平台"的职能定位，对澳门未来的空间布局做出通盘考虑，使未来的航空枢纽、海港、商贸服务以及居住生活等功能获得较充裕的陆域空间，支撑产业转型及改善民生，但劣势是投资规模大，实现周期较长。

从澳门的发展历程、现状和功能定位来看，必须为未来的发展提供充足的陆域空间，而大规模离岛式填海造地是澳门未来发展策略中的最佳选择。

4.5　空间发展的核心策略

在采用大规模离岛式填海造地方式获取澳门发展陆域空间的大方向确定后，《发展策略》提出了将澳门需承担的主要功能具体落实至空间的构想。根据中国传统城市规划描述方位的方式，即：坐北朝南为前，北为后，东为左，西为右，结合澳门陆域空间的现状以及未来大规模离岛式填海的设想，将澳门陆域空间发展的核心策略描述为："空港陆枢纽踞中；右中心，左平台；后历史，前未来"（图2），呼应 "一中心、一平台"的功能，连接历史与未来。

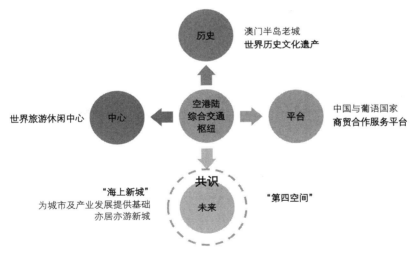

图 2　澳门空间发展核心策略

资料来源：黄就顺，2007。

4.5.1　空港陆枢纽踞中

空港陆枢纽中的"空"是指澳门空港枢纽，利用澳门机场较珠海机场更接近珠海市区的优势，增设国际航班及至内地主要城市的直达航班，开通澳珠快速免签注直达通道，设立空路访客免签注商务商贸区，扩大澳门机场的服务对象范围，构建空港经济的核心；"港"是指利用机场东侧新填海地区建设深水码头以及与之配套的仓储物流园区，实现澳门面向区域的物流门户以及针对内地的"境外保税区"；"陆"是指构建澳门至拱北、横琴、长隆、横琴填海区快速客货流通道。

澳门机场于 1995 年投入使用，设计容量为每年 600 万人。2015 年，澳门机场旅客吞吐量达到 565 万人次，逼近设计容量。未来要实现"一中心、一平台"的功能定位，使其不但发挥澳门自身国际机场的作用，而且为毗邻的珠海等珠三角城市群服务，形成空路、海路和陆路交通枢纽的核心，机场扩容势在必行。澳门机场扩建可分为四个阶段，统一规划，分步实施：第一阶段，扩建现有航站楼；第二阶段，将现状 3 420 米的跑道加长至 3 800 米，供起降 A380 等大型机型，提升机场容量；第三阶段，增加一条 3 800 米长跑道，将客运吞吐量增加至 3 000 万人次；第四阶段，建设空港经济区，结合"一中心、一平台"的建设，在人员交流、仓储物流等方面为内地提供服务。在空港经济区内设置内地人员来访免签注区，引进免税购物、空港博彩娱乐休闲、空港商务会议办公等经济活动，形成澳门经济新的增长点（图 3）。

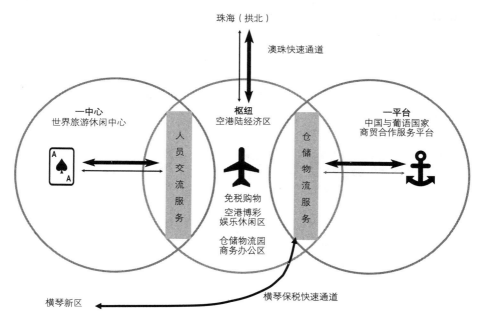

图 3　澳门空港经济区模式

资料来源：澳门特别行政区政府政策研究室，2016。

澳门半岛、氹仔离岛附近水域较浅，难以停泊大吨位客货船，致使澳门的港口优势无法体现。此次行政区划调整后，新划定的海域中最深处水深已达到 5 米，适合建设对水深有一定要求的客货运码头。因此，可通过在机场东侧海域填海造地，建设游轮母港、游艇码头等港口设施拓展澳门作为"世界旅游休闲中心"的内涵。同时，通过建设万吨级码头泊位和集装箱货轮泊位以及配套物流园区，可充分发挥澳门作为自由港的优势，实现中国面向葡语国家的物流门户。

在陆路方面，可结合空港经济区和深水海港的建设，规划建设澳门至拱北、横琴岛中部及横琴岛长隆地区的快速客货通道。其中，澳门—拱北、澳门—长隆快速通道以客流为主，货流为辅，力争实现内地商务人员及游客的免签注过境，为澳门空港服务内地提供便捷条件；澳门—横琴岛中部快速通道以货流为主，客流为辅，主要服务澳门海港及物流园区以及内设的"境外保税区"。

4.5.2　右中心，左平台

将"一中心、一平台"的功能分别布置在交通枢纽西东两侧，形成"右中心，左平台"的格局。以现状围绕金光大道的旅游博彩设施为核心，打造"世界旅游休闲中心"。通过将结构较为单一的博彩业拓展为包含各类娱乐休闲及商业服务的泛博彩业，实现以博彩娱乐为龙头的多元化经营；围绕空港设立空路访客商务商业服务区，并联合长隆、横琴填海区以及东南亚其他地区，实现旅游活动的优势互补，使澳门成为东南亚旅游链上的核心城市。围绕这一中心，可建设的设施包括博彩设施（高端、大众博彩设施）、高中低各层次酒店所组成的酒店集群、主题会所与俱乐部、特色餐饮设施、商业零售设施、时尚与文化街区等，并同时可在滨海地区布置水上运动设施、海滨游憩系统等。

以澳门机场及新建深水港为依托，在人员交往、货物流通、信息交换等方面实现"中国与葡语国家商贸合作服务平台"的目标。在海港区打造贸易仓储物流保税区，为产业转型提供空间支持。充分利用自由贸易港的优势，为面向内地的商贸公司提供医疗器械、药品、婴幼儿食品及奢侈品等高附加值产品的保税仓储服务。围绕这一平台形成的功能包括仓储物流类（例如：物流园区、码头仓储、保税区），商务办公类（例如：葡语国家领事馆及商务、文化办事处、中葡金融机构、中葡国家跨国公司总部以及中葡非政府组织等），生活服务类（例如：酒店、涉外公寓等高端人才居住区、商业街、餐饮、酒吧等）以及广场与绿地等开敞空间。

4.5.3　后历史，前未来

澳门半岛是澳门的发源地，也是最能体现澳门特色的地区，但长期以来的高强度开发建设已经严重破坏了澳门半岛的传统风貌。大规模集中填海所获得的陆域空间可为缓解澳门半岛地区过度拥挤的状况带来历史性机遇。"后历史"即指将澳门半岛上过度密集的人口与功能适度疏解至未来新城，并择机降低整体建设强度，增设民生导向的广场、绿地等公共空间及公共服务设施，逐步恢复中西合璧的传统历史文化风貌。

"前未来"则是指利用在路氹岛南侧海域采用离岛方式大规模填海所获得的陆域空间，按照统一规划，建设高标准、国际化的未来新城。未来新城一方面可接纳澳门半岛疏解的人口，改善澳门整体的生活环境质量，实现民生优先的目标；另一方面，亦可通过高品质的居住环境和服务设施，吸引高端人才，为实现产业转型提供坚实可行的支撑。同时，未来新城的建设以"亦居亦游"为目标，在服务澳门当地居民的同时，建成休闲度假型游客的目的地，拓展"世界旅游休闲中心"的内涵。

4.6 新三岛格局的形成与土地利用

按照上述《发展策略》对澳门空间发展的分析论证，未来澳门的陆域空间将形成"新三岛"格局，即北部的澳门半岛，中部由路氹岛、空港和海港组成的路氹港城，以及南部通过大规模离岛式填海造地所形成的未来新城（图 4）。《发展策略》对"新三岛"不同地区的土地利用政策也提出了如下设想。

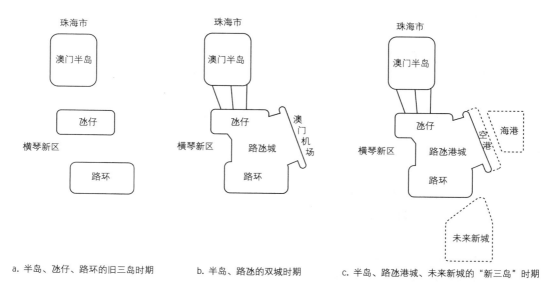

a. 半岛、氹仔、路环的旧三岛时期　　　b. 半岛、路氹的双城时期　　　c. 半岛、路氹港城、未来新城的"新三岛"时期

图 4　澳门空间格局的演变与展望

注：虚线为填海区域。图纸表达方式受限于地形图的使用，存在部分内容表达不充分的情况，特此说明。

资料来源：澳门特别行政区政府政策研究室，2016。

在土地用途分区方面，澳门半岛基本保持现状，以商业居住混合用地、配套设施用地、文物古迹用地为主；路氹港城中部主要安排与旅游博彩相关的商业服务用地，海港地区以交通用地、仓储用地和商务办公用地为主，其余地区以居住用地、商业用地、教育科研用地、配套设施用地和山林绿地为主；未来新城则主要布置高品质居住用地、配套设施和商业服务用地。

在土地利用强度方面，澳门半岛地区应通过疏解人口降低现状强度，并改善配套设施用地严重不足的现状；氹仔地区的部分土地利用强度过高片区应酌情疏解，其余片区维持不变；博彩产业集中的路氹城地区，土地利用强度可适当增加；路环地区维持现状强度不变；海港地区的商务办公用地强度宜适中，以形成高端商务区；为营造亦居亦游的高品质社区环境，未来新城的居住用地强度不宜过高，并应充分满足建设医疗、教育等配套设施的需求，同时商业服务用地强度不宜与居住用地有太大差距。

在土地利用形态方面，澳门半岛地区应通过人口疏解、环境整治、增加绿化、补充配套设施等手段，恢复澳门半岛的传统风貌，半岛地区中的居住区应建成具有澳门风貌特色的中高层建筑群；路氹港城地区则凸显博彩娱乐区的特征；海港地区应形成滨海高端商务风格；未来新城则应形成高绿化率、高品质、公共空间丰富多样并具有澳门传统风貌的多层高端居住区，辅以传承中西方文化碰撞特色的公共空间和街道体系，形成"亦居亦游"的海上未来新城。

4.7 大规模填海工程的经济可行性及承载力分析

采用大规模离岛式填海造地获取陆域空间的主要问题是所需工程造价较高。按照 2015 年前后澳门类似工程的实际造价估算，全部完成 24.7 平方千米的填海工程及机场扩建工程所需造价为 1 740～2 160 亿元（表 2）。考虑到近年来澳门政府每年的财政收入均在千亿元以上，并且财政结余也在数百亿元至近千亿元不等，即使不考虑填海所形成的陆域空间在未来的商业收入，澳门政府也完全有能力支付工程费用。因此，大规模离岛式填海工程在经济可行性上不存在任何障碍。

表 2 澳门填海相关工程造价估算（亿元）

一期		二期	
工程项目概要	估算造价	工程项目概要	估算造价
机场扩建项目 （含填海面积 3km² 及航站楼一期建筑面积 50 万 m²）	600～1 000	机场扩建项目 （含航站楼二期 50 万 m² 及第二跑道建设）	500
填海工程 （含"一中心"3km²、"一平台"4km²及未来新城 6 km²）	360	填海工程 （含"一平台"3.5 km² 及未来新城 4.5 km²）	240
道路及轨道交通工程（20km）	40～60	小计	740
小计	1 000～1 420		
合计		1 740～2 160	

注：工程造价的单价参照 2015 年澳门在建工程。

此外，通过填海造陆方式拓展陆域空间之后，澳门城市承载力也可以得到进一步地提升。以南部未来新城为例，可新增土地面积 10.5 平方千米，按综合容积率 1.5 计算可新增建筑面积约 1 600 万平方米，按每平方千米平均 2 万人计算，可容纳 21 万人口，与回归 20 周年以来澳门人口增长规模接近，可以说"新三岛"的填海造陆可以充分承载澳门未来的长远发展和人口增长。

5 面向未来的澳门空间发展展望

5.1 《粤港澳大湾区发展规划纲要》

2019 年 2 月《粤港澳大湾区发展规划纲要》（以下简称《大湾区规划》）正式颁布，将粤港澳大湾区规划上升为国家战略[①]。《大湾区规划》明确了打造世界级城市群、国际科创中心、"一带一路"重要支撑、内地与港澳深度合作示范区、宜居宜业宜游生活圈的五大战略定位，同时针对区内 11 个城市明确提出了各自的定位，尤其是明确了香港、澳门、广州和深圳四大中心城市的核心引擎作用及角色定位。

针对澳门未来的发展，《大湾区规划》延续和强调了"一中心、一平台"的战略定位，同时补充了"促进经济适度多元发展，打造以中华文化为主流、多元文化共存的交流合作基地"的新发展目标。同时，围绕科技创新、基础设施互联互通、现代产业体系构建、宜居宜业宜游优质生活圈打造等方面，《大湾区规划》也给澳门的未来发展提出了指导性意见。其中也不乏具体措施，例如：支持澳门机场改扩建、建设中葡国家金融服务平台、提升会议展览、食品集散、旅游教育等现代服务业水平等。

从《大湾区规划》的内容可以看出，《发展策略》中的许多建议和意见得到了反映，说明《发展策略》的内容在一定程度上获得了特区政府乃至中央政府的认同。另外，也要看到澳门所面临的挑战依然严峻。虽然《大湾区规划》将澳门定位为四大中心城市之一，但客观上看，澳门与其他三个中心城市无论是规模、经济实力还是区域重要性都不在同一个水平上。

与世界上其他地区的"湾区"不同，粤港澳大湾区不仅是一个地理概念，或者说最重要的不是其地理属性，而是一个包含了两种制度、三个关税区、三种法律体系在内的区域共同体。澳门未来的发展，能否在融入大湾区的同时实现自己的比较优势，是落实《大湾区规划》的重要行动，更是新时期"一国两制"最新实践的重要环节。

5.2 澳门在区域竞争中的优势与劣势

与大湾区其他中心城市——香港、广州和深圳对比，澳门具有的竞争优势十分明显，包括稳定的政治环境、开明的政府治理、成熟的市民社会和多元的中西文化。但同时，制约澳门发展的竞争劣势，除了广受诟病的产业结构单一、博彩业独大且脆弱以及各类创新型人才匮乏等之外，另一大桎梏则是澳门局促的陆域空间。不仅总体地域面积和人口规模偏小，同时现有陆域空间几乎全部开发且可拓展空间受限，除填海造地外难以腾挪出更多可供未来发展的空间，用于承载自身及区域发展的各类功能。

因此，向海拓展，以海域换陆域是澳门未来空间发展的关键。澳门不仅要抓住粤港澳大湾区上升为国家战略的历史机遇，继续发挥自身世界旅游休闲中心以及中国与葡语国家商贸合作服务平台的现有绝对优势，还要以长远眼光，提前谋划，积极探索和拓展澳门更大的陆域空间，才能给澳门带来更美好的明天。

注释

① 1999 年数据来自澳门发展与合作基金会（1999a），2019 年数据来自澳门特别行政区政府统计暨普查局网站，http://www.dsec.gov.mo/，2019 年 7 月 22 日访问。

② 数据来源于澳门发展与合作基金会（1999b）。

③ 根据黄就顺（2007）、袁壮兵（2011）、张耀光（2000）以及澳门历史大事件等划分。

④ 同②。

⑤ 同②。

⑥ 同②。

⑦ 参加该研究的单位有：清华大学、澳门大学、香港大学、北京师范大学及新域城市规划暨工程顾问有限公司。

⑧ 澳门发展与合作基金会（1999a、1999b）。

⑨ 相关内容参阅澳门发展与合作基金会（1999b：35-39）。

⑩ 粤港澳大湾区包括澳门、香港两个特别行政区和广东省广州、深圳等九个城市，这一概念从学术界讨论到地方政策研究，再到作为国家战略历经二十余年。2017 年 7 月 1 日香港回归 20 周年之际，《深化粤港澳合作推进大湾区建设框架协议》在香港签署，标志着粤港澳大湾区建设正式上升为国家战略。在随后一年半时间里，国家发展改革委会同广东省、香港和澳门特区政府共同编制了《粤港澳大湾区发展规划纲要》，并于 2019 年 2 月由中共中央、国务院印发实施，作为指导粤港澳大湾区当前和今后一个时期合作发展的纲领性文件。

参考文献

[1] 澳门发展与合作基金会. 21 世纪澳门城市规划纲要研究[R].1999a.

[2] 澳门发展与合作基金会. 21 世纪澳门城市规划纲要研究专题报告[R].1999b.

[3] 澳门特别行政区政府政策研究室. 澳门特别行政区城市发展策略(2016-2030)[R]. 2016.

[4] 郭姝伶. 近代澳门半岛的市域扩张与街道建设(1849-1911)[D]. 广州：暨南大学, 2012.

[5] 龚唯平. 澳门博彩旅游业的升级与发展：三维制度创新[J]. 学术研究, 2007(1): 86-90.

[6] 胡雅琳. 澳门半岛的市域扩张与街道建设(1912-1999)[D]. 广州：暨南大学, 2012.

[7] 黄就顺. 澳门填海造地、海岸线变迁的历史及土地利用[M]. 澳门大学澳门研究中心编. 澳门研究系列丛书之九：澳门现代化进程与城市规划. 2007: 226-239.

[8] 欧阳莹. 澳门填海区开发建设研究[D]. 广州：华南理工大学, 2007.

[9] 清华大学《澳门特别行政区城市发展策略研究》课题组. 澳门特别行政区城市发展策略研究[R]. 2016.

[10] 谭光民. 澳门的土地资源与经济发展[J]. 热带地理, 1999(4): 324-330.

[11] 童乔慧, 盛建荣. 澳门城市规划发展历程研究[J]. 武汉大学学报(工学版), 2005(6): 115-119.

[12] 温长恩. 澳门的填海造陆与经济开发[J]. 地域研究与开发,1987(2): 34-39.

[13] 严忠明. 一个双核三社区模式的城市发展史[D]. 广州：暨南大学, 2005.

[14] 严忠明. 一个海风吹来的城市：早期澳门城市发展史研究[M]. 广州：广东人民出版社, 2006.

[15] 杨雁. 澳门近代城市规划与建设研究(1845-1999)[D]. 武汉: 武汉理工大学, 2009.

[16] 袁壮兵. 澳门城市空间形态演变及其影响因素分析[J]. 城市规划, 2011, 35(9): 26-32.

[17] 张耀光. 澳门海洋空间资源利用研究——澳门的填海造地工程[J]. 地域研究与开发, 2000, 19(1): 58-60.

[18] 中共中央国务院. 粤港澳大湾区发展规划纲要[R]. 2019.

[19] 朱高儒, 许学工. 关于有序填海的思路与方法[J]. 生态环境学报, 2011, 20(12): 1974-1980.

[欢迎引用]

谭纵波, 汪越, 张艺萌, 等. 澳门空间发展研究的回顾与展望[J]. 城市与区域规划研究·澳门特辑, 2022: 1-18.

TAN Z B, WANG Y, ZHANG Y M, et al. Review and prospect of research on spatial development of Macao [J]. Journal of Urban and Regional Planning: Special Issue on Macao, 2022: 1-18.

韧性城市的规划研究：澳门的思考[①]

顾朝林　曹根榕

Research on the Planning of Resilient Cities: Reflections on Macao

GU Chaolin, CAO Genrong
(School of Architecture, Tsinghua University, Beijing 100084, China)

Abstract Macao, as a pocket-sized developed economy in the world, faces an important issue of how to deal with the various risks and pressures at the present and in the future by building a resilient city in its urban development. This paper clarifies the status quo of theoretical research and applied practice in related fields by combing the connotation, characteristics, theoretical framework and specific practices of "resilience", "resilient city", and "resilient urban planning". Based on the study of the above theory and the case study, the paper discusses the ideas and methods of the resilient urban planning in Macao from the aspects of economy, resources, land use, society, facilities, and disaster prevention, with a view to providing references for further research and practice of the development of resilient urban planning in Macao.

Keywords Macao; resilience; resilient city; resilient city planning; research framework

摘　要　澳门作为世界袖珍型发达经济体，如何通过建设韧性城市来应对当前和未来面临的各类风险与压力，是城市发展中的一个重要问题。本文通过对"韧性""韧性城市""韧性城市规划"的概念内涵、特征、理论框架和具体实践等方面的梳理，明晰相关领域理论研究和应用实践的现状。基于对上述理论的学习和案例的借鉴，从经济、资源、用地、社会、设施、防灾六个方面探讨澳门韧性城市规划的思路和方法，以期为开展澳门韧性城市规划进一步的研究和实践工作提供借鉴。

关键词　澳门；韧性；韧性城市；韧性城市规划；研究框架

　　城市承载着人类各种经济、社会、文化、政治等活动，与人类其他的栖息地相比，面临更多的风险和灾害，如若遭受洪水、地震、气象等自然突发灾害以及疾病、贫穷、经济波动等非自然冲击，都会给城市带来巨大的经济损失和社会动荡。因此，有必要探寻韧性城市相关理论，并按照韧性相关理论指导城市规划和建设，进而应对这些风险和危机。

1　韧性城市及其研究框架

1.1　韧性概念和应用研究

　　韧性的概念最早出现自 20 世纪 70 年代的生态学

作者简介

顾朝林、曹根榕，清华大学建筑学院。

（Holling，1973；Manyena，2006）。生态系统的韧性是指生态系统通过适应性循环重新组织和形成新的结构（Holling，1996；Alberti，1999；Alberti and Marzluff，2004；Pendall et al.，2010）。后来经济学家引用这个概念，定义经济系统的韧性，指一个城市或区域的经济或产业具备应对内部波动或外来冲击的适应能力和恢复能力（Carpenter et al.，2001；Rose and Liao，2005；彭翀等，2015；陈梦远，2017；孙久文、孙翔宇，2017）。韧性也引入工程领域，工程韧性是指一项具体的工程建成后具备应对外部冲击的能力，特别强调基础设施在灾后实现有效恢复的能力（Allenby and Fink，2005；McDaniels et al.，2008）。更进一步，韧性的概念被引入"社会—经济"系统，首先认识到"社会—生态"系统既包含"自然和环境生态"要素，也包括"社会经济发展"要素；"社会—经济"系统韧性强调系统基于适应性循环（adaptive cycle）的演化过程以及系统内部多尺度变换的稳定程度（Duxbury and Dickinson，2007；Wardekker et al.，2010；Ostrom，2010；汪辉等，2017）。韧性理论视角的转变如表1所示。

表 1　韧性理论视角的转变

韧性视角	工程韧性	经济系统韧性	生态系统韧性	社会—生态系统韧性	城市系统韧性
特点	恢复时间、效率	适应力、恢复能力	缓冲能力、抵挡冲击、保持功能	重组、维持、发展	"转换 学习"能力
关注	恢复、恒定	波动、冲击	坚持、鲁棒性	适应能力、可变换性、学习、创新	组织制度、治理模式和政策安排
语境	邻近单一平衡状态	增长和发展	多重平衡	适应性循环，跨尺度动态交互影响	综合系统回馈

1.2　韧性城市概念

对于城市而言，韧性城市（resilient cities）是指城市系统具备能够准备、响应特定的多重威胁且从中恢复，并将其对公共安全健康和经济的影响降至最低的能力，即城市系统具备能够吸收干扰，同时维持同样基础结构和功能的能力（Wilbanks and Sathaye，2007； 蔡建明等，2012)。一些研究机构提出：城市韧性是一个城市的个人、小区和系统，在经历各种慢性压力和急性冲击下存续、适应与成长的能力（钱少华等，2017；翟国方等，2018），包含创新性、独立性、多样性、相互依赖性、灵活性、冗余性、鲁棒性、足智多谋性、恢复力、自学习、包容性和自组织共12个主要特征（表2）（李彤玥，2017）。在城市研究领域，韧性城市更加侧重强调城市应对周期性经济危机、全球温度增加、极端气候灾害、城市恐怖袭击等危机威胁的恢复力。

表 2　韧性城市应该具备的特征

韧性特征	具体内容
创新性（innovation）	城市经济和产业发展能够通过"去锁定""复位向""破坏式创新"等方式，打破随时间而僵化形成的路径依赖，实现韧性提升。此外，也包括城市规划和管理创新
独立性（independence）	系统在受到干扰影响时能够在没有外部支持的情况下保持最小化功能运转
多样性（diversification）	城市经济具备多元平衡部门，能够保护免受外生经济冲击的影响；土地利用模式、基础设施、人口结构的多样性确保城市系统存在冗余功能
相互依赖性（interdependency）	确保系统作为综合集成网络的一部分，获得其他网络系统的支持
灵活性（flexibility）	系统塑造具有伸缩性、机动性、抗扰动能力
冗余性（redundancy）	基础设施等系统具备相似功能组件的可用性及跨越尺度的多样性和功能复制重叠，确保某一组件或某一层次的能力受损，城市仍然能够依靠其他层次运转以防止全盘失效
鲁棒性（robustness）	系统能够抵挡内部和外部冲击，确保主要功能不受损伤
足智多谋性（resourcefulness）	决策者可以使用所有资源，进行准备、响应和从可能的破坏中恢复
恢复力（recovery）	具有可逆性和还原性，受到冲击后仍能回到系统原有的结构或功能
自学习（self-learning）	"干中学""边做边学"，从过去的干扰中吸取经验，及时实现物理性和制度性的调整，以更好地应对下一次灾害
包容性（inclusive）	重视各子系统存在意义，尊重其差异性
自组织（self-organization）	灾害来临时，市民和公共管理者能够立即行动起来实现局部修复，而无需等待相对滞后的来自于政府或其他机构的援助

资料来源：Cutter et al., 2008；Fleischhauer, 2008；Frazier et al., 2014；Frommer, 2011；Liao, 2012；Roggema and Dobbelsteen, 2012；Sharifi and Yamagata, 2014。

1.3　韧性城市研究框架

施伦克等人（Schrenk et al., 2011）认为，韧性城市研究应关注三个结构：①自然／环境结构——城市环境的物理要素，例如建筑、基础设施、绿地系统网络等；②社会经济结构——社会群体分布、收入分布、经济和社会一致程度等；③制度结构——制度层级结构、制度决策合法化、公众对制度的信任、体系人员的数量和质量、负责任程度、体系之间的合作和协同程度。德苏扎和弗兰纳里（Desouza and Flanery, 2013）基于复杂适应性系统理论（complex adaptive systems, CAS）提出了韧性城市研究框架，他们认为：城市是由大量智能体（agents）组成，智能体之间、智能体与环境之间存在广泛而密切的相互作用和回馈；其中，相互作用具有非线性特征，向系统施加的微小扰动将通过非线性作用放大为宏观模式的涌现（emerge），各智能体具备"自学习"能力，从而提出基于"冗余—灵活—重组能力—学习能力"四要素特征的韧性城市研究框架。日本北九州城市中心（KUC）提出从"制度—基础设施—生态系统"建构韧性城市研究框架（Surjan et al., 2011）。

2 韧性城市的规划研究及其研究框架

韧性城市理论一方面为空间规划和城市发展提供了一个建构与响应不确定性、脆弱性的新方式；另一方面也提供了一个范式，使得城市发展策略能够应对大尺度的社会、环境或者经济变化。

2.1 韧性城市的规划研究

在国外，"韧性"（resilience）概念的运用缺乏定义明确的方式（Davoudi et al.,2012），而是一种通用的涵盖性术语，在很多情况下等同于适应（adaptation）或者缓解（mitigation）（Wilbanks and Sathaye，2007）。从文献来看，主要包括：①城市总体规划的韧性路径和方法论研究（Fernando et al.，2011；Mitchell et al.，2014；Pizzo，2015；Pickett，2004；Wilkinson，2012；Liao，2012）；②城市总体规划的韧性研究框架（Fleischhauer，2008；Jabareen，2013；Lu and Stead，2013；Schrenk et al.，2011；Lloyd，2013）；③韧性理念下城市和区域发展战略研究（Cowel，2013；Raco and Street，2012；Alam et al.，2011；Bonnet and Nicolas，2010）；④韧性理念下土地利用和道路系统规划研究（Albers and Deppisch，2013；Storch et al.，2011；Douven et al.，2012）；⑤韧性理念下城市总体规划评估（Fu and Tang，2013）；⑥韧性理念下相关案例研究（Saavedra and Budd，2009）。

在国内，韧性城市的规划研究尚处于起步阶段，已发表成果主要包括翻译文章（廖桂贤等，2015；达武迪，2015），综述文章（李彤玥等，2014；坎帕内拉，2015；Perera et al.，2015；Meerow et al.，2016；杨敏行等，2016），以及综述为主的启发讨论性文章（郑艳，2013；刘丹、华晨，2014；徐振强等，2014；邵亦文、徐江，2015；李亚等，2016；杨敏行等，2016；景天奕、黄春晓，2016；欧阳虹彬、叶强，2016；王祥荣等，2016）。

2.2 韧性城市规划的概念框架

贾巴伦（Jabareen，2013）提出"脆弱性分析、城市治理、预防、不确定性导向"的韧性规划框架；黄晓军、黄馨（2015）从"脆弱性分析与评价、面向不确定性的规划、城市管治、韧性行动策略"四个维度构建了韧性城市规划的概念框架。首先，进行脆弱性分析，识别城市中相对脆弱的人群和小区，评估城市非正式空间的规模及其社会经济环境状况（彭翀等，2018；钟琪、戚巍，2010），同时分析城市未来可能的不确定性情景，进行空间分布表达；其次，建立政府治理机制，将与韧性相关的多样化参与者纳入规划协作过程，考虑影响公平的社会要素，制定减缓气候变化的有效制约行动；再次，实施预防策略，减少城市温室气体排放、倡导替代性能源等（Béné et al.，2017；Frazier et al.，2014；Tyler and Moench，2012）；最后，编制不确定导向规划，运用土地利用管理、街区和建筑设计来调节灾害频发地区的发展，营造可持续城市形态（戴伟等，2017）。有学者提出基于系统动力过程的韧性规划框架（Lu and Stead，2013）。李彤玥（2017）基于弹性理念提出城市总体规划研究框架（图 1）。

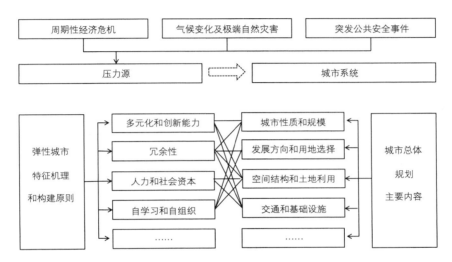

图 1　基于韧性理念提出城市总体规划研究框架

资料来源：李彤玥，2017。

2.3　韧性空间规划应用

欧洲国家如德国、荷兰等在地区规划（regional planning）、地方土地利用规划（local land-use planning）和部门规划（sectoral plans，包括水管理、景观规划、交通规划等）三个层面空间规划（spatial planning）框架下，通过影响城市结构在缓解多元灾害、降低城市脆弱性中扮演重要作用（表 3）（Fleischhauer，2008）。德国城市 Rostock 将"模块性"原则用于空间规划，强调多中心的城市空间结构，即使城市的其他部分受到极端事件的影响，具备独立性的城市中心功能仍然能够继续运转；瑞典 Stockholm 将"多样性"原则用于布局多样绿地空间和公园，如居住区绿地空间、公园、森林公园等（Albers and Deppisch，2013）。法国城市 Orléans 在规划分析中，基于图论，以道路网络"冗余率"表征交通系统"吸收能力"。新西兰城市 Christchuch 在经历强震之后，当地规划研究者提出基础设施分布式网络的规划原则，以取代传统的分布式网络（González，2014）。

表3 韧性城市原则在不同层次规划中的运用

城市韧性原则	地区规划	地方土地利用规划	部门规划
冗余性、多样性	多中心结构	用多元节点降低城市密度、物理结构	多元节点的物理结构
力量	保护自然环境要素，吸收或降低灾害影响；确保保护性基础设施可用性	结构性防御措施；确保保护性基础设施空间的可用性	建设和保护基础设施

资料来源：Fleischhauer，2008。

3 澳门韧性城市规划的思考

澳门是世界袖珍型发达经济体，人口密度、交通密度、人均 GDP 和单位面积经济密度都高居全球前五位。假如遭受自然灾害，经济损失将巨大；假如产生社会突发事件，必然造成社会动荡。按照韧性的理论进行城市规划和建设，具有特别重要的意义。基于上述研究，笔者认为澳门韧性城市规划可以从下述六个方面考虑。

3.1 基于经济多元化和创新的城市发展战略

韧性理论认为，增长快速并且具有经济多元化和多元平衡部门的城市韧性较强（Minsky，2008），相比于过分依赖小量产业的区域，更能够保护自己免受外生经济冲击的影响（Berkes，2007），即经济多元化是确保城市应对经济波动和冲击的重要属性，民众能够用以实现生计的多元经济资源条件（收入、储蓄和投资）的多样性确保城市系统存在冗余功能。相反地，经济基础"狭窄"的城市，面对市场情况的变化脆弱性明显。澳门是博彩业独大、经济系统非常脆弱的城市，应以韧性理论的"多元化""相互依赖性"和"创新能力"为原则，制定更加深入地融入粤港澳大湾区产业分工的产业政策，逐步形成多元化的产业部门，城市规划为这些新产业提供空间支撑。同时，建立动态的、不确定导向的、高灵活性的规划框架，允许持续的调整，不断将外部挑战转化为发展机遇，便于借助外部冲击或经济衰退的契机，对城市经济发展进行重新定位，增强城市经济系统的韧性。

3.2 基于资源环境承载力的城市发展规模

韧性城市理论强调冗余性，即通过一定程度的功能重叠以防止系统的全盘失效，但是也存在重复、备用和浪费资源与设施的现象。尤其像澳门这样的城市，土地资源非常珍贵，水资源基本依靠外部输入，适度规模韧性城市理念，能够确保城市在建设用地、用水两大制约城市发展的条件下，存在一定的缓冲，消除城市规模超过承载力极限以及对城市未来空间拓展可能造成的威胁。首先，澳门韧性城市规划研究，需要基于资源环境承载力分析确定城市规模（人口规模、用地规模）；其次，采用"资源超载度"和"资源宽松度"（赵建世等，2008）、"因灾超载度"等表征城市规模针对资源约束阈值的冗余性特征指针（高晓路等，2010），基于不同资源环境风险（地震、水污染等）影响下城市资源环境约束条件变化情景，确定可供参考的城市适度规模；最后，针对承载力弱、地质灾害复杂、易发地区，需要建立"承载力评价—发展安全评价—用地条件评价"为一体的用地规模控制体系。结合城市建设用地选址和生态保育防护措施，进一步对城市发展规模提出比较明确的环境限制，将城市的发展规模控制在城市本身的承载范围之内。

3.3　基于脆弱性研究城市建设用地选址

脆弱性一般由暴露度、敏感性和适应能力三方面构成，共同表征城市在发展过程中抵抗资源、生态环境、经济、社会发展等内外部自然要素和人为要素干扰的应对能力（Thomalla et al.，2006；Ahen，2011；Cutter，1996；方创琳、王岩，2015）。澳门地域狭小，城市运行过程中脆弱性特别明显。首先，进行灾害危险性和城市用地暴露性评估，加快搬迁城市新区接近的电厂、垃圾焚烧发电厂等市政设施（别朝红等，2015)。其次，调整灾害脆弱地区的土地利用，禁止居住、商业、工业用地和城市生命线系统布局在高暴露性（灾害高发）地区，减缓人口和经济活动暴露在灾害风险的范围及程度，以道路、绿地与广场、地下空间等为载体构建城市安全防护隔离带；降低高敏感性地区的人口和经济活动密度及土地开发比例和强度，避免大规模居住用地及商业服务业设施用地的布局，增加绿地避险空间和医疗恢复资源的供给；提高低适应性地区市政基础设施布局的空间均衡性，加强公共管理与公共服务用地布局，提升教育资源的空间分配质量，低适应地区往往分布在城市边缘地区，这些地区现存较多城中村及流动人口，由于非正规性等因素，无法获得可靠的灾后恢复援助，并且基础设施建设水平较低、人口韧性社会资本积累相对匮乏；从用地布局上预防工业安全事件对城市生活可能造成的不利影响，避免可能成为危险源的工业用地在城市发展地区的继续布局，同时严格控制安全距离，设置安全隔离区（绿化、道路、水系等）以减轻工业生产安全事件可能造成的危害。

3.4　基于社会资本积累和管治网络培育的小区规划

澳门小区称为"堂区"，以教堂位置为中心的社会网络比较发达，"网络、规范和信任（或认可）"三维度的社会资本，对小区恢复力具有核心影响作用；小区拥有的社会资本越多，小区群体的韧性越强（Adger，2000；Godschalk，2003）。因为城市在受到灾害冲击而被破坏的情况下，如果市民和基层小区组织能够立即行动起来避免损伤，可无须等待来自政府或其他外部机构的援助，相比于依赖往往存在滞后性的外部援助，这种"自下而上"的城市局部修复功能能够使系统迅速、有效地重组。韧性城市的小区规划，应注重培育基于小区社会资本的小区自组织能力，形成多中心性、透明性、责任性、灵活的、包容性的网络式小区管治网络。

城市再开发和更新，应避免旧城区大量传统街坊式小区解体、公共交流空间丧失为代表的社会资本流失。新小区规划建设应从"合理邻里尺度"和不同小区规模对小区社会资本积累的影响考虑出发，进行居住区规模和人口密度控制，避免大规模超级街区和门禁小区的布局，促进良好的小区互动和小区社会纽带的形成以及小区活力公共空间的营造。

3.5 基于冗余性和多样性的基础设施科学规划

基础设施是城市运营的基础。韧性城市规划应加强基于冗余性、多样性、分布式网络的基础设施规划研究，形成科学支撑的规划方案，包括：①运用地理信息系统（GIS）空间分析、位置分配模型（LA）和设施服务能力冗余率测度方法，评估城市医疗卫生设施和绿地系统的服务能力冗余率性能；②运用图论和复杂网络拓扑分析方法，评估城市交通系统网络的冗余特征。

3.6 重视城市防灾减灾规划

面对气候变化和海平面上升，空间规划师的规划策略基本是缓解和适应兼用。运用多智能体系统（multi-agent system，MAS）和 GIS，对城市灾害应急和恢复系统布局进行仿真模拟（Roggema and Dobbelsteen，2012），强调城市绿地系统在城市防灾、减灾中的重要作用，提出均衡且具有合理层级结构和平灾转换能力的绿地、广场、学校等避险场地布局规划，城市道路广场的建设和布局以及地下空间的开发利用，都应考虑灾害发生时人群疏散、临时避灾、紧急救援的需要。合理设置多种类型的防灾疏散通道，应考虑除城市公路体系以外如空中、地下等的多样化途径，且在各个方向至少保证有两条防灾疏散通道。在灾害高危险区的城市生命线系统，应适当提高其设防标准，加大抵御风险的能力，确保在遭受灾害时城市生命线工程基本运转正常。

4 结语

本文梳理了韧性理念下韧性城市、韧性城市规划的研究进展，结合韧性城市理论，提出了澳门城市规划韧性思路，包括：基于经济多元化和创新的城市发展战略；基于资源环境承载力的城市发展规模；基于脆弱性研究城市建设用地选址；基于社会资本积累和管治网络培育的小区规划；基于冗余性和多样性的基础设施科学规划；重视城市防灾减灾规划。但从整体看，关于澳门韧性城市规划研究并不深入。

注释

① 本文刊于《澳门研究》2019 年第 1 期第 53～62 页，简体中文版首次刊出。

参考文献

[1] ADGER W N. Social and ecological resilience: are they related? [J]. Progress in Human Geography, 2000, 24(3): 347-364.

[2] AHEN J. From fail-safe to safe-to-fail: sustainability and resilience in the new urban world[J]. Landscape and Urban Planning, 2011, 100(4): 341-343.

[3] ALAM K, SHAMSUDDOHA M, TANNER T, et al. The political economy of climate resilient development planning in Bangladesh[J]. Ids Bulletin, 2011, 42(3): 52-61.

[4] ALBERTI M. Modeling the urban ecosystem: a conceptual framework[J]. Environment Planning B, 1999, 26(4): 605-630.

[5] ALBERTI M, MARZLUFF J M. Ecological resilience in urban ecosystems: linking urban patterns to human and ecological functions[J]. Urban Ecosystems, 2004, 7(3): 241-265.

[6] ALBERS M, DEPPISCH S. Resilience in the light of climate change: useful approach or empty phrase for spatial planning?[J]. European Planning Studies, 2013, 21(10): 1598-1610.

[7] ALLENBY B, FINK J. Toward inherently secure and resilient societies[J]. Science, 2005, 309(5737): 1034-1036.

[8] BÉNÉ C, MEHTA L, MCGRANAHAN G, et al. Resilience as a policy narrative: potentials and limits in the context of urban planning[J]. Climate and Development, 2017, 10(2): 116-133.

[9] BERKES F. Understanding uncertainty and reducing vulnerability: lessons from resilience thinking[J]. Natural Hazards, 2007, 41(2): 283-295.

[10] BONNET N. The functional resilience of an innovative cluster in the montpellier urban area (south of France)[J]. European Planning Studies, 2010, 18(9): 1345-1363.

[11] CARPENTER S, WALKER B, ANDERIES J M, et al. From metaphor to measurement: resilience of what to what?[J]. Ecosystems, 2001, 4(8): 765-781.

[12] COWELL M M. Bounce back or move on: regional resilience and economic development planning[J]. Cities, 2013, 30: 212-222.

[13] CUTTER S L. Vulnerability to environmental hazards[J]. Progress in Human Geography, 1996, 20(4): 529-539.

[14] CUTTER S L, BARNES L, BERRY M, et al. A place-based model for understanding community resilience to natural disasters[J]. Global Environmental Change, 2008, 18(4): 598-606.

[15] DAVOUDI S, CRAWFORD J, MEHMOOD A. Planning for climate change: strategies for mitigation and adaptation for spatial planners[M]. Routledge, 2009.

[16] DAVOUDI S, SHAW K, HAIDER L J, et al. Resilience: a bridging concept or a dead end? "Reframing" resilience: challenges for planning theory and practice interacting traps. Resilience assessment of a pasture management system in northern afghanistan urban resilience: what does it mean in planning practice? Resilience as a useful concept for climate change a daptation? The politics of resilience for planning: a cautionary note [J]. Planning Theory & Practice, 2012, 13(2): 299-333.

[17] DESOUZA K C, FLANERY T H. Designing, planning, and managing resilient cities: a conceptual framework[J]. Cities, 2013, 35: 89-99.

[18] DOUVEN W, BUURMAN J, BEEVERS L, et al. Resistance versus resilience approaches in road planning and

design in delta areas: Mekong floodplains in Cambodia and Vietnam[J]. Journal of Environmental Planning and Management, 2012, 55(10): 1289-1310.

[19] DUXBURY J, DICKINSON S. Principles for sustainable governance of the coastal zone: in the context of coastal disasters[J]. Ecological Economics, 2007, 63(2-3): 319-330.

[20] FERNANDO T D S, PARTIDÁRIO, ROSÁRIO M. Spark: strategic planning approach for resilience keeping[J]. European Planning Studies, 2011, 19(8): 1517-1536.

[21] FLEISCHHAUER M . The role of spatial planning in strengthening urban resilience[M]// Resilience of cities to terrorist and other threats. Springer Netherlands, 2008, 273-298.

[22] FRAZIER T G, THOMPSON C M, DEZZANI R J. A framework for the development of the SERV model: a spatially explicit resilience-vulnerability model[J]. Applied Geography, 2014, 51: 158-172.

[23] FROMMER B. Climate change and the resilient society: utopia or realistic option for German regions?[J] Natural Hazards, 2013, 67(1): 99-115.

[24] FU X, TANG Z. Planning for drought-resilient communities: an evaluation of local comprehensive plans in the fastest growing counties in the US[J]. Cities, 2013, 32: 60-69.

[25] GODSCHALK D R. Urban hazard mitigation: creating resilient cities [J]. Natural Hazards Review, 2003, 4(3): 136-143.

[26] GONZÁLEZ F. Strategies for sustainability and resilience after earthquakes[J]. Chalmers University of Technology, 2014.

[27] HOLLING S C. Resilience and stability of ecological systems[J]. Annual Review of Ecology and Systematics, 1973, 4(1): 1-23.

[28] HOLLING S C. Engineering resilience versus ecological resilience[J]. Engineering Within Ecological Constraints, 1996: 31-44.

[29] JABAREEN Y. Planning the resilient city: concepts and strategies for coping with climate change and environmental risk[J]. Cities, 2013, 31: 220-229.

[30] JUN H J, CONROY M M. Linking resilience and sustainability in Ohio township planning[J]. Journal of Environmental Planning and Management, 2014, 57(6): 904-919.

[31] KHAILANI D K, PERERA R. Mainstreaming disaster resilience attributes in local development plans for the adaptation to climate change induced flooding: a study based on the local plan of Shah Alam City, Malaysia[J]. Land Use Policy, 2013, 30(1): 615-627.

[32] LIAO K H. A theory on urban resilience to floods: a basis for alternative planning practices[J]. Ecology and Society, 2012, 17(4): 48.

[33] LLOYD M G, PEEL D, DUCK R W. Towards a social-ecological resilience framework for coastal planning[J]. Land Use Policy, 2013, 30(1): 925-933.

[34] LU P, STEAD D. Understanding the notion of resilience in spatial planning: a case study of rotterdam, the netherlands[J]. Cities, 2013, 35: 200-212.

[35] MANYENA S B. The concept of resilience revisited[J]. Disasters, 2006, 30(4): 434-450.

[36] MCDANIELS T, CHANG S, COLE D, et al. Fostering resilience to extreme events within infrastructure systems:

characterizing decision contexts for mitigation and adaptation[J]. Global Environmental Change, 2008, 18(2): 310-318.

[37] MEEROW S, NEWELL J P, STULTS M. Defining urban resilience: a review[J]. Landscape and Urban Planning, 2016(147): 38-49.

[38] MINSKY H P. Stabilizing an unstable economy[M]. New York: McGraw-Hill, 2008.

[39] MITCHELL M, GRIFFITH R, RYAN P, et al. Applying resilience thinking to natural resource management through a "planning-by-doing" framework[J]. Society & Natural Resources, 2014, 27(3): 299-314.

[40] OSTROM E. Polycentric systems for coping with collective action and global environmental change[J]. Global Environmental Change, 2010, 20(4): 550-557.

[41] PENDALL R, FOSTER K A, COWELL M. Resilience and regions: building understanding of the metaphor[J]. Cambridge Journal of Regions, Economy and Society, 2010, 3(1): 71-84.

[42] PERERA N, BOYD E, WILKINS G, et al. Literature review on energy access and adaptation to climate change[J]. Department for International Development, UK, 2015.

[43] PICKETT S T A, CADENASSO M L, GROVE J M. Resilient cities: meaning, models, and metaphor for integrating the ecological, socio-economic, and planning realms[J]. Landscape and Urban Planning, 2004, 69(4): 369-384.

[44] PIKE A, DAWLEY S, TOMANEY J. Resilience, adaptation and adaptability[J]. Social Science Electronic Publishing, 2010, 3(1): 59-70.

[45] PIZZO B. Problematizing resilience: implications for planning theory and practice[J]. Cities, 2015, 43: 133-140.

[46] RACO M, STREET E. Esilience planning, economic change and the politics of post- recession development in London and Hong Kong[J]. Urban Studies, 2012, 45(5): 1065-1087.

[47] ROGGEMA R, DOBBELSTEEN V D. Swarm planning for climate change: an alternative pathway for resilience[J]. Building Research & Information, 2012, 40(5): 606-624.

[48] ROSE A, LIAO S Y. Modeling regional economic resilience to disasters: a computable general equilibrium analysis of water service disruptions[J]. Journal of Regional Science, 2005, 45(1): 75-112.

[49] SAAVEDRA C, BUDD W W. Climate change and environmental planning: working to build community resilience and adaptive capacity in Washington State, USA[J]. Habitat International, 2009, 33(3): 246-252.

[50] SCHRENK M, NEUSCHMID J, PATTI D. Towards "resilient cities"–Harmonisation of spatial planning information as one step along the way[C]// International Conference on Computational Science & Its Applications. Springer, Berlin, Heidelberg, 2011: 162-171.

[51] SHARIFI A, YAMAGATA Y. Major principles and criteria for development of an urban resilience assessment index[C]// International Conference and Utility Exhibition 2014 on Green Energy for Sustainable Development (ICUE 2014). IEEE, 2014: 1-5.

[52] STORCH H, DOWNES N, KATZSCHNER L, et al. Building resilience to climate change through adaptive land use planning in Ho Chi Minh City, Vietnam[J]. Resilient Cities, 2011: 349-363.

[53] SURJAN A, SHARMA A, SHAW R. Understanding urban resilience[J]. Community Environment & Disaster Risk Management, 2011, 6: 17-46.

[54] THOMALLA F, DOWNING T, SPANGER-SIEGFRIED E, et al. Reducing hazard vulnerability: towards a common approach between disaster risk reduction and climate adaptation[J]. Disasters, 2006, 30(1): 39-48.

[55] TYLER S, MOENCH M. A framework for urban climate resilience[J]. Climate and Development, 2012(4): 311-326.

[56] WARDEKKER J A, JONG A D, KNOOP J M, et al. Operationalising a resilience approach to adapting an urban delta to uncertain climate changes[J]. Technological Forecasting and Social Change, 2010, 77(6): 987-998.

[57] WILBANKS T J, SATHAYE J. Integrating mitigation and adaptation as responses to climate change: a synthesis[J]. Mitigation and Adaptation Strategies for Global Change, 2007, 12(5): 957-962.

[58] WILKINSON C. Social-ecological resilience: insights and issues for planning theory[J]. Planning Theory, 2012, 11(2): 148-169.

[59] 别朝红, 林雁翎, 邱爱慈. 弹性电网及其恢复力的基本概念与研究展望[J]. 电力系统自动化, 2015(22): 1-9.

[60] 蔡建明, 郭华, 汪德根. 国外弹性城市研究述评[J]. 地理科学进展, 2012, 31(10): 1245-1255.

[61] 陈梦远. 国际区域经济韧性研究进展——基于演化论的理论分析框架介绍[J]. 地理科学进展, 2017(11): 1435-1444.

[62] 达武迪, 曹康, 王金金, 等. 韧性规划: 纽带概念抑或末路穷途[J]. 国际城市规划, 2015, 30(2): 8-12.

[63] 戴伟, 孙一民, 韩·迈尔, 等. 气候变化下的三角洲城市韧性规划研究[J]. 城市规划, 2017(12): 26-34.

[64] 方创琳, 王岩. 中国新型城镇化转型发展战略与转型发展模式[J]. 中国城市研究, 2015: 3-17.

[65] 高晓路, 陈田, 樊杰. 汶川地震灾后重建地区的人口容量分析[J]. 地理学报, 2010, 65(2): 164-176.

[66] 黄晓军, 黄馨. 弹性城市及其规划框架初探[J]. 城市规划, 2015, 39(2): 50-56.

[67] 景天奕, 黄春晓. 西方弹性城市指标体系的研究及对我国的启示[J]. 现代城市研究, 2016(4): 53-59.

[68] 坎帕内拉, 罗震东, 周洋岑. 城市韧性与新奥尔良的复兴[J]. 国际城市规划(北京), 2015, 30(2): 30-35.

[69] 李彤玥. 基于弹性理念的城市总体规划研究初探[J]. 现代城市研究(南京), 2017(9): 14-23.

[70] 李彤玥, 牛品一, 顾朝林. 韧性城市研究框架综述[J]. 城市规划学刊(上海), 2014(5): 23-31.

[71] 李亚, 翟国方, 顾福妹. 城市基础设施韧性的定量评估方法研究综述[J]. 城市发展研究, 2016, 23(6): 113-122.

[72] 廖桂贤, 林贺佳, 汪洋. 城市韧性承洪理论——另一种规划实践的基础[J]. 国际城市规划, 2015, 30(2): 36-47.

[73] 刘丹, 华晨. 弹性概念的演化及对城市规划创新的启示[J]. 城市发展研究, 2014, 21(11): 111-117.

[74] 欧阳虹彬, 叶强. 弹性城市理论演化述评: 概念、脉络与趋势[J]. 城市规划, 2016, 40(3): 34-42.

[75] 彭翀, 林樱子, 顾朝林. 长江中游城市网络结构韧性评估及其优化策略[J]. 地理研究, 2018(6): 1193-1207.

[76] 彭翀, 袁敏航, 顾朝林, 等. 区域弹性的理论与实践研究进展[J]. 城市规划学刊, 2015(1): 84-92.

[77] 钱少华, 徐国强, 沈阳, 等. 关于上海建设韧性城市的路径探索[J]. 城市规划学刊, 2017(S1): 109-118.

[78] 邵亦文, 徐江. 城市韧性: 基于国际文献综述的概念解析[J]. 国际城市规划, 2015, 30(2): 48-54.

[79] 孙久文, 孙翔宇. 区域经济韧性研究进展和在中国应用的探索[J]. 经济地理(长沙), 2017(10): 1-9.

[80] 汪辉, 徐蕴雪, 卢思琪, 等. 恢复力、弹性或韧性?——社会—生态系统及其相关研究领域中"Resilience"一词翻译之辨析[J]. 国际城市规划, 2017(4): 29-39.

[81] 王祥荣, 谢玉静, 徐艺扬, 等. 气候变化与韧性城市发展对策研究[J]. 上海城市规划(上海), 2016(1): 26-31.

[82] 徐振强, 王亚男, 郭佳星, 等. 我国推进弹性城市规划建设的战略思考[J]. 城市发展研究, 2014, 21(5): 79-84.

[83] 杨敏行, 黄波, 崔翀, 等. 基于韧性城市理论的灾害防治研究回顾与展望[J]. 城市规划学刊(上海), 2016(1):

48-55.

[84] 翟国方, 邹亮, 马东辉, 等. 城市如何韧性[J]. 城市规划, 2018(2): 42-46+77.

[85] 赵建世, 王忠静, 秦韬, 等. 海河流域水资源承载能力演变分析[J]. 水利学报(北京), 2008(6): 647-651.

[86] 郑艳. 推动城市适应规划, 构建韧性城市——发达国家的案例与启示[J]. 世界环境, 2013(6): 50-53.

[87] 钟琪, 戚巍. 基于态势管理的区域弹性评估模型[J]. 经济管理, 2010(8): 32-37.

[欢迎引用]

顾朝林, 曹根榕. 韧性城市的规划研究：澳门的思考[J]. 城市与区域规划研究·澳门特辑, 2022: 19-31.

GU C L, CAO G R. Research on the planning of resilient cities: reflections on Macao [J]. Journal of Urban and
  Regional Planning: Special Issue on Macao, 2022: 19-31.

粤港澳大湾区战略下澳门制度势能的认识及发展思考

王世福　黎子铭　邓昭华

Perception of the Institutional Potential Energy and Reflection on Development Issues of Macao Under the National Strategy of Guangdong-Hong Kong-Macao Greater Bay Area Development

WANG Shifu[1,2], LI Ziming[1,2], DENG Zhaohua[1,2]
(1. School of Architecture, South China University of Technology, Guangzhou 510640 , China; 2. Guangdong-Hong kong-Macao Greater Bay Area Planning Innovation Research Center, Guangzhou 510640, China)

Abstract The development of Guangdong-Hong Kong-Macao Greater Bay Area (GBA), as a national strategy, emphasizes that innovative regional development should be realized in Hong Kong, Macao, and the Pearl River Delta Urban Agglomeration through trans-institutional cooperation and integration. Institutional potential energy is a unique driving force for the development of the GBA, while institutional innovation is a fundamental approach to maintaining and releasing the institutional potential energy. Macao has achieved rapid development since its return because of the release of the institutional potential energy of "One Country, Two Systems". Facing the new opportunities of the GBA development, it is necessary for Macao to understand the institutional potential energy and the way to release it, and to overcome the main problems such as fragile industrial structure and lack of space for development. Macao should positively carry out institutional innovation to address the above issues from the perspectives of upgrading the visions and optimizing the spatial structure.
Keywords Macao; institutional potential energy; spatial development; Guangdong-Hong Kong-Macao Greater Bay Area

摘　要　粤港澳大湾区发展作为国家战略，强调港澳与珠三角城市群实施跨制度融合及一体化，实现区域创新发展。制度势能是大湾区独特的发展动力，而制度创新则是维持和释放制度势能的根本措施，澳门回归后因"一国两制"的发展动能释放而实现了高速发展。面对湾区发展政策的新机遇，澳门非常需要进一步认识制度势能及其释放路径，克服产业结构脆弱、发展空间紧缺的主要问题，从定位提升和空间响应方面积极应对，依靠制度创新持续释放发展动能。

关键词　澳门；制度势能；空间发展；粤港澳大湾区

作者简介
王世福、黎子铭、邓昭华（通讯作者），华南理工大学建筑学院，粤港澳大湾区规划创新研究中心。

1　引言

当前，国家强调中心城市和城市群作为承载发展要素的主要空间形式。粤港澳大湾区具有不同于一般城市群的多制度特征，在其已有较高市场化程度且多中心网络化空间格局基础上，国家战略的提出进一步强调了实施跨制度融合发展的要点，制度势能的认识凸显为大湾区城市区域创新发展的重要视角。在这一视角下，我们一方面可以更清晰地识别到澳门回归20年高速发展的机制；另一方面则可帮助澳门在粤港澳大湾区战略的新机遇中寻找其突破产业结构脆弱、发展空间紧缺困境的破局之道。

2 区域发展中的制度势能认识

2.1 制度势能作为区域发展动力

借助物理学的势能概念，区域发展研究发现以区域系统的某一区域所呈现的相对综合优势作为区位势能从而拉动地区发展的规律，其中政策势能作为区位势能的重要因素，通过政策制度的势能差转化而产生区域系统的发展动力（屠俊勇、成伟光，1994；杨勤业等，2003）。有学者认为，政策势能是对我国公共政策从高位推动社会发展的学术表达，是对发端于西方的公共政策理论的中国风格学理性回应，具有我国特色制度的内涵，展现我国公共政策执行的政治逻辑，另又由于地方政府或执行单位有能力识别政策背后所具有的势能从而调整执行策略，当政策势能和激励机制两者间耦合得当时，能进一步发挥势能变成发展动能的效果（贺东航、孔繁斌，2019）。

在此理论框架中，根据政策势能的作用机制，具有制度优势或强势的行为主体，通过制度安排，将其制度的优势渗透和移植到制度相对其劣势或弱势的行为主体中，从而形成劣势行为主体的转型升级（王曙光等，2017），优势的行为主体也将在发展的集聚、增值和辐射过程中，自身不断增长和发展，因乘数效应而进一步促其自强（屠俊勇、成伟光，1994）。

因此，只要区域间的势能差异存在，区域系统即可利用其势能转化作为区域发展的重要动力。与此同时，只有识别到制度势能差动力转化的良性规律与模式，才能减少转化途中的损耗，更有效地发挥制度势能转化为发展动力的推动作用。

对于粤港澳大湾区而言，其具有不同于一般城市群的多制度差异特征，使制度势能的作用机制更为明显也更为有效。从资源拥有、市场制度、调控能力或技术水平等某一生产要素的维度出发，拥有制度势能优势的主体具有更高的影响与输出能力，而制度势能低者并非单纯的处于劣势，而是具有更大的接收潜力，两者甚至存在互补。对制度势能的再认识将为新时代澳门创新发展提供重要视角。

2.2 制度势能的动力怠缓与维持

势能做功遵循能量守恒定律，即有多少势能增加（或减少），就有多少其他形式的能量相应减少（或增加），这一定律揭示出区域发展的制度势能存在一种可能的强急向弱缓的变化过程，即强弱势能差由显著变成趋平时，主体间的差异会逐渐减少，从而出现怠缓现象。例如东南沿海的城乡差异，因改革开放以来的制度势能释放而促进了乡村发展并走向城乡融合，发达区域（如珠三角、长三角地区）中心城市核心辐射范围的城乡差异逐渐减弱。

制度势能差的趋小过程中，很容易导致增长停滞的状态。现实中，几乎每一轮经济高速增长之后，都会出现一定程度的停滞，有的区域因产业变化甚至呈现衰退。这是因为制度势能的单向属性一般无法形成自主而持续的循环动力，每次经济高速增长就如势能井喷，但随着制度势能的消耗，增长速度会趋缓，只有制度调整能为制度势能积蓄下一次井喷的能量（利皮特，2012），换而言之，只有制度创新才形成可持续的制度势能。

对于势能优势主体而言，从增长转向停滞的担忧，既应该是相对于后发劣势主体更为敏感的认知，也是其更早开展制度创新前瞻与探索的触发条件。为此，从制度势能视角关注粤港澳大湾区框架下的澳门发展，我们必须从制度创新的角度思考制度势能释放的可持续对策。尤其在部署 2019 年政府工作以来，我国进一步加快改革脚步，推动全方位对外开放，放宽市场准入，扩大进出口贸易，推动出口市场多元化[①]，在具有已较高市场化程度且多中心网络化空间格局基础上，粤港澳大湾区受中央政府赋予更高位的生产要素流动的可能，澳门需加快融入粤港澳大湾区建设，抓住政策机遇，形成更长远的发展目标。

3 以制度创新释放澳门发展的制度势能

3.1 回归前的澳门城市发展本底

3.1.1 国际知名的中西文化交汇窗口

澳门是中国最早开始受西方影响并走向现代城市化进程的城市，自 1557 年开埠至 1999 年，经历了天主教城、殖民开发、城建制度法规化、自治规划本地化的西化城市建设发展历程（童乔慧、盛建荣，2005）。澳门也是明朝以来中西贸易、民族与文化交流的首个窗口，据 17～19 世纪的西方人游记记述，澳门是中国对外航线的重要出入口岸，首个进入中国的西方世俗旅行家杰梅利-卡雷里从欧洲出发，经印度直达澳门再至广州上京，后返回澳门乘船赴墨西哥，其时澳粤人民欢度春节的习俗与今日并无太大差异；18 世纪时，则有记载驻穗欧洲人每年会到澳门定居半年、享受欧洲色彩生活的记述；至 19 世纪，法国官员奥古斯特·奥斯曼所记述的澳门居民人种构成及血缘混合已非常多样（耿昇，2005）。根据国内学者基于谷歌图书的英语书籍和报纸大数据 1700～2000 年城市词频分析，近 300 年澳门的国际知名度在中国城市中位列第五，居北京、广州、香港、上海之后，近 150 年澳门媒体提及率又呈现排名愈加提升的趋势（陈云松等，2015）。在政治、经济和文化等各项因素的影响下，回归前澳门已演变为东西方文化融合的国际化多元城市。

3.1.2 博彩业独大的微型经济体城市

回归前，澳门虽然身为东亚唯二的自由贸易港，拥有低税、资金、人员、信息、管理等自由贸易优势，但因面积狭小、资源短缺、缺乏深水良港，对外水陆空基建又不足的原因，而得不到贸易优势的充分发挥，其经济总量小、影响力低，产业结构方面已呈现单一化的问题（赵大英，1999）。20 世纪 80 年代末期，澳门经济初步形成博彩业、出口加工业、金融保险业、建筑地产业四大支柱产业，但到 1999 年回归时，博彩业的比重已占 GDP 的 31.6%，制造业仅占 8.7%（刘品良，2002）。澳门的产业结构因为博彩业独大、结构简单而呈现严重依赖外部环境的特征，其波动大，对经济就业、人力资源和民生保障等方面的可持续发展产生严重的不利影响；但博彩业独大，又是澳门作为微型经济体参与全球化竞争的专业化产物，具有经济合理性，是独具澳门特色的竞争优势，澳门本地产业结构的专业化和多元化因此发生了根本性的矛盾与冲突（毛艳华，2009）。

3.1.3 资源与土地极端短缺的海岛小城

回归前，澳门由澳门半岛、冰仔岛、路环岛组成，城市面积狭小，资源匮乏，净水、农副产品依赖大陆和国外进口；又因山多地少，可利用的土地匮乏，自 20 世纪起向海拿地就一直是澳门拓展城市发展空间的主要方法。据澳门统计暨普查局公布的数据，1989～1999 年，其城市总面积从 17.4 平方千米增长至 23.8 平方千米，填海造陆使冰仔岛与路环岛陆陆相连成为澳门离岛，面积约等于再造了 1/3 的澳门。但面对人口的增长和产业发展的需求，这些土地仍是杯水车薪，这 10 年间澳门的人口密度依然稳定在 1.87 万人～2.05 万人/平方千米，是世界人口密度最高的城市之一。与此同时，填海工程耗资巨大，对生态环境的影响难以估计，仍是不可持续的发展策略。因此，城市发展空间的受限成为澳门空间规划面临的最为核心的问题。

3.2 "一国两制"的制度创新为澳门带来发展动力

在"一国两制"下，澳门政府背靠祖国内地、面向国际市场、享有多项内地提供的特殊优惠政策，又享有高度自治的权力，地方税收无需上缴中央。由于自身发展条件和存在问题与香港不同，澳门方面总体上对内地呈现更强的依赖和社会融合，更加主动地与内地的策略制度进行衔接，并出现从"区隔"走向融合的制度解构演进（殷存毅、施养正，2019），这种演进实质为制度创新，使区域发展中的制度势能不断形成并得到更顺利的释放，实现了近 20 年澳门经济的高速增长。

3.2.1 产业适度多元化发展的制度势能推动

澳门政府在回归后大力发挥博彩业的龙头作用，开始以旅游博彩业为切入点带动其他服务行业的发展，因地方自治主导的赌权开放竞争（2002）和中央赋权制定的内地居民港澳"自由行"（2003）双管齐下，澳门旅游博彩业得到大力刺激（郭小东、刘长生，2009；张应武，2009），本地生产总值也得到极高速的增长。有学者基于澳门回归十年以来的经济数据验证，内地在澳门的旅游、金融及投资对其经济增长起主要作用，其中广东与澳门的关系最为显著（章平、钟坚，2010）。实际上，这是"两制"下中国庞大的市场消费力，尤其是博彩业集中在澳门释放的结果，澳门也因此得到巨大的发展动能。受博彩及博彩中介业的主导，澳门的第三产业高速发展，根据澳门统计暨普查局统计，1999～2017 年第三产业占地方生产总值的比例从 86.1%增至 94.9%（相应的第二产业占比从 13.9%缩减至 5.1%）[②]。据香港《大公报》报道，2017 年澳门博彩业的总收入已达美国赌城拉斯维加斯的 4.6 倍[③]，而中国产业信息网的 2017 年全球博彩市场规模排名中，我国的市场份额已占 21.4%[④]。博彩业带来的巨量游客和资金为澳门第三产业的发展带来了庞大的消费力和增长量，然而这些增长动力受限于澳门狭小的空间，形成增长能量的在地膨胀，博彩业及边境管辖的特殊性限制了区域辐射。

另外，如前文所述，博彩"一业独大"将给澳门的可持续发展带来严重的不利影响。澳门社会对产业过于单一带来的问题早有预见，从2004年开始，就已开展产业多元化发展的探讨并将经济适度多元发展思路纳入国家"十一五"规划（2006～2010）。但博彩业独大的势头却因地方市场与政府调控双失灵、自身空间资源强约束的内生性机制而变得更加严重（殷存毅、施养正，2019），2014年至今的生产总值波动便验证了博彩业独大所带来的不利影响（图1），外生性的政策介入成为澳门产业优化的必然途径。而实际上，2014年开始的波动正是国家限制内地赌资流入澳门、打击银联卡洗黑钱促成的。根据2006年至今澳门第三产业中各项产业占比，可见因政策引导有效地抑制了博彩业过度膨胀，批发零售、酒店、不动产业务、银行、医疗卫生及社会福利等产业得到了一定的扶振（表1）。同时也要看到，宏观调控后博彩业的转型升级带来了综合旅游内容的创新（例如控制博彩贵宾厅消费，促进中场博彩，发展主题酒店、会展、博物馆、剧场等），以博彩为特色的综合旅游吸引力提升成为2016年来澳门第三产业经济复苏的主要原因，这一趋势直接反映在近年赴澳游客的整体旅客增加、博彩旅客减少的变化上（图2）。

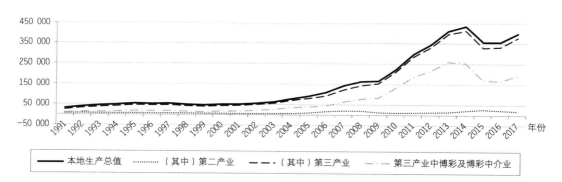

图1　1991～2017年博彩业对澳门本地生产总值增长及第三产业增长的明显影响

注：以当年生产者价格按生产法计算的本地生产总值。

资料来源：澳门统计暨普查局。

表1　2006～2017年的第三产业生产总值分类占比变化

年份	2006	2007	2008	2009	2010	2011	2012	2013	2014	2015	2016	2017
批发及零售业	4.4%	4.2%	4.0%	4.7%	5.1%	5.2%	5.5%	5.5%	5.5%	6.1%	5.7%	5.9%
酒店业	1.8%	2.0%	3.1%	3.4%	3.3%	3.4%	3.2%	3.2%	3.7%	4.2%	4.4%	4.5%
饮食业	3.4%	2.9%	2.8%	2.4%	2.0%	1.7%	1.7%	1.7%	1.7%	1.9%	2.0%	1.8%
运输、仓储及通信业	4.1%	3.5%	2.8%	2.7%	2.6%	2.2%	2.0%	1.9%	2.2%	3.0%	3.1%	2.8%
银行业	6.2%	5.1%	4.7%	4.4%	3.3%	3.1%	3.0%	3.4%	4.2%	5.7%	6.0%	5.7%

续表

年份	2006	2007	2008	2009	2010	2011	2012	2013	2014	2015	2016	2017
保险及退休基金	1.9%	1.6%	1.3%	1.3%	0.9%	0.7%	0.7%	0.7%	0.7%	1.1%	1.4%	1.1%
不动产业务	10.3%	10.3%	9.6%	9.4%	6.7%	6.0%	6.9%	7.4%	8.9%	11.0%	11.3%	11.1%
租赁及工商服务业	6.0%	5.9%	5.5%	5.3%	4.6%	3.7%	3.3%	3.4%	3.9%	4.3%	5.0%	4.7%
公共行政	5.5%	5.1%	4.9%	4.9%	3.8%	3.2%	3.2%	2.9%	3.2%	4.5%	4.8%	4.5%
教育	2.4%	2.0%	2.0%	2.1%	1.6%	1.4%	1.3%	1.3%	1.4%	1.9%	2.1%	2.0%
医疗卫生及社会福利	1.5%	1.4%	1.4%	1.5%	1.2%	1.0%	1.0%	1.0%	1.0%	1.5%	1.6%	1.5%
博彩及博彩中介业	48.3%	51.9%	53.8%	54.1%	62.2%	65.7%	65.6%	65.5%	61.6%	52.1%	50.0%	51.7%
其他	4.2%	4.0%	4.0%	3.8%	2.8%	2.6%	2.4%	2.1%	2.2%	2.8%	2.8%	2.5%

注：表中为以当年生产者价格按生产法计算的本地生产总值第三产业分类占比，底色深浅用于表达各项产业占比的自身变动情况，变深即相对于本类而言产值占第三产业产值的比例有所增长，反之为降低。

资料来源：澳门统计暨普查局。

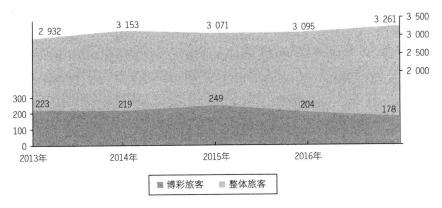

图 2 2013～2017 年来澳旅客（含博彩旅客）数量变化（万人）

资料来源：澳门统计暨普查局。

从国家"十二五"规划（2011～2015）提出澳门建设世界旅游休闲中心和中国与葡语国家商贸合作服务平台的目标，至"十三五"规划（2016～2020）、"十四五"规划（2021～2025）对该项目标的延续，澳门持续推动休闲旅游、会展商务、中医药、教育服务、文化创意等产业的发展实现了一定成效。这一产业适度多元化的政策延续，正是"一国两制"制度优势延续的表现，此乃澳门社会发展的重要动力。

3.2.2 支持发展空间拓展的水域划定及共建横琴制度势能释放

随着 2009 年国务院批准《澳门新填海区计划》和《横琴总体发展规划》，澳门以新区填海工程及共建珠海横琴新区为契机，获得经济适度多元发展、人力资源储备的空间。

2009～2016 年，澳门特别行政区持续开展新城总体规划编制及公众意见征求工作，规划提出澳门半岛及澳门离岛之间，即澳门半岛东、南以及氹仔北面位置，增加总面积 350 公顷的五块填海新城区，以优先保障公屋及公共服务设施的土地空间（澳门土地工务运输局，2016）。2015 年后，中央明确解决澳门缺乏海域的历史遗留问题，划定澳门特别行政区 85 平方千米海域，支持了澳门海域管理及填海造陆的空间发展拓展需求。2017 年，特区政府正式公布《澳门特别行政区海岸线图》（澳门地图绘制暨地籍局，2017）。

在澳珠合作上，更多的因博彩旅游业用地挤压而无法落地的制造研发产业科研用地得以落户珠海横琴。"十二五"期间，《粤澳合作框架协议》《粤港澳基础设施专项合作规划》《共建优质生活圈专项规划》等实施推进，使粤澳的经济、社会、文化、生活等方面呈现出更加紧密的融合发展。截至 2018 年，横琴已建成 50 公顷的粤澳合作中医药科技产业园、1 平方千米的澳门大学横琴校区等项目，横琴的澳门投资企业也已超过 1 200 家，涉及旅游、文创、科研、医药、制衣和物流等行业。

3.2.3 世界级旅游目的地导向转型的制度愿景力量

2005 年"澳门历史城区"以港口城市及中西文化交融的特色成功列入世界遗产名录，联合国教科文组织如此概括"澳门历史城区"的世界遗产特性和价值——澳门因繁华兴盛的港口在国际贸易发展中有着重要的战略地位；历史城区所保留的中国与葡萄牙风格古老街道、住宅、宗教和公共建筑，见证了东西方美学、文化、建筑和技术影响力的交融；它是在国际贸易蓬勃发展的基础上，中西方交流最早且持续沟通的见证。由此，澳门"东方圣城"的厚重历史和中西交融的"文化之城"的城市愿景重新获得重视，"十二五"规划建设"世界旅游休闲中心"的目标自明确以来，澳门城市形象得到更快的转型。

首先，优势产业博彩业的垂直多元化推动以来，博彩规范经营和产业链的延伸有效引导投资者转变经营方式和理念，使博彩业健康发展的同时将其竞争扩展到综合性旅游业，包括酒店、主题公园、餐馆、会展、文化设施等方面，扭转了澳门曾经不健康的国际形象；另外，澳门政府成立旅游促进专项委员会，旅游局制定《澳门旅游业发展总体规划》，推进 91 个具体行动计划（澳门特别行政区旅游局，2017），维育本地历史文化底蕴的同时持续营造澳门旅游业多样化发展的氛围，增强了澳门作为世界级旅游目的地的吸引力；在区域交通设施持续完善下，国内外来澳旅客到达更加便捷，客流量连年创新高，例如 2019 年上半年澳门国际机场客运量就比同期增长了 18%[⑤]。

4 粤港澳大湾区国家战略下澳门发展的定位提升及空间响应

2019 年 2 月，中共中央、国务院正式通过《粤港澳大湾区发展规划纲要》[⑥]（以下简称《大湾区规划纲要》），提出将粤港澳大湾区建设成为国际一流湾区的战略目标。这是湾区"一国两制"下的又一次制度创新，通过搭建区域发展平台，促进粤港澳三地（港澳两特别行政区、珠三角九市）的区域协作，打破市场壁垒，促进政治、经济与社会文化层面各项生产要素的有序流动，进一步为"一带一路"建设服务。这一战略是澳门融入国家发展大局、推动自身可持续发展和综合竞争力，提升澳门城市功能和地位的重大历史机遇（张作文，2019）。根据纲要，澳门的规划定位为世界旅游休闲中心、中国与葡语国家商贸合作服务平台和以中华文化为主流、多元文化共存的交流合作基地。

4.1 大湾区战略下的澳门定位提升

4.1.1 世界旅游休闲中心——国际化的中华形象名片

"十四五"规划与《大湾区规划纲要》均延续澳门"世界旅游休闲中心"的规划定位，是澳门持续推动产业结构优化的重要政策保障。纲要进一步提出探索澳门成立大湾区城市旅游合作联盟，推动共享区域旅游资源；开发海上旅游凸显港口城市优势等策略。

历史文化底蕴深厚、中西文化交融的海港城市是澳门作为世界文化遗产的核心特征，在博彩为龙头特色的世界性综合旅游度假产业发展中，澳门实际上承担着重要的、具有高辨识度的中华文明名片的作用，展示着中华文化为主流、多元文化共存的包容性国际化城市形象。

4.1.2 中国与葡语国家商贸合作服务平台——扩大对外开放的桥头堡

葡语国家除葡萄牙之外，大部分是亚非拉发展中国家，与中国经济联系紧密、产业互补性强，中国是葡语国家最重要的贸易伙伴之一，也是葡语国家增长最快的大宗商品出口市场，在投资领域，非洲和拉丁美洲是中国重要的贸易拓展区。

"大湾区"规划纲要中再次强调了澳门在中国与葡语国家商贸合作服务平台建设中的核心地位，明确提出发挥中葡基金总部落户澳门的优势，承接中国与葡语国家金融合作服务，提出加快建立中葡贸易人民币结算中心，建设以人民币计价结算的证券市场、绿色金融平台、中葡金融服务平台、葡语国家食品集散中心、中葡双语人才培训基地等项目。这一依托澳门建设的国家商贸合作服务平台将借助其国际自由港的制度优势，落实我国"一带一路"倡议和进一步扩大对外开放的国家战略，以桥头堡的作用拉动区域的整体发展。

4.1.3 交流合作基地——引领区域共建的发展动力极点

促进粤港澳共享资源、共建湾区是《大湾区规划纲要》的核心目标，为此规划提出的交通、电信、能源、水资源基础设施建设的保障提升和互联互通，出入境、工作、居住、物流等更加便利化，科技和学术人才交往交流的加强，也成为保障澳门作为交流合作基地的重要举措。而澳珠深化合作，以形成强强联合的发展动力极点，更是规划纲要的明确要求。

例如，研究探索建设澳门—珠海跨境金融合作示范区，大力发展横琴粤澳合作中医药科技产业园，建设科技创新走廊促进澳门青年创新创业，在澳门成立大湾区城市旅游合作联盟，支持澳门发展海洋产业并与周边城市合作海洋资源开发等。湾区内地城市为澳门实业发展腾出空间，澳门也将承担拉动珠中江至湾区整体的极点功能，进一步探索区域互利共赢的合作模式。

4.2 制度势能释放下的空间响应

4.2.1 粤港澳大湾区发展新阶段的空间响应预想

"一个国家、两种制度、三个关税区"是粤港澳大湾区对比国内外其他湾区所具有的独特制度势能优势，湾区城市间人口流动愈加频繁的趋势表明，大湾区对制度势能的空间响应已从"前店后厂"式的制造业转移阶段，发展至支持高端要素自由流动的自贸区局部发展动能释放阶段，在粤港澳大湾区国家战略的进一步推进下，未来的制度势能释放必将形成突破边界的空间响应，呈现珠江口两岸联系加强、港澳口岸纵深拓展和可能的"飞地型"合作模式（王世福等，2019）。因此，在粤港澳大湾区发展的新阶段，必须通过区域交通、水利、科研及公共服务等基础设施建设的推动，加强澳门与珠海及其他湾区城市的合作共建，形成更为密切的空间共享状态。

4.2.2 澳珠深度合作示范的纵深拓展

珠澳需要形成更高水平、更强联系、互补互利的深度合作，在空间响应上，要进一步加强澳门与横琴新区的合作，为两地生产生活要素的流动、共享创造更便捷的条件。对两地的各自优势深入分析可知，澳门因国际自由港面向国际人才、服务水平、产业技术上存在更高的国际流动性和衔接便利，而珠海则在国内人才、物资、土地空间等生产要素上存在较为丰富的链接和储备，相对而言，澳门用地仍异常紧缺、产业结构不可持续、人才储备薄弱，两地存在制度互补、资源互补的良好合作条件。例如，以珠海提供拓展空间，澳门直管、两地分成的土地经营模式，形成无缝衔接国内外资源的深度合作示范区，形成新的发展动力，深化珠澳一体化融合发展。

当前，珠海横琴新区已建成横琴口岸、澳门大学横琴校区、横琴国家自贸试验区、粤澳合作中医药科技产业园、横琴澳门青年创业谷等项目，澳珠合作的空间将进一步依托横琴新区扩展至珠海保税区、洪湾、湾仔一体化发展区中，推动粤澳深度合作示范，更深刻更全面地释放港珠澳大桥带来的东西岸协同发展势能。澳门世界旅游休闲中心及中国与葡语国家商贸合作服务平台的发展将得到更有利的空间实现条件。

5 进一步释放澳门发展势能的规划前瞻

中共中央国务院于 2021 年 9 有 5 日正式公布《横琴粤澳深度合作区建设总体方案》，"一国两制"迎来了新的试验阶段[②]，澳门需要进一步找准制度势能的释放路径，克服产业结构脆弱、发展空间紧缺的主要问题，从自身定位和湾区合作出发，延伸制度优势，依靠制度创新持续释放发展动能。

5.1 充分认识湾区政策下的澳门制度优势

"一国两制"与粤港澳大湾区发展战略的政策机遇，是澳门的制度优势所在。澳门应紧扣区域的国际定位，融入粤港澳大湾区发展战略，进一步提升世界旅游休闲中心以及中国与葡语国家商贸合作服务平台的功能。利用好区域赋予澳门的优惠政策，将财政盈余积累的地方资本投入大湾区视野下的澳门自身建设与区域合作中，实现澳门—珠三角互利共赢的中心—腹地结构，强化澳门高端国际服务交流功能中心的培育，建立澳门历史城区与开平碉楼古村落的世界文化遗产联盟，建设粤澳合作飞地等。利用大湾区发展战略带来的新一轮制度创新，使澳门在面向国际的区域合作中持续释放发展动能。

5.2 以区域性的空间规划，响应国际经贸服务平台的建设

澳门面向国际市场，要在建设中国与葡语国家商贸合作服务平台中为国际化区域性经贸提供优质服务，迫切需要和优化区域性的生产性空间，落实交通、物流、金融服务等相关功能。而澳门极度稀缺的土地资源，迫切需要一项以区域协调为目标的空间规划，根据土地价值、区位极差实现优良高效的空间承载。在土地所有制的差异之下，区域性的空间规划应参考"无水港"等"飞地"政策区经验，在制度的顶层设计上建立"粤澳特殊政策区"，甚至以国家自贸试验区（横琴、南沙）等的空间承接澳门自由贸易港政策溢出的部分功能，如保税港区、保税仓储、保税加工等，并重点完善相关的交通基础设施与公共服务配套。与此同时，以湾区支撑建设"粤澳跨岸宜居宜业空间"，为两岸产业人才提供优质的生活性空间，以扩展粤澳口岸空间、加大发展腹地纵深等策略，促进澳门酒店服务、国际教育、医疗服务、文创设计以及养老服务等功能发展的空间溢出，鼓励湾区青年的创新创业和交流。

5.3 以品质化的空间规划，响应世界旅游休闲中心的建设

以博彩业为龙头进一步发展综合旅游业，是制度赋予澳门的产业优势。空间规划应聚焦在澳门本土的存量空间经营上，持续引导已占据大量城市空间的博彩业片区进行品质化提升，以更加精细化的业态创新带动博彩旅游业转型、优化博彩休闲消费的体验。将博彩业的全球吸引力与大湾区的文化丰富性结合，引导赴澳游客体验其他丰富多彩的城市观光旅游内容，将澳门与珠三角几座国家历史文化名城融合为大湾区的文化共同体。这也是澳门推动多年的产业适度多元化规划策略的延续。

另外，澳门作为世界文化遗产，在城市形象上，人文景观、城市海景、滨海体验和风景街道是品质化空间规划的重点，尤其是澳门作为南粤古驿道的始终点价值，更需予以重视和强调。从融入粤港澳大湾的视野拓展角度，空间规划应进一步活化利用世界文化遗产，与大湾区的开平碉楼世界遗产、南粤古驿道历史文化径、海岸线、海岛旅游资源进行整合，进一步提高国际旅游吸引力，继续深化区域旅游合作，以港珠澳大桥等交通设施的联网完善，依托粤港澳大湾区拓展澳门的世界旅游休闲中心建设，形成多条经连澳门的湾区主题旅游专线，如滨海旅游发展轴线、湾区世界文化遗产与文化遗产游径的联合开发等。

注释

① 新华社："中央经济工作会议举行 习近平李克强作重要讲话"（http://www.gov.cn/xinwen/2018-12/21/content_5350934.htm），2018-12。

② 根据澳门统计暨普查局统计数据库统计（https://www.dsec.gov.mo/TimeSeriesDatabase.aspx）。

③ 2018年9月，香港《大公报》报道，2017年澳门博彩行业收入为拉斯维加斯的4.6倍（http://www.takungpao.com.hk/231106/2018/0902/211429.html）。

④ 2018年4月，中国产业信息网报道，2017年全球合法博彩市场规模排名，中国以1 148亿美元名列第二，占全球市场规模5 360亿美元的21.4%（http://www.chyxx.com/industry/201804/626609.html）。

⑤ 2019年7月，民航资源网网站报道，澳门国际机场2019年上半年客运量增长18%（news.carnoc.com/list/498/498945.html）。

⑥ 中共中央、国务院：《粤港澳大湾区发展规划纲要》（http://www.gov.cn/zhengce/2019-02/18/content_5366593.htm）.2019-02-18。

⑦ 中共中央、国务院：《横琴粤澳深度合作区建设总体方案》（http://www.gov.cn/zhengce/2021-09/05/content_5635547.htm）。

参考文献

[1] 澳门特别行政区地图绘制暨地籍局. 划定澳门特别行政区海岸线[EB/OL]. https://www.gov.mo/zh-hans/news/215505/.

[2] 澳门特别行政区土地工务运输局. 澳门新城区总体规划 [EB/OL]. https://urbanplanning.dssopt.gov.mo/cn/new_city02.php.

[3] 澳门特别行政区政府旅游局. 澳门旅游业发展总体规划[R]. 2017-09.

[4] 陈云松, 吴青熹, 张翼. 近三百年中国城市的国际知名度——基于大数据的描述与回归[J]. 社会, 2015, 35(5): 60-77.

[5] 耿昇. 西方人视野中的澳门与广州[J]. 中国文化研究, 2005(2): 108-121.

[6] 郭小东, 刘长生. 澳门博彩业的经济带动能力及其产业政策取向分析[J]. 国际经贸探索, 2009, 25(8): 21-26.

[7] 贺东航, 孔繁斌. 中国公共政策执行中的政治势能——基于近20年农村林改政策的分析[J]. 中国社会科学, 2019(4): 4-25+204.

[8] 利皮特. 国际学术前沿观察: 资本主义[M]. 刘小雪, 王玉主, 等译. 北京: 中国社会科学出版社. 2012.

[9] 刘品良. 澳门博彩业纵横[M]. 香港: 三联书店(香港)有限公司. 2002.

[10] 毛艳华. 澳门经济适度多元化: 内涵、路径与政策[J]. 中山大学学报(社会科学版), 2009, 49(5): 149-157.

[11] 童乔慧, 盛建荣. 澳门城市规划发展历程研究[J]. 武汉大学学报(工学版), 2005(6): 115-119.

[12] 屠俊勇, 成伟光. 政策势能对区域经济发展的作用[J]. 陕西师大学报(自然科学版), 1994(3): 70-73.

[13] 王世福, 梁潇亓, 赵银涛, 等. 粤港澳大湾区空间发展的制度响应[J]. 规划师, 2019, 35(7): 12-17.

[14] 王曙光, 杨敏, 徐余江. 制度势能的实现机制及绩效: 金融业混合所有制构建与战略投资者引入[J]. 社会科学战线, 2017(1): 33-42.

[15] 新华社. 中央经济工作会议举行 习近平李克强作重要讲话[EB/OL]. http://www.gov.cn/xinwen/2018-12/21/content_5350934.htm. 2018-12.

[16] 杨勤业, 吴绍洪, 陆大道. 区域发展中地理势能的初步研究[J]. 经济地理, 2003(4): 441-444＋456.

[17] 殷存毅, 施养正. 经济结构与制度演进: "一国两制"在澳门发展中的演进[J]. 公共管理评论, 2019(1): 61-83.

[18] 张应武. 澳门经济增长与波动: 基于产业结构变动视角的分析[J]. 国际经贸探索, 2009, 25(11): 14-19.

[19] 张作文. 粤港澳大湾区建设: 澳门面对的机遇、挑战及其策略[J]. 港澳研究, 2019(2): 62-67＋95.

[20] 章平, 钟坚. 内地与澳门、粤澳经贸合作对澳门经济增长影响的实证研究——基于中国澳门回归十年以来的数据[J]. 经济与管理, 2010, 24(7): 23-26.

[21] 赵大英. 从澳门所处的经济环境看澳门未来发展[J]. 地理学报, 1999(6): 487-495.

[欢迎引用]

王世福, 黎子铭, 邓昭华. 粤港澳大湾区战略下澳门制度势能的认识及发展思考[J]. 城市与区域规划研究·澳门特辑, 2022: 32-43.

WANG S F, LI Z M, DENG Z H. Perception of the institutional potential energy and reflection on development issues of Macao under the national strategy of Guangdong-Hong Kong-Macao Greater Bay Area development [J]. Journal of Urban and Regional Planning: Special Issue on Macao, 2022: 32-43.

基于经济转型视角的澳门城市产业空间发展演变历程

郑剑艺

Development and Evolution of Macao Urban Industrial Space Based on the Perspective of Economic Transformation

ZHENG Jianyi

(Faculty of Humanities and Arts, Macau University of Science and Technology, Macao 999078, China)

Abstract Macao is a miniature economic entity, and urban material space is an important productivity factor. The economic and industrial transformation produces immediate and obvious effects on the shift of the urban forms in Macao, which is obviously different from other cities. By summarizing and analyzing three urban form elements, which are the plane layout, the land use and the architecture type, of the urban industrial space in four historical periods of Macao, this paper reveals the causes of the industrial urban form and its influences on the urban development of Macao. Also, the dynamic mechanisms are revealed by the analysis on those regional, policies, and legislative factors. After summarizing the contradictory characteristics of Macao's urban industrial space development, the development concept of "the fourth space of Macao" is put forward facing the era of Guangdong-Hong Kong-Macao Greater Bay Area.

Keywords Macao; evolution of industrial space; economic transformation; trade ports; industrialization; gaming tourism exhibition; the fourth space

摘 要 澳门是一个微型的经济体，城市物质空间是重要的生产力要素。经济和产业的转型对城市物质空间形态的转变立竿见影，这与其他城市具有明显区别。文章通过梳理和分析澳门历史上四个时期城市产业空间的平面格局、土地利用、建筑类型三个形态要素，揭示产业空间形态的成因及对澳门城市发展的影响，分析区域、政策、法律三种因素对产业空间转变的作用。文章总结澳门城市产业空间发展的矛盾性特征，提出粤港澳大湾区时代澳门城市"第四空间"的发展构想。

关键词 澳门；产业空间演变；经济转型；贸易港口；工业化；博彩旅游会展；第四空间

澳门回归祖国 20 年以来经济持续发展，根据国际货币基金组织（IMF）的数据，澳门 2019 年人均国内生产总值（GDP）达到 86 420 美元，位居世界第二。作为一个微型的经济体，城市产业空间是承载经济发展的物质条件。对于地小人多的澳门，经济转型立竿见影地反映在空间形态上，对城市空间格局的改变具有变革性。

自 1557 年澳门开埠以来，西方文化和中国传统文化持续交融碰撞长达 450 多年，澳门形成了独特的城市肌理（王维仁，1999；王维仁、张鹊桥，2010）、建筑文化（赵炳时，1999；彭长歆、董黎，2008；刘先觉、陈泽成，2002）、景观特色（赵云伟，1999；童乔慧，2004），尤其是宗教建筑和公共机构建筑（董珂、樊飞豪，1999）。澳门的早期城市空间发展演变，受到不同社会历史时期的影响（童

作者简介

郑剑艺，澳门科技大学人文艺术学院。

乔慧、盛建荣，2005；玄峰，2002），总体上呈现渔村、开埠、澳门城的初建与发展、澳门城建的停滞、近代都市化的发展过程和建设特点（刘先觉、玄峰，2002）。回归以后，澳门博彩旅游业繁荣，大型娱乐综合体建筑形塑了澳门城市空间的新景象（乔全生等，2009）。博彩旅游业对城市发展的影响成为另外一个研究重点。有学者认为在社会、法律、经济制度方面的不完善是澳门取得经济发展奇迹的关键点（Li，2017；Wan and King，2013；Li and Tsui，2009），也因此对城市空间发展产生了一些负面影响和制约（Yeung et al.，2010）。从城市形态学的角度，部分澳门产业空间的发展与填海造地密不可分（He，2018）。然而，片段式地看待澳门城市空间（Tang and Sheng，2009）是不全面的，澳门城市空间的发展表面上呈现一种碎片化的拼贴，但从经济转型的角度却具有逻辑上的连续性。经济转型推动下的城市产业空间应对是一个复杂过程，更是澳门发展的内因和空间保障，这一特殊性值得关注。尤其是面对粤港澳大湾区的新一轮发展，思考未来澳门城市产业空间的应对更显借鉴意义。

1 内港市集商贸区：从广州"外港"到澳门"自由港"

1.1 中葡共治下的货物中转站

澳门开埠前属广东省香山县辖地，半岛上有村民居住。葡国人登陆后，在澳门半岛的中南部沿着白鸽巢、大炮台、西望洋山山脊高地按其传统建立了以教堂为核心的定居点。葡国人沿着白鸽巢、大炮台、东望洋山修筑了夯土城墙和炮台，并在南湾至妈阁庙的海岸线设置了三座炮台，构筑了以葡萄牙人居住为主的葡萄防御体系。澳门半岛被定义为南北两个部分，由于初期葡国人在澳门主要以居住和贸易为主，此时的澳门产业空间有两个，一是葡城城墙以北的大片农田，另一是从沙兰仔街至三层楼街之间的内港片区。后者是澳门开埠后葡国人和华人最早建立的中葡混合产业空间。

这时期内港产业空间适应了清政府1757年施行广州"一口通商"政策，尤其是1760年清政府新规强迫外国商人到澳门找滞留地，澳门成为等候广州通商季节的避风港和中转站。1761~1770年，法国、荷兰、丹麦、瑞典、英国等国的商人先后在澳门设立公司（施白蒂，1995）。澳门实际上充当了广州的外港，广州十三行也纷纷在澳门设立分公司。1749~1838年，澳门港口贸易的总税收高居粤海关各关口之首（梁廷枏，2002）。图1显示，这时期的内港产业空间包含了华人铺屋、仓库、各类市场、工厂、码头，并设有中国海关和葡国海关。澳门内港产业空间是依托广州一口通商的特殊产物。

1.2 近代华商的贸易港口

鸦片战争后香港被英国占领并开辟为自由港，澳门内港面临香港优良港口条件的巨大挑战。1845年，葡萄牙女王宣布澳门为"自由港"，澳葡政府于1849年强行关闭位于内港的粤海关关部行台，澳门脱离长期依存的"广州贸易体制"，转变成为粤西海岸及西江地区进出口贸易的首要中转港（莫世祥，1999）。西江流域航运业的繁荣为内港产业空间的发展带来了契机。

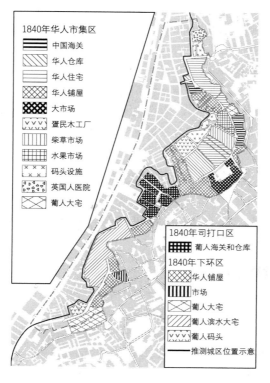

图 1　1840 年以前内港产业空间

1840 年华人市集区
- 中国海关
- 华人仓库
- 华人住宅
- 华人铺屋
- 大市场
- 疍民木工厂
- 柴草市场
- 水果市场
- 码头设施
- 英国人医院
- 葡人大宅

1840 年司打口区
- 葡人海关和仓库

1840 年下环区
- 华人铺屋
- 市场
- 葡人大宅
- 葡人滨水大宅
- 葡人码头
- 推测城区位置示意

1866 年和 1881 年澳葡政府对内港进行了两次大规模的填海扩张。1866 年内港皇家新街（今十月初五日街）片区在 1831 年基础上向外填海，形成连续规整的内凹曲线岸线，新岸线向外推移至今海边新街，共新建成 32 个街廓，形成"两横三纵三节点"港口空间结构。第二次扩张始于美基街街区的建设。该街区规划最早刊登于 1877 年《澳门宪报》，是澳门近代以来首个配有详细规划图则的城市规划文件，包括建筑平面和立面，并在 1881 年建成。

经过两次填海，内港形成了从南至北连续的沿岸街道，街道临水一侧设有一系列码头，其中包括去往香港和广东的蒸汽船码头。各类与码头相关的零售商业和手工作坊集中于内港的主要商业街道，这些街道的物业大部分掌握在华商手中，内港码头产业区格局也进一步完善（图 2）。

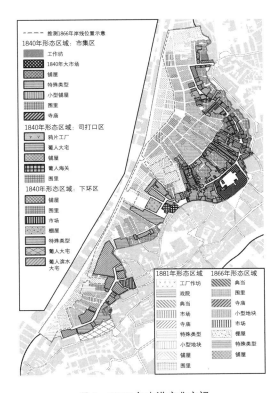

图 2　1900 年内港产业空间

2　内港工业化再开发、北部和外港的新工业区规划：吸引外资的工业港口

2.1　内港工商业中心再开发

澳门工业发展的萌芽起源于 19 世纪末，但并未得到澳葡政府的支持（汤开建，2014）。1910 年澳葡政府开始推动城市工业化转型，出台了政策法规鼓励和支持澳门工业的多元发展（汤开建，2014）。"二战"前是澳门工业发展的起步阶段，澳葡政府在 1900、1903、1927、1935 年制定了四份内港空间优化方案，包括拓宽内港道路、规整街道轮廓、建设花园大道美化环境，但是内港商业价值高，仅 1903 年版的新马路计划付诸实施。

新马路在 1915～1918 年修建，从内港十六号码头经议事厅前地抵达南湾，是一条横贯内港密集城市肌理的切割式大街（Breakthrough Street），形成了与周边街区迥异的新商业街和沿街地块。新马路的建设为内港工商业的繁荣创造了新的商业中心，同时为引导产业空间向澳门半岛东南部转移建立起便捷的交通和空间联系（图 3、图 4）。

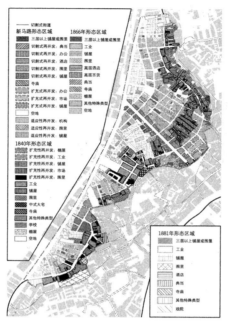

图 3   1901～1980 年内港产业空间

图 4   20 世纪 30～40 年代澳门工业分布

资料来源：汤开建（2014）；《澳门年鉴》（1938～1940）。

2.2　北区和外港填海区的工业发展计划

1919 年 7 月 1 日，民国政府批准兴建广州至澳门的铁路（吴志良等，2009），引发了澳葡政府在20 世纪 20 年代提出铁路计划和北区、外港填海计划的构想。计划将铁路从关闸引入澳门后分两支线，向西延伸至沙梨头，向东延伸至澳门外港片区，甚至串联氹仔和路环新填海区。虽然 TOD 式的铁路发展计划未能实现，但是推动了北区和外港片区的填海发展，先后制定了 1922、1927、1935 年三版总体规划。

为了追赶香港快速发展的经济，澳葡政府和工程师最终选择放弃内港并推出大规模外港填海计划（Al，2018）。1922 年总体规划，包括了码头、港口、船坞、避风塘、工业区、火车站、厂库、水深4～7 米的码头区等（Governo，1922），整个规划涵盖了除内港外的澳门半岛岸线区域。1927 年总体规划做了进一步修改，放弃了南湾片区的填海和港口规划，增加了内港码头沿线填海。该版规划缩小了外港规模，适当扩建内港，体现了内港、外港协同发展。20 世纪 20 年代，澳葡政府甚至远赴澳大利亚宣传澳门外港填海区土地和码头出售广告[①]。1935 年规划延续了优化内港、发展外港的产业空间思路。内港巴素打尔古街和河边新街外侧新填海兴建码头和仓库，内港的街区也拟重新拓宽和规整。取消了铁路和火车站，增加了南湾填海区并和外港连为一个整体街区。北区原工业用地出现巴波沙坊，该坊是 1931 年建成的政府平民住区（吴志良等，2009）。第二次世界大战爆发使得周边环境和澳门经济受到严重影响，外港填海区成为香港和上海难民的避难所（Haberzettl and Ptak，1991）。据 1941 年澳门航拍图判断，1935 年规划的填海区基本完成但尚未大范围建设。

2.3　"二战"后内港工厂和北区工厂建设

"二战"后至 20 世纪 80 年代，澳门工业发展达到了顶峰，1984 年制造业占本地生产总值的 36.9%，纺织品、玩具、电器等成为主要出口的产品。澳门工业发展得益于三个方面：首先是澳门的工业产品出口享有特殊税收优惠。战后葡萄牙政府废除来自葡属海外领地产品的关税并鼓励澳门产品零关税销往葡萄牙海外领地（Fortuna，1958），葡萄牙及其他欧美国家纷纷对澳门的产品给予免税待遇（孟庆顺，1999）；其次，推行"繁荣计划"（Plano de Fomento）振兴工业，该计划从 1953 年至 20 世纪 80年代在澳门实施，包括通过政府借款方式资助澳门工业企业[②]，减免工业企业税收（澳门大众报，1960），出台相关条例资助利用现有建筑空间改建为工厂作坊[③]等措施；最后，周边环境的促进，20 世纪 60 年代欧美限制香港棉织品进口，1979 年英、美、澳等国取消香港玩具关税优惠，70 年代大量内地及东南亚华人移居澳门（薛凤旋，2012）。这些内外因素共同作用下，澳门建立了以劳动密集型轻工业产品为主的现代工业，极大地促进了澳门产品的出口。

这时期内港转型为工业厂房集中区。1960 年内港的工厂数量为 97 间，占澳门半岛工厂总数的25.5%；1966 年，增加至 110 间，仍占澳门半岛工厂总数 25.5%。机器铸造、制衣厂、袜厂等类型有了明显增加，反映了内港开始向现代制造业转型升级。1984 年内港的工厂数量（包含同一地址的不同工厂）为 71 间，占澳门半岛工厂总数的 10.9%。

北区慕拉士大马路至渔翁街一带填海建设现代工业区（图 5）。该区域街道规划较宽，地块较大且规整，建筑间距满足防火安全的要求。厂房以多层和高层为主，建筑高度最大达到 60 米，可满足轻工业和重工业生产的需要。为了提供保障，邻近位置设有火电厂、自来水厂、消防站等设施，再加上周边规划有大量新移民住宅，为工业发展提供了劳动力。

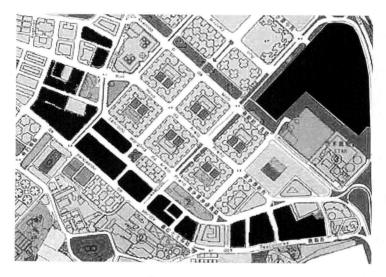

图 5　澳门北区工业用地（黑色）

资料来源：《澳门城市规划总览及各分区规划条件简介》，澳门土地运输工务局城市规划厅编制，2007 年。

3　20 世纪 90 年代的外港新口岸商住区：依托周边区域的博彩旅游城市

3.1　工业衰败和博彩旅游房地产业发展

随着内地改革开放和经济发展，澳门逐渐丧失了发展工业的优势，20 世纪 80 年代逐步转变为博彩旅游和商贸为主的经济模式，现代博彩业开始发展（郑剑艺，2017）。1987 年《中葡联合声明》中规定了每年批地 20 公顷为限且 50% 的收入归未来特区政府。实际上，澳葡政府通过大量超额拍出土地获取另外 50% 的土地财富。澳门土地价格低于香港，且设有港澳码头，交通便利，吸引了大批香港投资者。以葡京酒店为代表的博彩业酒店陆续兴建，博彩旅游和房地产开发相互促进。

3.2 香港模式的外港填海区（ZAPE）

1980 年以前，ZAPE 的土地主要用作农田，仅有部分用于格兰披治赛车道、回力球场、港澳码头、水上飞机场、贮水塘等，南湾初步形成小规模的"新住宅区"（澳门大众报，1960）和 1970 年建成的葡京酒店，旅游和交通设施初步形成。

澳葡政府在 1979 年邀请香港的英国建筑师乔恩·普雷斯科特（Jon Prescott）负责重新制定 ZAPE 规划，平面格局以模数化地块为基础，利于按不同单元大小出售。地块开发强度借鉴了香港中环商住地块。建筑设计指引最初采用柯布西耶式的国际式风格，然而为了满足商业利益而改为统一高度的骑楼商业裙房加塔楼模式，类似下铺上宅的传统港口铺屋模式（Neves，1992）。1981 年，政府邀请普雷斯科特事务所对 ZAPE 进行修改，事务所的美国建筑师为该区域增加了骑楼人行系统和环境景观（Neves，1992）。然而，外港填海区至 1983 年仍未有大规模建设，直至 90 年代初外港的房地产和酒店开始爆发式开发建设（图 6）。为此，政府允许东望洋灯塔视线范围外的 ZAPE 西侧建筑限高从 60 米提高到 90 米。ZAPE 规划直接移植香港高密度开发的经验（Pinheiro，2015），以提高容积率。

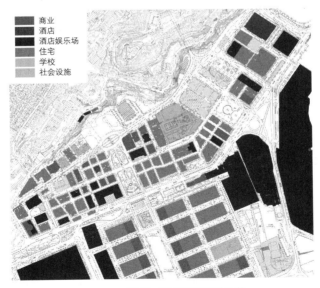

图 6　ZAPE 新口岸填海区用地功能

资料来源：《澳门城市规划总览及各分区规划条件简介》，澳门土地运输工务局城市规划厅编制，2007 年。

3.3 巴塞罗那模式的外港新填海区（NAPE）

1991 年澳葡政府核准了由葡国建筑师西扎和香港巴马丹拿公司联合制定的《外港新填海区都市规划章程》并作为规划法规。该区域规划以 131 米×71 米和 71 米×71 米两种街廓，对应的建筑基底轮廓为 120 米×54 米和 54 米×54 米两种。西扎的构思来源于 19 世纪塞尔达（Cerda）的巴塞罗那规划

（Siza，1998），将巴塞罗那方形街区建筑基底轮廓 120 米×120 米作为模数。NAPE 地块的主要功能为商业店铺和停车场的两层裙房、裙房屋顶花园、办公塔楼、U 形住宅楼，办公限高 80 米、住宅限高 50 米。尽管这些规定导致该区域几乎千篇一律的视觉形象和单调的城市天际线，但是办公和住宅功能混合的理念达到了一定程度上的职住平衡。直至 2000 年，NAPE 共有 14 个大地块和 2 个小地块建成，仅剩 4 个大地块和 4 个小地块尚未建设。中央公园和街块屋顶花园提供了较好的休闲绿化空间，公园地下公共停车库、街边停车位、街块内部停车场提供了大量停车设施，使该区成为澳门公共设施最为齐全的现代城市商务区。

4 南湾湖区和路氹城：世界旅游休闲中心

4.1 申遗成功与"一中心、一平台"定位

回归以后在中央政府的支持下，澳门特区政府大力发展旅游业。自由行政策和赌权开放，大量游客来澳促进了澳门社会经济的发展。2005 年澳门历史城区成功列入《世界遗产名录》，澳门自身独特资源和中西文化价值得到世界认可。随后的国家"十二五"规划明确了澳门"一中心、一平台"的发展定位，促进澳门的主动转型，为城市建设提供了强大动力。

4.2 大三巴至南湾湖的"历史文化+博彩旅游"轴线

南湾湖片区的开发源于 1991 年澳葡政府公布《南湾海湾重整计划之细则章程》和《南湾海湾重整计划之细则章程》在 2001 年 11 月完成 A～E 五个区的土地填海，其中 A 区与南湾相连，B 区与 NAPE 相连，规划用作发展住宅、酒店、商店及写字楼。然而，2006 年政府以上述规划"实施至今已逾 15 年，已完全不能配合澳门特别行政区现今社会及经济的发展"[①]为由废止了原有规划，为该区域发展为澳门半岛新的博彩旅游核心区扫除了规划障碍。

B 区原有的规划延续了外港填海区的街道和地块格局，政府通过回购已批出的 12 块土地，重新合并成为两个超级地块用于建设美高梅和永利两个大型博彩旅游综合体。南湾旧葡京娱乐场北侧的原工人球场在 2008 年政府以置换方式批准该用地改为新葡京娱乐场。A 区地块的博彩旅游设施始于 2006 年落成的英皇娱乐酒店，2008 年澳门唯一的百货公司新八佰伴落成。这些突破原有规划条件形成的标志性建筑使得殷皇子大马路延伸至孙逸仙大马路而成为吸引游客的新核心区域，构成了"大三巴、议事厅前地—新马路—殷皇子大马路—友谊大马路—城市日大马路"的"历史文化+博彩旅游"空间轴线（图 7）。

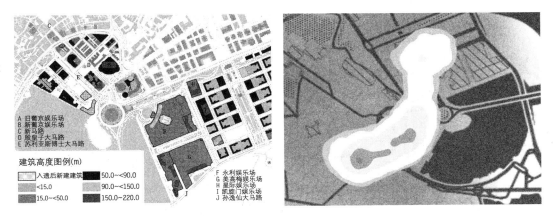

A 旧葡京娱乐场
B 新葡京娱乐场
C 新马路
D 殷皇子大马路
E 苏利亚士博士大马路

建筑高度图例(m)
入遗后新建筑 50.0~<90.0
<15.0 90.0~<150.0
15.0~<50.0 150.0~220.0

F 永利娱乐场
G 美高梅娱乐场
H 星际娱乐场
I 凯旋门娱乐场
J 孙逸仙大马路

图 7　南湾新口岸博彩旅游产业空间（左）和某节假日空间轴线人流热力图（右）

4.3　向拉斯维加斯学习——博彩、旅游、会展产业城

为了拓展空间增加土地，澳葡政府在 1992 年设立了直属澳都的路氹填海区发展办公室，负责氹仔岛和路环岛间的路氹公路两侧土地填海和都市化工作，即路氹城，并研究建立澳门—珠海—广州公路、铁路的可能性。填海后的路氹城面积约 620 公顷，东临澳门机场和氹仔客运码头，西面有莲花口岸和大桥连接珠海横琴，在澳门区域交通设施最佳。

路氹城的第一版总体规划在 1992 年制定，政府最初的规划目标是容纳 150 000 名居民及 80 000 名外雇的新城镇，主要包括住房和辅助社会设施的规划，提供卫生（4 个保健中心）、教育（13 所小学和 5 所中学）及娱乐等服务，大手笔地分配了用于绿化和水库的土地。被划分为旅游活动的小块区域主要位于西部，面向横琴岛，并与莲花大桥相连（Cotai，1999）。平面格局主要由城市级主干道路氹连贯公路和莲花路分成四个区，每个区内再有次干道划分几个组团，组团内部设计支路，大小地块被细分、三级街道等级清晰，土地功能以居住为主，工业和第三产业在东北部，并预留了一些未确定功能的地块（图 8）。

1997 年开始的金融危机拖延了路氹城计划，政府将大量土地出售给博彩企业。2002 年美国金沙集团重新制定的规划彻底将路氹城转变为博彩旅游会展产业城，街道格局基本沿用 1992 年规划，政府通过取消一些次干道和支路满足不同博彩企业的用地规模（图 9）。

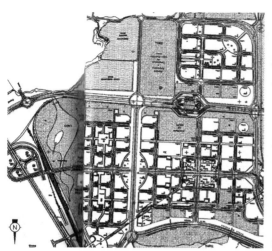

图8 路冰城1992年规划图则及模型

资料来源：左图为自绘，右图引自乔全生等（2009）。

图9 2002年路冰金光大道模型（左）和2015年路冰城平面格局（右）

路冰城成为澳门世界旅游休闲中心建设的核心产业城。2018年统计数据显示，路冰城的酒店客房占澳门酒店总数的65.7%，赌台数量约占全澳门总数的51.8%，会展面积占全澳会展面积的86.3%，路冰城发展成为澳门最核心的博彩旅游会展区域，尤其是酒店业和会展业有了巨大发展。2013~2017年，主要非博彩行业在本地生产总值中的比重分别是29.0%、33.2%、40.8%、41.5%及39.6%，四年间增加了10.6个百分点。然而从城市空间的角度，大型博彩旅游综合体不断地吞噬城市公共空间和社会设施，路冰城仅有澳门科技大学、澳门离岛综合医院、澳门东亚运动会体育馆三项社会设施。城市街道空间被大体量、布景式的建筑占据，美国金沙集团主导下的金光大道两侧建筑完全复制了拉斯维加斯金光大道的样式。巨大尺度的地块削弱了步行的吸引力，大型综合体所需要的各类车行入口更破坏了步行的连续性和舒适性，完全排斥了城市的街道空间。相反，游客乘坐各个口岸的免费穿梭巴士，点对点地直达博彩综合体。博彩综合体内部通过营造室外化的室内街道和广场形成购物休闲的各种风情街，甚至通过连廊串联不同的博彩综合体。路冰城形成了一个游客与城市完全隔离的博彩旅游产业城。

5 结语：粤港澳大湾区时代的"第四空间"

5.1 产业空间演变的特征

澳门是一个具有 450 多年历史的产业空间发展演变案例。澳门城市形态的演变动因来源于产业空间发展的需求。从早期被动地应对周边区域经济发展，到依托自身资源的主动转型发展，总体上表现为四种矛盾博弈。第一，计划性与灵活性的矛盾。为了适应经济发展转型，最初制定的规划往往在后期发展中进行修改，甚至被废止。规划应对的弹性很大程度是依靠宽松的城市规划管理和法规得以实现，尤其是政府可以通过废止城市规划而采用个案审批的方式决定土地批给和建筑设计。很多规划只是作为政府部门的内部指引且不对外公布，并无法律约束力。规划无法得到科学的执行，公众不知情也无法监督。第二，既有环境与建筑移植的矛盾。不同城市规划区域的空间形态在不同时期分别受到里斯本、香港、巴塞罗那、拉斯维加斯等城市的影响，导致碎片化拼贴、见缝插针式的城市产业空间形象。第三，公共空间与产业空间的矛盾。博彩旅游业建筑综合体占据大量的城市空间吸引游客，忽视了城市公共空间的多样性和人性化尺度营造。第四，公众利益与私人利益的矛盾。外港至南湾片区具有独立用地的中小学校只有 4 所，用地面积仅占 0.93%。北区人均学校用地面积仅有 0.53 平方米，路冰城仅有一所国际学校。填海区土地用作社会设施的比例太小，市民的利益不断受到产业空间发展的挤压。

5.2 "第四空间"的构想

2016 年澳门政府提出在澳门半岛、冰仔、路环之外的海域探索澳门发展的"第四空间"。面对当前粤港澳大湾区建设，"第四空间"需要脱离旧城，摆脱产业空间发展围绕现有岛屿边缘的死循环。首先，澳门现有城区定位为打造中华文化与多元文化并存的世界文化遗产城区，"第四空间"则以职住平衡的可持续产业新城为目标；其次，建设水深超过 12 米的世界级游轮港，开发海上旅游以拓展海外高端旅客；最后，提供高端制造业和特色金融服务业的产业空间。新城空间参照飞地模式与珠海合作，将碎片化、单一功能性的城市产业空间发展模式转变为真正可持续发展和经济多元化新城。

致谢

研究成果获得"澳门特别行政区政府高等教育基金"（HSS-MUST-2020-09）支持。

注释

① 澳大利亚国家图书馆，编号 nla. map-brsc71-1-e 和 nla. map-brsc53-7-e。

② 《澳门宪报》1977 年 2 月 19 日第 8 期，第 1/77/M 号法律；1977 年 6 月 4 日第 23 期，第 64/77/M 训令；1980 年 5 月 3 日第 18 期，第 74/80/M 训令；1980 年 5 月 31 日第 22 期，第 85/80/M 训令。

③ 《澳门宪报》1955 年 5 月 21 日第 21 期，第 1338 号立法性法规。

④ 《澳门特别行政区公报——第一组》第 34 期，2006-08-21，第 248/2006 号行政长官批示。

参考文献

[1] AI S. Macao and the casino complex[M]. Reno: University of nevada press, 2018: 29.

[2] COTAI: a nova cidade no territorio de Macau-futuros aterros interilhas Taipa-Coloane[G]. Macao: Gabinete Para Apoio ao Desenvolvimento dos Aterros Taipa-Coloane, 1999.

[3] FORTUNA V N P. Portuguese overseas territories [J]. Civilisations, 1958, 8(3): 411-420.

[4] GOVERNO M. Anuário de Macao 1922[M]. Macau: Imprensa Nacional, 1922: 117.

[5] HABERZETTL P, PTAK R. Macao and its harbour: projects planned and projects realized (1883-1927): bulletin de l'École française d'Extrême-Orient[M]. 1991.

[6] HE S. Exploring the fringe-belt phenomenon in a Sino-Portuguese environment: the case of Macao[J]. Urban Morphology, 2018, 22(1): 35-52.

[7] LI S. Explaining urban economic governance: the City of Macao[J]. Cities, 2017, 61: 96-108.

[8] LI S, TSUI Y. Casino boom and local politics: the city of Macao[J]. Cities, 2009, 26(2): 67-73.

[9] NEVES M. Entrevista com Jon Prescott[J]. Arquitectura, 1992(4): 30-35.

[10] PINHEIRO F V. Macao heritage: a survey of the city's traditions and cultral DNA[J]. Review of Culture, 2015(50): 6-27.

[11] SIZA Á. Álvaro Siza: immaginare l'evidenza[M]. Laterza, 1998.

[12] TANG U W, SHENG N. Macao[J]. Cities, 2009, 26(4): 220-231.

[13] WAN P, KING Y. A comparison of the governance of tourism planning in the two Special Administrative Regions (SARs) of China – Hong Kong and Macao[J]. Tourism Management, 2013, 36: 164-177.

[14] YEUNG Y, LEE J, KEE G. Macao in a globalising world: the challenges ahead [J]. Asian Geographer, 2010, 27(1-2): 75-92.

[15] 澳门大众报. 澳门工商年鉴（1959-1960）[G]. 澳门: 澳门大众报, 1960a: 3+16.

[16] 董珂, 樊飞豪. 澳门———个具有西方传统的中国城市[J]. 世界建筑, 1999(12): 35-37.

[17] 梁廷枏. 粤海关志[G]. 广州: 广东人民出版社, 2002, 639-640.

[18] 刘先觉, 陈泽成. 澳门 1900 年前重要建筑普查研究报告[J]. 华中建筑, 2002(6): 63-78.

[19] 刘先觉, 玄峰. 澳门城市发展概况[J]. 华中建筑, 2002, 20(6): 92-96.

[20] 孟庆顺. 试析 20 世纪澳门渔业兴衰的原因[J]. 中山大学学报(社会科学版), 1999(3): 26-31.

[21] 莫世祥. 近代澳门贸易地位的变迁——拱北海关报告展示的历史轨迹[J]. 中国社会科学, 1999(6): 173-186.

[22] 彭长歆, 董黎. 共生下的建筑文化生态: 澳门早期中西建筑文化交流[J]. 华中建筑, 2008(5): 172-175.

[23] 乔全生, 大卫荣, 王小玲, 等. 路氹金光大道, 澳门, 中国[J]. 世界建筑, 2009(12): 100-101.

[24] 施白蒂. 澳门编年史[M]. 澳门: 澳门基金会, 1995: 156-157.

[25] 汤开建. 被遗忘的"工业起飞"——澳门工业发展史稿: 1557-1941[M]. 澳门: 澳门特别行政区政府文化局, 2014: 18-19＋49.

[26] 童乔慧. 色彩与铺装——澳门城市景观中的海韵[J]. 规划师, 2004(3): 55-57.

[27] 童乔慧, 盛建荣. 澳门城市规划发展历程研究[J]. 武汉大学学报(工学版), 2005(6): 115-119.

[28] 王维仁. 澳门阅读: 城市空间的双城记[J]. 建筑 Dialogue, 1999(10): 30-39.

[29] 王维仁, 张鹊桥. 围的再生: 澳门历史街区城市肌理研究[G]. 澳门: 澳门特别行政区政府澳门文化局, 2010.

[30] 吴志良, 汤开建, 金国平. 澳门编年史[M]. 广州: 广东人民出版社, 2009: 247＋2328.

[31] 玄峰. 澳门城市建设史研究——澳门近代建筑普查研究子课题[D]. 南京: 东南大学建筑历史与理论, 2002.

[32] 薛凤旋. 澳门五百年: 一个特殊中国城市的兴起与发展[M]. 香港: 三联书店(香港)有限公司, 2012: 206.

[33] 赵炳时. 回顾与展望——澳门城市发展与建筑特色[J]. 世界建筑, 1999(12): 16-20.

[34] 赵云伟. 天人融汇 中西合璧——澳门城市景观特色与展望[J]. 世界建筑, 1999(12): 32-34.

[35] 郑剑艺. 澳门内港城市形态研究[D]. 广州: 华南理工大学城市规划与设计, 2017: 39-48.

[欢迎引用]

郑剑艺. 基于经济转型视角的澳门城市产业空间发展演变历程[J]. 城市与区域规划研究·澳门特辑, 2022: 44-57.

ZHENG J Y. Development and evolution of Macao urban industrial space based on the perspective of economic transformation [J]. Journal of Urban and Regional Planning: Special Issue on Macao, 2022: 44-57.

博彩业繁荣对澳门经济增长与城市发展的影响（1999~2016）①

盛明洁　顾朝林

Economic Growth and Development in Macao (1999-2016): The Role of the Booming Gaming Industry

SHENG Mingjie[1], GU Chaolin[2]

(1. School of Architecture, Tianjin University, Tianjin 300072, China; 2. School of Architecture, Tsinghua University, Beijing 100084, China)

Abstract　In 2019, Macao will celebrate the 20th anniversary of its return to China. The past few years have witnessed brilliant economic achievements as well as a structural shift toward a gaming-industry dominated economy. Following so many years of rapid growth, it is essential to take stock of both the benefits and costs of gaming industry development. Accordingly, this paper analyzes the evolution of Macao's gaming industry between 1999 and 2016, and evaluates the industry's effects on local economic growth and urban development. As the paper shows, Macao has exhibited many of the symptoms typically associated with booming sectors in small economies, and has witnessed the similar effects widely experienced by western casino cities. However, Macao is also faced with some unique challenges, regarding its geographic location, size constraints, and political factors. These findings illustrate the difficulties that have accompanied Macao's economic achievements, but also call attention to opportunities in the next phase of Macao's development.

Keywords　Macao; gaming industry; economic growth; urban development

摘　要　2019 年是澳门回归祖国 20 周年，过去 20 年，澳门经济取得了举世瞩目的成就，也进一步确立了博彩业在产业结构中的主导地位。在多年的快速增长后，有必要审视博彩业发展带来的得与失。文章梳理了 1999～2016 年澳门博彩业的发展历程，评估了博彩业发展对澳门经济增长与城市发展的深远影响，认为澳门的情况与其他单一产业繁荣的小型经济体非常类似，同时澳门经济发展也体现出一些西方博彩城市的特征。然而，考虑到澳门独特的地理位置、有限的城市规模和特殊的政策因素，澳门也面临许多特殊的挑战。文章也揭示了澳门未来经济发展所面临的机遇。

关键词　澳门；博彩业；经济增长；城市发展

1　引言

　　2019 年是澳门回归祖国 20 周年。自 1999 年 12 月 20 日回归以来，澳门经济取得了举世瞩目的成就。尽管这期间国际经济形势动荡，例如亚洲金融危机和美国次贷危机，但澳门始终保持着高经济增长率，国际影响力不断提升。1999～2016 年，澳门的国内生产总值由 518.72 亿澳门元飙升至 3 622.65 亿澳门元，年均增长率达到 12%。2016 年，澳门的人均国内生产总值达到 560 913 澳门元，位居世界前列。除经济增速外，澳门在就业水平、社会福利和人均预期寿命等方面也取得了不俗的成就。

作者简介

盛明洁，天津大学建筑学院；

顾朝林（通讯作者），清华大学建筑学院。

　　过去 20 年也见证了澳门经济总量中博彩业总收入比例的不断增长。1999 年，澳门的四大支柱产业为制造业、建筑和房地产业、金融服务业和博彩业。然而至 2013 年，博彩业总收入占澳门国内生产总值的比重已经超过 60%。虽然随后澳门的博彩业总收入开始下滑，但 2016 年其占国内生产总值的比重仍高达 47%。同年，澳门的博彩业总收入约是拉斯维加斯的 7 倍。因此，澳门不仅是中国唯一允许合法博彩的城市，也是全球最大的博彩中心。

　　然而，澳门经济取得辉煌成就的同时，也伴随着一些负面效应。随着博彩业的蓬勃发展，其他产业快速萎缩。缺乏多元的产业结构已经成为澳门经济可持续发展的限制因素。

　　近年来，博彩业发展带来的社会和环境效应正逐渐显现。随着博彩业的繁荣，入境游客数量逐年增长，给澳门有限的游客接待能力带来了巨大的挑战。2016 年澳门游客接待量为 3 100 万，约是当地居民数量的 48 倍。考虑到澳门的土地面积仅为 30.3 平方千米，势必会给当地资源承载力和本地居民福祉带来沉重的压力。

　　为了满足博彩业不断增长的人力资源需求，澳门引进了大量的外来劳动力，很可能会影响本地居民的就业机会和收入水平。博彩业繁荣带来的其他挑战还包括贸易逆差恶化、房地产泡沫、中小企业发展困难、社会差距加大、文化原真性丧失和问题赌博行为等。为了实现澳门经济长远、可持续的发展，有必要全面评估博彩业蓬勃发展带来的得与失。

　　西方学者已经开始对澳门博彩业进行研究，包括研究澳门博彩城市的文化空间景观（Balsas，2013；Hannigan，2007；Loi and Kim，2010；Luke，2010），分析博彩业的财务特征（Gu and Gao，2012；Gu and Tam，2011），分析外来投资的影响（Sheng，2011）等。国内研究方面，柯晶莹（2010）基于已有文献分析了博彩业发展对澳门经济（包括 CPI、真实 GDP、澳汇指数和结构变化）的影响；王五一（2014）从政策角度分析了博彩经营权开放以来博彩治理体制的变迁；冯家超、伍美宝（2015）从博彩社会影响方面分析了澳门"负责任博彩"政策的实施过程和效果；董晓梅（2019）从建筑设计角度分析了澳门赌场建筑风格的演变。然而，尚缺乏研究系统分析回归以来澳门博彩业的发展及其对当地经济、社会和城市发展的广泛影响。本文将填补这一空白。

　　本文全面梳理了 1999~2016 年澳门博彩业的发展及其影响，具体聚焦以下问题：博彩业是如何被规划和调控的？又如何发展？在这期间本地和外部的政策起着怎样的作用？博彩业繁荣与澳门经济发展和城市空间转型的关联性如何？澳门博彩业产生的影响能被西方经典理论解释吗？这些问题的答案将有助于深入理解澳门过去十几年的经济成就。

2 理论背景

2.1 单一产业繁荣的小型经济体

单一产业繁荣的小型经济体案例对于澳门有参考价值。小型经济体是国际市场中的价格接受者（price taker），通常具有较小的人口规模、土地面积和国内生产总值（Croes，2006）。由于市场规模、劳动力、资源和资本的限制，小型经济体难以建立多元的产业结构。因此，为了克服规模的限制，许多小型经济体专门化发展单一产业。

为解释小型经济体中单一产业繁荣带来的影响，科登和尼亚里（Corden and Neary，1982）提出了一个模型。该模型被用于描述 20 世纪 60 年代荷兰油气开采对经济的负面影响。该模型将经济部门分为三类：繁荣的部门（booming sectors）、滞后的部门（lagging sectors）和不可贸易的部门（non-tradable sectors）。繁荣的部门将通过两种途径削弱滞后的部门的竞争力：一是资源转移效应（resource movement effect），即经济要素从滞后的部门流向繁荣的部门；二是支出效应（spending effect），即需求增长提高了不可贸易部门的商品价格，导致实际汇率升高。最终，某一可贸易部门的繁荣通常会导致其他可贸易部门（通常是制造业）的萎缩，进而导致整个经济体竞争力下降。

该模型最早被用于解释能源部门繁荣产生的影响，然而，近年来越来越多的学者将该模型用于单一服务业（如旅游业）繁荣的小型经济体。研究普遍认为，旅游业过度繁荣也会带来相似的影响。例如，卡波等（Capo et al.，2007）研究发现，繁荣的旅游业使得岛屿经济体极易受外部因素的扰动，同时也威胁着本地的教育、创新和科技水平。有研究认为，通过提高不可贸易部门产品的价格，旅游业的繁荣削弱了其他可贸易部门的资本积累，随之而来的去工业化将降低本地居民的长远福祉（Chao et al.，2006）。诺瓦克和萨赫利（Nowak and Sahli，2007）认为旅游业繁荣有时会导致净福利损失，尤其是就城市就业和劳动力移民而言。

然而，很少有研究将该模型用于博彩业。与能源和旅游业不同，博彩业的发展更依赖政策因素。当代博彩业发源于 1931 年的拉斯维加斯，如今已是世界范围内增长最快的产业之一，许多小型经济体都发展博彩业作为支柱产业。对于这些小型经济体，博彩业在经济发展中起着什么作用？博彩业繁荣会带来相似的效应吗？这些问题亟待解答。

2.2 博彩业的影响

近年来，以高利润和规模经济为特征的博彩业在世界范围内越来越流行，尤其是在资源匮乏地区、经济困难地区和小型经济体中。博彩业发展通常会带来可观的收益。雷普汉等（Rephann et al.，1997）基于美国 68 个县的数据研究了赌场带来的区域经济效益，发现赌场的发展对经济增长、整体就业、人均收入和贫困消除产生了积极影响。此外，零售业、金融保险业、房地产业和建筑业等行业也均得以蓬勃发展。伊丁顿（Eadington，1999）基于北美的研究也发现，博彩业的蓬勃发展带来了经济、投资、就业和政府收入的快速增长。然而，沃克和杰克逊（Walker and Jackson，2007）在美国的研究中则发现博彩业的实际收入和当地人均收入无显著关联，暗示着博彩业发展的初始阶段的确会有积极的经济效应，但这种效应将会随时间流逝而逐渐消失。

此外，研究普遍认为博彩业繁荣对当地劳动力市场存在积极影响。例如，科蒂（Cotti，2008）基于美国的县级数据研究发现，赌场的设立会增加就业（尤其是娱乐部门的就业），但对平均收入没有显著影响。汉弗莱斯和马钱德（Humphreys and Marchand，2013）基于加拿大的研究发现，除了对就业和收入的直接影响外，赌场的设立将会对酒店和娱乐等密切相关的行业产生间接溢出效应。

除了经济影响外，近年来越来越多研究开始关注博彩业带来的社会和空间影响。有研究提出博彩业带来的社会混乱成本，包括赌博依赖、生产力下降和其他社会病态问题等（Chang et al.，2010）。有学者认为，通过整合各种形式的消费，赌场正将城市变为度假休闲地。其风险在于游客可能会逐步驱赶本地居民，使社区商业难以为继，原真性文化遗产逐渐丧失（Hannigan，2007）。赌场内部的人工环境设计旨在吸引非本地的游客和劳动力，对本地居民的生活贡献甚微（Simpson，2016）。大量外来游客将本地居民驱赶至了更边缘的社区，同时大型博彩综合体的建设侵蚀着城市身份，可能会导致本地居民的认同感丧失（Chu，2015）。

需要注意到，博彩业的影响取决于当地的制度背景，取决于博彩业能吸引多少非本地消费者，也取决于多少本地劳动力能参与博彩业。目前大多数的博彩研究均根植于北美的资本主义市场。本文通过分析澳门的博彩业，探究在中国内地社会主义市场经济影响下博彩业的繁荣带来的影响。

2.3 澳门的制度背景

近20年来，澳门博彩业的扩张引起了全球关注。尽管在1962年葡萄牙殖民统治时期澳门博彩业已合法化，但直到21世纪初回归以后，澳门的博彩业才迎来了井喷式的发展。通过在博彩市场中引入竞争，加之中国内地放松管制（Chu，2015），澳门博彩业总收入在18年间增长了9倍，成为全球最大的博彩中心。

然而，澳门的制度背景与大多数博彩城市不同。正如辛普森（Simpson，2016）写道，"澳门是一个游离于外部的政治和司法体系之外的自治空间，是更广阔的领土中的一块飞地。"一方面，澳门作为中国的特别行政区，在法律、货币、关税和移民政策等方面享有高度的自治权；另一方面，中央政府在澳门的政治决策和经济活动中发挥着重要作用。

澳门的博彩业受澳门特区政府和中央政府的共同影响。受中央政府许可，澳门是中国境内唯一允许合法博彩的地区，因此，中央政府的态度在澳门博彩业发展中至关重要。此外，澳门博彩业的大部分消费者来自中国内地，访问澳门的内地游客数量严格受中央政府管控。因此，内地个人赴澳门自由行政策的变化也会对澳门博彩业产生巨大影响。在此背景下，本文旨在分析回归后澳门博彩业的扩张过程，梳理影响博彩业发展的内部和外部政策，同时揭示博彩业蓬勃发展产生的社会、经济和空间影响。本文还将检验由科登和尼亚里（Corden and Neary，1982）提出的单一产业繁荣小型经济体模型是否适用于澳门，亦分析北美博彩城市经验是否适用于澳门。

3 澳门博彩业的发展（1999～2016）

3.1 1999～2007：博彩市场垄断结束，进入快速扩张期

　　葡萄牙殖民统治时期，赌场博彩业在澳门已经合法。1962 年政府将所有形式的博彩专营权牌照颁发给澳门旅游娱乐有限公司（STDM），实行垄断经营，专营权牌照有效期 40 年。STDM 由香港和澳门商人共同组建。1999 年澳门回归以后，澳门特区政府计划通过引进外资更积极地推动博彩业发展。经中央政府批准，特区政府于 2002 年开放博彩经营权牌照竞标，并启动了一系列的策略，旨在"吸引投资并将澳门的赌场转变为更大、更综合的拉斯维加斯式赌场，发展相关的会展、旅游业，形成集博彩、购物、饮食、文化体验等功能为一体的综合体"（Luke，2010）。竞标产生了 6 张特许经营权牌照：STDM 的子公司澳门博彩股份有限公司（SJM）获得 1 张牌照，另外 5 张牌照分别颁发给了来自美国和澳大利亚的运营商，从而建立了永利度假村（澳门）股份有限公司、银河娱乐场股份有限公司、威尼斯人（澳门）股份有限公司、美高梅金殿超濠股份有限公司和新濠博亚（澳门）股份有限公司 5 家博彩经营公司。中央政府不允许任何中资公司进入澳门博彩市场。

　　全球知名博彩运营商进驻后，澳门的博彩市场进入了快速扩张期。在这期间，澳门特区政府鼓励外国企业投资博彩相关的基础设施和推广活动。澳门的外国直接投资从 2001 年的 10.65 亿澳门元增长至 2007 年的 185.19 亿澳门元，其中大多数进入了博彩业（图 1）。

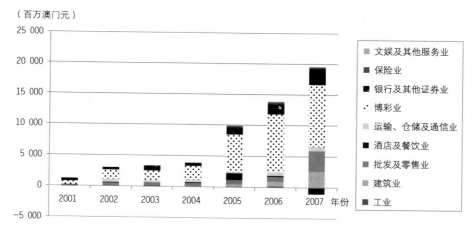

图 1　2001～2007 年澳门分行业的外国直接投资总额

注：1999～2001 年的数据无法获得。

资料来源：澳门特区政府统计暨普查局。

外国直接投资极大地提升了澳门的博彩业设施和服务水平。较低建设水准的赌场被更大规模的拉斯维加斯式的博彩娱乐综合体所取代。澳门金沙、永利澳门、澳门美高梅及澳门威尼斯人度假村相继开业，更多的博彩娱乐综合体正在建设中。1999~2007 年，澳门的土地面积从 23.8 平方千米填海增加至 29.2 平方千米，其中大多数的新增填海用地都被用于博彩设施建设。

为满足博彩业日益增长的人力需求，澳门从中国内地和香港等地引进了大量劳动力。他们可以在澳门居留一定时间，但很难获得澳门永久居民身份。外来劳动力亦不被允许进入一些高薪的博彩类职业——为保护本地居民的就业机会。澳门特区政府规定，只有澳门本地居民才可以在赌场担任荷官。

这一时期，中央政府放宽了之前对内地居民前往澳门旅行的限制，于 2003 年 7 月启动了赴澳门自由行计划（Individual Visit Scheme，IVS）。在该计划中，指定城市的内地游客可以申请澳门七天旅行证赴澳门自由行，并可以在返回内地以后再次申请。此前，内地居民只能以商务目的或团体旅行的形式访问澳门。自由行计划的启动为澳门带来了大量博彩业消费者，澳门的内地游客数量从 2003 年的 570 万飙升至 2007 年的 1 490 万，占 2007 年澳门总游客接待量的 55.3%；同期澳门的博彩总收入几乎翻了 3 倍（图 2）。

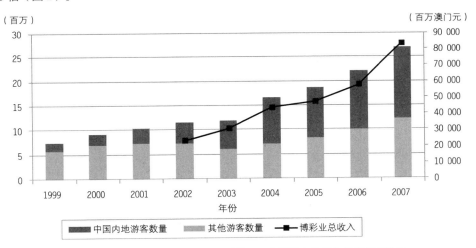

图 2　1999~2007 年澳门博彩业总收入、内地游客数量和其他游客数量

资料来源：澳门特区政府统计暨普查局。

3.2　2008~2013：政府开始调控博彩业，但仍持续高速增长

2008 年受全球金融危机影响，加之过度依赖博彩业的负面社会和环境效应开始显现，激进推进博彩业增长的政策告一段落。在中央政府要求控制博彩业过度增长的压力下，澳门特区政府颁布了一系列调控博彩业的政策。2008 年 4 月 22 日，时任澳门特区行政长官的何厚铧宣布，在可预见的未来将不再颁布新的博彩经营权牌照。特区政府还宣布，将不再批准任何新的博彩设施用地和建筑（已经获

批的博彩项目除外）。针对已有的博彩运营商，特区政府限制了赌台数量的增长：规定在 2012 年前澳门的赌台数量不得超过 5 500 张；2013～2022 年赌台的年均增长率不得超过 3%。为了鼓励博彩运营商在经营中加入更多的酒店、零售商店、餐饮等非博彩元素，澳门特区政府采取了一系列措施，例如规定在新开业的博彩娱乐综合体中非博彩元素的面积至少需占总建筑面积的 90%。

与此同时，中央政府为控制澳门博彩业过度增长亦采取了一系列措施。据报道，内地游客每年在澳门博彩流失的资产高达 870 亿美元（张增帆，2011）。为了减缓资产外流、减轻日趋严峻的赌博成瘾问题，中央政府在 2008 年增加了对赴澳门自由行的限制，以控制赴澳门的内地游客数量。根据新的要求，内地游客仅被允许每 3 个月访问澳门一次。该限制直接导致了赴澳门内地游客总量的大幅下降：2008 年的内地游客量比 2007 年下降了 22%。此外，2009 年中央政府批准澳门填海 3.6 平方千米用于城市建设，但规定新填海用地不能用于博彩设施建设。

尽管澳门特区政府和中央政府采取了一系列限制措施，但 2008～2013 年澳门博彩业却经历了前所未有的快速增长（图 3），很大程度上归功于中国内地高速经济增长带来的博彩需求。博彩娱乐综合体也快速扩张：在这期间开业的综合体包括梦幻之城、万利酒店、澳门银河、金沙城中心等，吸引了数以百万的游客访问澳门。2013 年澳门博彩业发展达到了巅峰：博彩业总收入超过 3 631 亿澳门元（454 亿美元），而这一数值在 2008 年仅为 1 111 亿澳门元（139 亿美元）；2013 年博彩业总收入占澳门国内生产总值的比例为 63.1%，而这一数值在 2008 年仅为 47.2%。

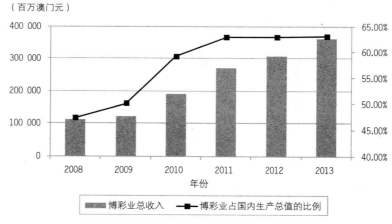

图 3　2008～2013 年澳门博彩业总收入及其占国内生产总值的比例
资料来源：澳门特区政府统计暨普查局。

3.3　2014～2016：博彩业进入下滑期

2014 年是澳门博彩业发展的转折点。2014 年博彩业总收入自博彩经营权牌照开放以来出现首次下滑，相比 2013 年下跌了 2.5%。2015 年澳门博彩业总收入大幅下跌 34.1%，2016 年则继续下跌 3.3%。

博彩业总收入下滑很大程度上来自于贵宾厅百家乐收入的大幅下降。贵宾厅百家乐一直是澳门博彩业中盈利最高的项目。2013 年澳门博彩业总收入中约 66.1%来自贵宾厅百家乐（图 4），然而这一数值在 2016 年下降至 53.3%。数值变化源于中国内地自 2012 年以来开展的反腐败运动。随着反腐败运动的推进，来自中国内地高端消费者的奢侈性博彩消费大幅减少。

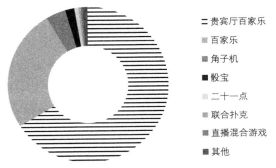

图 4　2013 年澳门不同博彩类型收入占博彩总收入的比例

资料来源：澳门特区政府博彩监察协调局。

澳门博彩业总收入下滑的另一个原因是近年来亚洲其他地区的博彩产业兴起。印度尼西亚、马来西亚、泰国和新加坡都相继参与博彩业竞争，试图争夺亚洲快速增长的市场份额。新的竞争对手使得澳门博彩业难以保持往昔的高速增长势头。

从早期的垄断经营，到开放博彩经营权，从井喷式发展、取代拉斯维加斯成为世界最大的博彩中心，到经历几十年来首次的博彩业总收入下滑，澳门很好地展现了内部和外部政策是如何支持与调控博彩业的发展的。通过影响博彩业发展，这些政策如何重塑澳门的经济、社会和空间发展轨迹？下一节将讨论这一问题。

4　博彩业发展对经济增长与城市发展的影响

随着博彩业的快速发展，其在澳门产业结构中的地位越发突出，给澳门经济增长与城市发展带来了一系列影响。

第一，过度依赖博彩业使得澳门经济极易受到外部环境变化的侵扰。这种效应在单一产业繁荣的小型经济体中较为常见（Capo et al.，2007）。然而，澳门的情况更加充满不确定性，因为澳门博彩业的受众主要是中国内地居民。虽然澳门 GDP 年均增长率高于香港、台湾和中国内地，但其增长率却极易受到外部因素的影响（图 5）。由于中国内地调整赴澳门自由行政策带来的游客量减少、中国内地反腐败行动带来的博彩需求减少以及东南亚新兴博彩城市的发展，都给澳门经济带来了明显的调整和阵痛期。

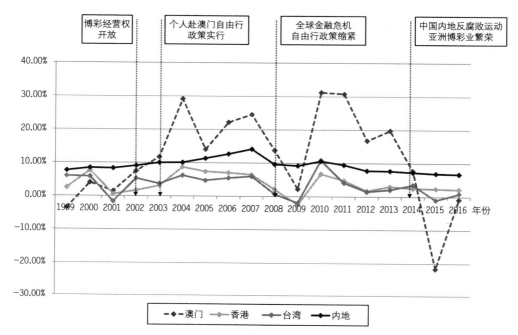

图5 1999～2016年澳门、香港、台湾和内地GDP增长率

资料来源：澳门数据来源于澳门特区政府统计暨普查局；香港和内地数据来源于世界银行和网站；台湾数据来源于
http://blog.sina.com.cn/s/blog_507de1780102vrhs.html。

第二，正如许多单一产业繁荣的小型经济体一样，澳门也出现了"资源转移效应"（resource movement effect）。博彩业的繁荣产生了大量就业岗位，导致劳动力资源从其他行业流向博彩业（表1）。2016年，博彩业提供了约92 700个就业岗位，占澳门所有就业岗位的23.8%；然而在1999年，博彩业提供的就业岗位仅占9.8%。博彩业的繁荣也提升了澳门的整体就业水平，失业率从1999年的6.3%下降至2016年的1.9%。

表1 1999～2016年分行业的澳门劳动力资源分布（%）

	1999年	2005年	2010年	2016年
博彩业	9.8	17.2	23.9	23.8
工业	21.8	14.9	4.8	2.0
建筑业	8.3	9.7	8.6	11.4
批发及零售业	15.5	14.9	13.1	11.3
酒店及餐饮业	10.7	10.5	13.6	14.7
房地产业	4.7	6.0	8.7	7.8
其他	29.2	26.8	27.3	29.0

资料来源：澳门特区政府统计暨普查局。

　　然而，高就业率的背后亦有风险。博彩业是非技术性的劳动密集型产业，很可能会制约澳门本地的人力资本发展。在娱乐场担任荷官不需要太多人力资本，却能获得高回报。2016年博彩业从业者的月收入中位数为21 990澳门元，远高于澳门的平均月收入中位数（15 000澳门元）。较高的薪酬水平吸引了大量本地劳动力进入博彩业，而非其他需要高技能的行业。由于澳门特区政府禁止雇佣非本地居民担任荷官，本地居民获得了就业"特权"，进一步降低了他们接受高等教育的意愿。最终导致本地居民平均受教育程度降低，从事博彩相关行业的比例增高。2016年仅有33.4%的澳门本地居民完成了高等教育，同时有30.3%的本地居民从事博彩业。

　　除了劳动力资源转移外，博彩业亦吸引土地资源从其他经济部门转向博彩项目的建设。鉴于澳门土地面积极为有限，各种经济活动对土地资源的竞争非常激烈，尤其是开放博彩经营权之后。博彩项目用地占据了澳门土地面积相当大的比例，特别是路氹城（一块约5平方千米的新填海区）主要都被博彩设施占据。与此同时，其他城市活动的空间则被挤占，澳门特区政府不得不向临近的横琴岛租借土地。例如，澳门大学于2009年获准将校区搬至横琴岛；其他组织，如青年企业家协会、中医药研究所和电视集团等，也前往横琴岛寻求发展空间。

　　第三，正如许多西方博彩城市一样，澳门博彩业的繁荣直接增加了对房地产业、酒店及餐饮业、批发及零售业等本地服务业的需求（图6）。上述劳动密集型行业的增长产生了大量的劳动力需求，进而又引进了数万名外来劳动力。澳门的外来劳动力数量从1999年的32 183名飙升至2016年的177 638

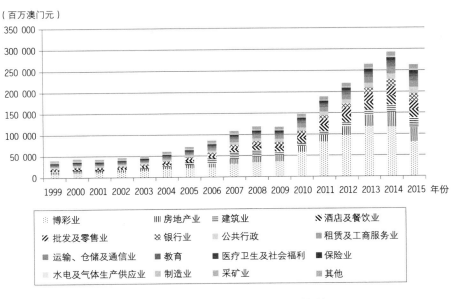

图6　1999~2015年澳门各行业的增加值

资料来源：澳门特区政府统计暨普查局。

名，占 2016 年澳门总就业人数的 45.6%。随着越来越多的本地劳动力从事博彩业，外来劳动力取代本地劳动力从事建筑业、酒店及餐饮业等低收入行业，导致外来劳动力与本地劳动力的收入差距进一步增加。大量的外来劳动力也刺激了本地服务业的发展，进一步加速了澳门其他行业的衰退。最终，除了与博彩业紧密相关的行业，澳门的其他行业在近年来都经历了快速的萎缩（图 6）。例如，成衣制造业在 1999 年曾是澳门的支柱产业之一，在 2015 年占国内生产总值的比重不到 0.5%。

第四，由于澳门的博彩业主要由外资经营者主导，因此，澳门经济发展的决定权很可能落入外来者手中，这对澳门的未来是很大的风险。澳门有限的经济规模决定了其很难在本地筹集发展资金，同时，正如上文所述，中央政府不允许中资公司进入澳门博彩市场。因此，鼓励海外投资的政策在博彩业发展的初期受到青睐。博彩经营权开放以来，澳门本地博彩运营商（SJM）的市场份额从 2002 年的 100% 急剧下降至 2015 年的 20%（图 7）。其他的 5 家外资公司正在澳门的经济发展中起着越发重要的作用，并在当地事务中扮演着重要角色，如提供公交服务、赞助"澳门周"活动等。

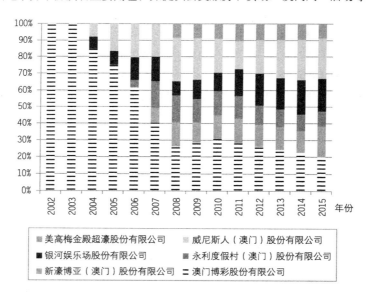

图 7　2002～2015 年澳门 6 家博彩经营者的市场份额

资料来源：澳门特区政府博彩监察协调局。

然而，随着外国投资者越来越多地参与本地事务，他们也因各种社会和环境问题而受到批评。例如，外国投资者一直致力于吸引更多游客，全然不顾澳门有限的游客接待能力。2016 年澳门游客接待总量达到 3 100 万，几乎是本地人口的 48 倍。游客数量的急剧增长给当地自然资源带来了沉重的压力，引发了环境污染，提高了本地产品和服务的价格——这一切都是以牺牲本地居民福祉为代价的。另一个挑战是澳门地方认同的丧失。澳门曾因其独特的亚洲和葡萄牙文化融合而闻名，但现在几乎已经与世界上其他的博彩城市并无二致。通过在澳门引入拉斯维加斯式的博彩娱乐综合体，外国投资者在某种程度上扼杀了澳门的本土文化和传统。此外，通过提高劳动力和土地成本，外来的博彩业巨头也威胁着当地中小企业的发展。中小企业是澳门战略性新兴产业（会展业、文化创意产业、中医药产业）的重要组成部分，但如今已很难与博彩业巨头竞争。

第五，博彩业的繁荣也导致澳门城市空间的不均衡发展。随着大量空间被用于博彩和旅游相关活动，本地居民的空间诉求在一定程度上被忽视了。例如，路凼金光大道（一个岛间的填海工程）最早被设计为可容纳 15 万本地居民的新城镇。然而，为了促进博彩业发展，澳门特区政府在博彩经营权开放后不久改变了原计划，将路凼金光大道的大部分土地授予新的博彩经营者。经过多年的建设，路凼金光大道现在被奢华的大型博彩娱乐综合体所占据。例如超体量的澳门银河度假村，其中包括豪华酒店、大型赌场、娱乐区域、购物区域等，总面积超过 55 万平方米。又如近年来开业的澳门巴黎人度假村，包括超过 3 000 间酒店客房以及 45 990 平方米的零售空间和会展设施。

与此同时，居住在澳门半岛上的本地居民的生活条件却在衰退。澳门半岛西北是与广东省相连的口岸，东南海域环绕，几乎没有城市扩张的空间。尽管澳门半岛的土地面积仅 9.3 平方千米，但却容纳了超过 51 万居民，占澳门总人口的 80% 以上。因此，澳门半岛已成为世界上人口最稠密的城市地区之一，人口密度达到 55 900 人/平方千米，高于孟买（29 700 人/平方千米）、加尔各答（23 900 人/平方千米）和卡拉奇（18 900 人/平方千米）。

当路凼金光大道的游客享受世界级服务设施的同时，澳门半岛上的许多本地居民仍缺乏基本的公共服务设施（图 8）。例如教育设施不足。大多数现有的小学规模太小，无法容纳日益增长的学生数量。作为应对，一些学校不得不缩短教学时间，许多学生只能上半天学。除了公共设施短缺外，澳门高密度的城市发展也导致开敞空间的缺失。公园、社区休闲场所和自然景观很少，进一步降低了本地居民的生活条件，直接加剧了贫困的本地居民和从博彩发展中受益的精英群体之间的冲突，可能会对澳门社会和环境的可持续发展造成威胁。

图 8　路凼金光大道（左）和澳门半岛（右）的城市景观

5 结论和讨论

对澳门而言，1999～2016 年的 17 年是值得被铭记的，期间澳门经历了回归祖国、开放博彩经营权和博彩业的井喷式发展。

回归后的最初几年，为了使澳门尽快从 20 世纪 90 年代末的亚洲金融危机中复苏，特区政府和中央政府都采取了积极支持博彩业发展的政策。通过开放博彩经营权、引入外资公司、将大量新填海土地拨付给博彩经营者、引入外来劳动力、放松内地居民访问澳门的限制等，内部和外部的政策成功帮助澳门博彩业实现了巨幅的增长。

然而，随着博彩业发展的负面效应开始显现，刺激博彩扩张的相关政策停滞了。自 2008 年以来，澳门特区政府和中央政府颁布了一系列调控博彩业发展的措施。尽管如此，中国内地持续增长的需求依然导致澳门博彩业保持了前所未有的增速。直到 2014 年，由于内地的反腐败运动和周边地区新兴博彩城市的发展，澳门的博彩业才开始受到抑制。2014 年澳门博彩业经历了自 1999 年以来的首次下滑，而这一转折点使博彩业的负面影响开始成为公众焦点。

科登和尼亚里（Corden and Neary，1982）提出的单一产业繁荣小型经济体模型适用于澳门——澳门的博彩业繁荣带来了高速的经济增长、高水平的投资和劳动力移民、对外部扰动的敏感性增加、劳动力和土地资源的重新分配和去工业化进程等。

此外，西方博彩城市的经验同样适用于澳门。例如，博彩业扩张将导致投资、就业和政府收入的增加，房地产业、酒店及餐饮业、批发及零售业等本地服务部门与博彩业共同繁荣等。此外，博彩业的繁荣多少是以牺牲当地利益为代价的，包括本地居民的生活环境恶化、地方认同感减弱、本地中小企业难以为继等。

与西方博彩城市相比，澳门亦面临一些独特的挑战。首先，作为一个独立经济体，澳门需要建立多元的产业结构以实现经济的长远可持续发展。鉴于澳门的土地面积仅 30.3 平方千米，且其中相当部分已被用于博彩设施，澳门的经济多元化之路可能更加困难。其次，澳门博彩业的消费者大多来自中国内地，因此本地消费者造成的社会问题相对较轻。在一定程度上，澳门在享受博彩业带来的利益时，可以免于承担相应的社会成本。最后，许多西方博彩城市担心，通过向外来劳动力提供就业机会，博彩收入可能流向"局外人"。然而，作为独立的经济体，澳门特区政府能够阻止外来劳动力进入博彩业，从而保护了本地居民的利益。

不可否认的是，澳门在回归后的十几年内取得了令人瞩目的经济成就，成为"一国两制"的典范。下述策略或许对澳门经济健康可持续发展有所帮助：

第一，根据美国博彩业的经验，澳门特区政府应考虑就博彩设施的位置、规模和数量对博彩运营商提出更多的管控措施。通过管控博彩设施的总量和空间分布，特区政府对博彩业发展的主导权会逐步加强。

第二，澳门可进一步提升其作为全球旅游目的地的竞争力。向拉斯维加斯学习，应加强对非博彩旅游活动的推广程度，例如会展业、体育赛事和高端度假体验等，将澳门塑造为中产阶级家庭和商务群体的世界级旅游目的地。

第三，澳门有潜力成为中国与葡语国家经济贸易的重要桥梁。澳门的法律体系、金融体系、文化特征和语言与葡萄牙保持着许多相似之处。中国已经是葡语国家最大的贸易伙伴，随着"一带一路"建设的推进，中国与葡语国家的贸易关系将进一步深化，澳门有望建设为中国与葡语国家的经贸交流平台。

最终，澳门的经济前景不仅取决于市场机制，亦取决于外部制度环境。中央政府一直致力于帮助澳门建立多元的产业结构。2004 年中国内地与澳门签署了《关于建立更紧密经贸关系的安排》，旨在加强澳门与内地之间的经贸合作。在该合作协议下，澳门的产品和服务享有优惠进入中国内地市场的权利。2019 年 2 月中共中央、国务院印发《粤港澳大湾区发展规划纲要》，提出将澳门建设为"世界旅游休闲中心、中国与葡语国家商贸合作服务平台"，并"促进经济适度多元发展，打造以中华文化为主流、多元文化共存的交流合作基地"。可预见的未来，澳门和中国内地的命运比以往任何时候都更紧密地交织在一起。澳门应该抓住这个机会，克服资本、市场规模和用地的限制，实现经济和城市的健康可持续发展。

注释

① 本文译自：SHENG M J, GU CL. Economic growth and development in Macao (1999-2016): the role of the booming gaming industry[J]. Cities, 2018, 75(1): 72-80.

参考文献

[1] BALSAS C J. Gaming anyone? A comparative study of recent urban development trends in Las Vegas and Macao[J]. Cities, 2013, 31(31): 298-307.

[2] CAPO J, FONT A R, NADAL J R, et al. Dutch disease in tourism economies: evidence from the balearics and the canary islands[J]. Journal of Sustainable Tourism, 2007, 15(6): 615-627.

[3] CHANG J, LAI C, WANG P, et al. Casino regulations and economic welfare[J]. Canadian Journal of Economics, 2010, 43(3): 1058-1085.

[4] CHAO C, HAZARI B R, LAFFARGUE J, et al. Tourism, dutch disease and welfare in an open dynamic economy[J]. The Japanese Economic Review, 2006, 57(4): 501-515.

[5] CHU C L. Spectacular Macao: visioning futures for a World Heritage City[J]. Geoforum, 2015: 440-450.

[6] CORDEN W M, NEARY J P. Booming sector and de-industrialisation in a small open economy[J]. The Economic Journal, 1982, 92(368): 825-848.

[7] COTTI C D. The effect of casinos on local labor markets: a county level analysis[J]. The Journal of Gambling Business and Economics, 2008, 2(2): 17-41.

[8] CROES R R. A paradigm shift to a new strategy for small island economies: embracing demand side economics for value enhancement and long term economic stability[J]. Tourism Management, 2006, 27(3):

453-465.

[9]   EADINGTON W R. The economics of casino gambling[J]. Journal of Economic Perspectives, 1999, 13(3): 173-192.

[10] GU X, TAM P S. Casino taxation in Macao: an economic perspective[J]. Journal of Gambling Studies, 2011, 27(4): 587-605.

[11] GU Z, GAO Z C J. Financial competitiveness of Macao in comparison with other gaming destinations[J]. UNLV Gaming Research & Review Journal, 2012.

[12] HANNIGAN J. Casino cities[J]. Geography Compass, 2007, 1(4): 959-975.

[13] HUMPHREYS B R, MARCHAND J. New casinos and local labor markets: evidence from Canada[J]. Labour Economics, 2013, 24: 151-160.

[14] LOI K, KIM W G. Macao's casino industry: reinventing Las Vegas in Asia. [J]. Cornell Hospitality Quarterly, 2010, 51(2): 268-283.

[15] LUKE T W. Gaming space: casinopolitan globalism from Las Vegas to Macao[J]. Globalizations, 2010, 7(3): 395-405.

[16] NOWAK J J, SAHLI M. Coastal tourism and "Dutch disease" in a small island economy[J]. Tourism Economics, 2007, 13(1): 49-65.

[17] REPHANN T J, MARGARET D, ANTHONY S, et al. Casino gambling as an economic development strategy[J]. Tourism Economics, 1997, 3(2): 161-183.

[18] SHENG L. Foreign investment and urban development: a perspective from tourist cities[J]. Habitat International, 2011, 35(1): 111-117.

[19] SIMPSON T. Tourist utopias: biopolitics and the genealogy of the post-world tourist city[J]. Current Issues in Tourism, 2016, 19(1): 27-59.

[20] WALKER D M, JACKSON J D. Do casinos cause economic growth?[J] American Journal of Economics and Sociology, 2007, 66(3): 593-607.

[21] 董晓梅. 向拉斯维加斯学习——澳门赌场建筑发展策略研究[J]. 中外建筑, 2019(9): 72-74.

[22] 冯家超, 伍美宝. 负责任博彩: 澳门模式及经验[J]. 港澳研究, 2015(4): 57-65+95-96.

[23] 柯晶莹. 澳门回归十年博彩业实证研究[J]. 特区经济, 2010(3): 23-24.

[24] 王五一. 以赌权开放为中心的澳门博彩业治理体制变迁[J]. 港澳研究, 2014(1): 61-72+96.

[25] 张增帆. 海南发展博彩业的机遇、挑战及对策[J]. 科学经济社会, 2011, 29(4): 71-77.

[欢迎引用]

盛明洁, 顾朝林. 博彩业繁荣对澳门经济增长与城市发展的影响(1999~2016)[J]. 城市与区域规划研究·澳门特辑, 2022: 58-72.

SHENG M J, GU C L. Economic growth and development in Macao (1999-2016): the role of the booming gaming industry [J]. Journal of Urban and Regional Planning: Special Issue on Macao, 2022: 58-72.

面向可持续的澳门社会人口发展战略研究

刘佳燕

Research on Social Development Strategies of Macao Towards Sustainability

LIU Jiayan

(School of Architecture, Tsinghua University, Beijing 100084, China)

Abstract Since the new century, Macao has experienced rapid social and economic development, while facing major challenges of land shortage, industry transformation, service upgrading, lack of human resources, etc. The "Outline Development Plan for the Guangdong-Hong Kong-Macao Greater Bay Area" proposed in 2019 and the orientation of Macao as the "World Tourism and Leisure Center" has raised further development requirements to the sustainability of Macao's economic and social development. Focusing on the social development strategy of Macao, the paper carries out a systematic analysis on the recent evolution process and major characteristics of its population and social aspects, forecasts main development trends and future challenges, and then proposes policy suggestions oriented at sustainable social development from the perspectives of new population guidance, elderly services, human resources upgrading, as well as integrated development of culture and tourism.

Keywords Macao; society and population; development strategy; sustainability

摘　要　进入新世纪以来，澳门经历了社会经济的快速发展，同时也面临用地紧张、产业转型、服务升级、人力资源不足等方面的巨大挑战。《粤港澳大湾区发展规划纲要》和澳门定位"世界旅游休闲中心"的提出，对澳门经济与社会的可持续发展提出了更高要求。文章聚焦澳门社会人口发展策略，基于对澳门近年来社会人口发展态势和主要特征的系统分析，总结其主要发展趋势和未来挑战，进而从新增人口引导、养老服务配套、人力资源优化、文旅整合发展等层面提出面向可持续的社会人口发展策略建议。

关键词　澳门；社会人口；发展战略；可持续性

1　引言

　　进入 21 世纪以来，澳门经历了社会经济的快速发展，同时也面临用地紧张、产业转型、服务升级、人力资源不足等方面的巨大挑战。2008 年，国家发展和改革委员会在《珠江三角洲地区改革发展规划纲要（2008～2020 年）》中提出粤港澳三地共同打造"亚太地区最具活力和国际竞争力的城市群"，巩固澳门作为"世界旅游休闲中心"的地位，对澳门经济与社会可持续发展提出了更高要求。其中，社会人口的可持续发展是关键支撑。本文基于清华大学团队承担的"澳门特区城市发展策略研究"，聚焦社会人口可持续发展策略，深入研究澳门社会人口发展态势和主要挑战，探究产业转型背后的社会支持动力，谋划社会空间优化格局，提出社会结构和人力资源体系优化提升策略，以推动全面、可持续的社会发展和经济繁荣。

作者简介

刘佳燕，清华大学建筑学院。

2 澳门社会人口发展现状与特征

2.1 人口总量持续稳定增长，以机械增长为主

2015 年，澳门总人口规模达到 64.68 万。从增长情况看，近十年增长率主要在 2%～5% 区间波动。2010～2015 年的五年间，年均增长超 2 万人（图 1）。

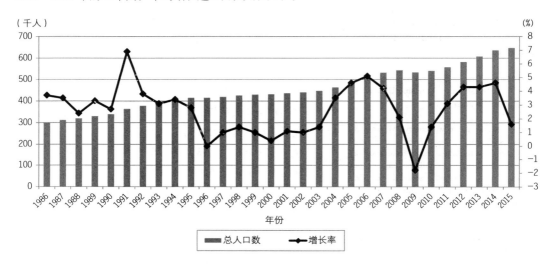

图 1　1986～2015 年澳门人口增长

资料来源：澳门特别行政区政府统计暨普查局网站，http://www.dsec.gov.mo/。

人口自然增长率在 2003～2004 年降至波谷（3.9‰），后稳步上升至 7.9‰（2015）；机械增长率波动较大，最高 53.4‰（1991），最低 –23.8‰（2009），近五年在 8‰～37‰ 波动。在人口增长贡献方面，近五年自然增长人数较稳定，维持在 3 300～5 500 人，机械增长人数在 4 200（2010）～23 000（2013）人区间波动（图 2）。

2.2 人口加速老龄化，社会养老形势严峻

澳门自 1993 年开始步入老龄化社会。之后直到 2011 年的近 20 年间，老年系数一直在 7% 上下浮动。2011 年至今呈现加速增长态势，每年新增约 5 000 人（伴随外来人口迅速增长）。2015 年，65 岁及以上老年人口总数达 5.81 万，占总人口比重为 9.0%（图 3）。

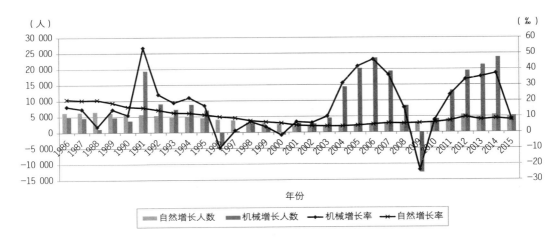

图 2　1986～2015 年澳门人口自然增长和机械增长

资料来源：澳门特别行政区政府统计暨普查局网站，http://www.dsec.gov.mo/。

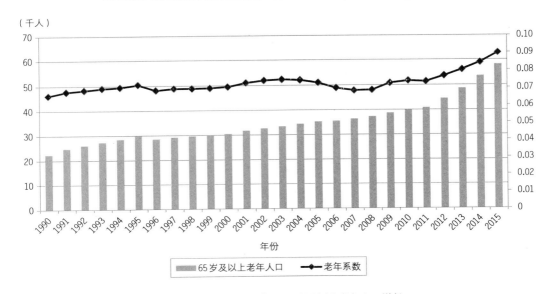

图 3　1990～2015 年澳门 65 岁及以上老年人口增长

资料来源：澳门特别行政区政府统计暨普查局网站，http://www.dsec.gov.mo/。

从人口结构形态看，人口金字塔整体呈现为收缩型。主力人群集中为 20～30 岁和 45～60 岁两个年龄阶段的群体。也就是说，尽管近期澳门人口老龄化情况并不严重，但 2020 年后将陆续新增大量老年人口。从老年人口构成来看，值得注意的是，80 岁及以上高龄老人比重大（图 4）。2011 年，澳门

80 岁及以上高龄老人比重为 1.92%，超过了内地 2014 年的水平（1.87%）。

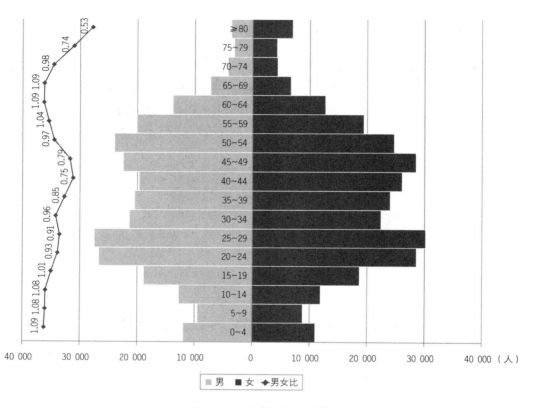

图 4　2011 年澳门人口金字塔

资料来源：澳门特别行政区政府统计暨普查局网站，http://www.dsec.gov.mo/。

总体而言，与内地及香港和台湾地区相比，澳门目前的人口老龄化压力较小，但面临高增速、高龄老人比重大等挑战（图 5）。

在空间分布上，老年人口主要聚集在：黑沙环及佑汉区（占老人总数的 10.5%）、新桥区（8.9%）、下环区（8.0%）、台山区（7.9%）、荷兰园区（7.1%），共计占老人总数的 42.4%（五区总人口数占比 38.5%）。2001～2011 年，老年人口增长集中在：氹仔中心区（+1 320 人）、黑沙环及佑汉区（+1 245 人）、黑沙环新填海区（+998 人）、筷子基区（+816 人）、林茂塘区（+533 人）。主要增长原因在于：氹仔中心区住宅单位多为有电梯的高层大厦，便于老人出行；筷子基区 2008～2009 年有 484 个长者社屋单位落成（澳门特别行政区政府统计暨普查局，2014）。

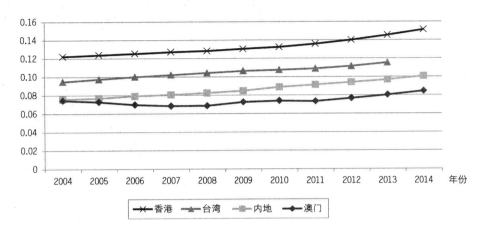

图5　2004～2014年澳门与香港、台湾、内地老龄化系数比较

资料来源：澳门特别行政区政府统计暨普查局网站，http://www.dsec.gov.mo/；中华人民共和国国家统计局网站，http://www.stats.gov.cn/tjsj/；香港特别行政区政府统计处，http://www.censtatd.gov.hk/home.html；台湾统计年鉴2015。

2.3　文娱博彩业为主要就业吸纳点，外来人口集中低端服务业

近年来澳门第三产业呈现快速发展态势，同步带来外来人口的大幅增长。2010～2015年，澳门外地雇员增加5.7万人（图6）。

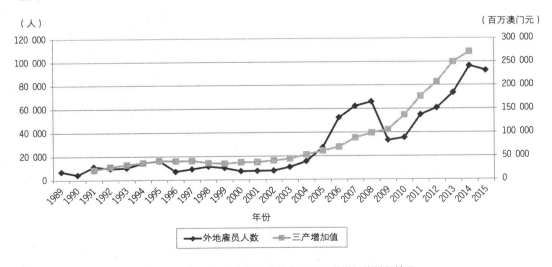

图6　1989～2015年澳门外地雇员和三产增加值增长情况

资料来源：澳门特别行政区政府统计暨普查局网站，http://www.dsec.gov.mo/。

从分行业的就业岗位看，文娱博彩业作为吸纳劳动力最主要行业，就业人口持续增长，2015年达9.42万人，占总就业人口（39.7万）的24%；其次为酒店及饮食业（5.5万，14%）、建筑业（5.5万，14%）、批发及零售业（4.5万，11%）（表1）。

表1 2008～2015年澳门不同行业劳动力就业人口数（千人）

年份	制造业	水电及气体生产供应业	建筑业	批发及零售业	酒店及饮食业	运输、仓储及通信业	金融业	不动产及工商服务业	公共行政及社保事务	教育	医疗卫生及社会福利	文娱博彩及其他服务业	家务工作	其他
1998	41.4	1.3	20.5	32.3	22.6	13.3	5.7	7.9	16.1	6.5	4.0	19.6	4.7	0.6
1999	42.7	1.1	16.2	30.4	21.0	14.5	5.8	9.3	16.3	8.7	5.0	19.3	5.4	0.3
2000	38.0	0.8	16.2	30.1	21.1	14.6	6.9	10.5	16.4	8.0	5.2	21.5	5.3	0.6
2001	44.6	1.0	17.1	30.5	22.7	14.7	6.1	10.8	16.2	8.2	5.1	22.4	4.9	0.7
2002	42.0	1.2	15.3	31.4	23.6	13.1	6.3	11.0	17.4	10.2	4.3	23.5	4.8	0.8
2003	37.7	1.3	16.4	33.2	22.4	14.4	6.3	12.0	18.1	9.8	4.7	23.9	4.3	0.8
2004	36.1	1.1	18.1	35.2	24.1	15.0	6.2	12.6	18.1	10.6	5.0	31.3	5.0	0.8
2005	35.3	1.2	22.9	35.3	24.9	14.8	6.6	14.3	18.8	10.3	5.3	40.8	6.2	0.6
2006	29.4	0.9	30.8	36.4	29.7	16.8	6.9	16.2	20.5	11.3	5.4	52.5	6.6	0.7
2007	20.7	1.2	31.1	39.4	34.0	17.1	8.1	20.1	23.5	12.3	6.3	72.7	6.0	0.4
2008	24.3	0.8	37.6	38.9	40.8	15.6	7.3	23.4	19.4	11.3	6.4	77.4	13.3	0.6
2009	16.4	0.9	31.8	40.8	43.2	16.2	7.3	25.3	19.7	11.8	7.5	73.7	16.0	1.2
2010	15.2	0.9	27.1	41.4	42.8	18.2	7.3	27.5	21.4	11.5	8.1	75.4	17.4	0.7
2011	12.8	1.3	28.2	43.4	46.1	16.0	8.1	28.0	23.0	12.3	8.5	82.0	16.8	1.0
2012	10.3	1.5	32.3	42.3	53.0	16.0	8.2	24.3	25.1	13.1	8.6	89.5	18.0	0.9
2013	9.0	1.5	35.3	44.7	54.3	15.9	9.3	27.6	25.7	14.3	9.1	93.4	20.3	0.6
2014	7.4	1.1	52.5	45.2	54.8	19.2	10.7	30.4	25.5	14.8	10.1	94.0	21.9	0.7
2015	6.9	1.2	54.8	45.0	55.0	17.5	10.8	29.8	29.4	16.6	11.3	94.2	23.6	0.5

资料来源：澳门特别行政区政府统计暨普查局网站，http://www.dsec.gov.mo/。

从本地和外来人口就业的行业分布看，本地人口就业高比重的行业包括：公共行政及社保事务（99%）、金融业（93%）、文娱博彩及其他服务业（92%）、教育（90%）、医疗卫生及社会福利（90%）。外来人口就业高比重的行业主要为：建筑业（59%）、酒店及饮食业（51%）、不动产及工商服务业（35%）。外来人口就业的主要行业包括：建筑业（3.3万，28%）、酒店及饮食业（2.8万，24%）、其他（2.3万，19%）。对比2015年与2008年劳动力分行业就业情况可见，外来劳动力就业增长的主要行业集中在建筑业、酒店及饮食业。

2.4 旅游业迅猛发展，大规模旅客集中涌入带来压力

随着 2002 年博彩业开放，2003 年内地自由行政策，2005 年澳门历史城区被列入联合国教科文组织世界文化遗产名录，近年来澳门跃身成为国际知名的旅游目的地，旅游业迅猛发展。2015 年，澳门入境旅客总数达 3 071.5 万人次（图 7）。

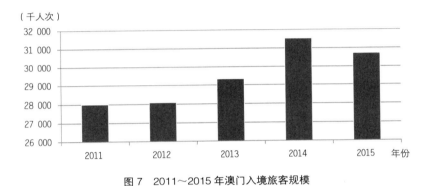

图 7　2011～2015 年澳门入境旅客规模

资料来源：澳门特别行政区政府统计暨普查局网站，http://www.dsec.gov.mo/。

根据 2015 年相关统计数据（澳门特别行政区政府统计暨普查局，2016），澳门旅游业主要客源市场结构稳定，主要包括中国内地（66.5%）、中国香港（21.3%）、中国台湾（3.2%）、韩国（1.8%）。中国内地自 2003 年起取代香港成为澳门的第一大客源市场。内地旅客来源地以广东省为主，占内地总客量的 44.3%。旅客来澳目的以度假为主（57.4%），其次为过境（22.6%）。过夜旅客占旅客总数的 46.6%。旅客平均逗留 1.1 日。

2015 年，旅客总消费 511.3 亿澳门元，人均消费 1 665 澳门元，主要消费内容依次为购物（45.8%）、住宿（25.4%）、餐饮（20.7%）和对外交通（4.5%）。留宿旅客人均消费 2 807 澳门元，不过夜旅客人均消费 668 澳门元。2013、2014 年旅游消费达到近年峰值，2015 年有所下降。考虑旅游物价水平的上涨，近年总体而言旅客人均消费水平无显著变化（澳门特别行政区政府统计暨普查局，2016）（图 8）。

虽然旅游发展带来了国际声誉和经济增长，但旅客量的持续增长，特别是旅游市场"三集中"特点，给城市旅游资源和基础设施带来巨大压力。"三集中"体现为：①客源地集中，中国内地旅客占2/3；②旅游时段集中，内地旅客受制于国家的统一休假安排，形成春节、劳动节和国庆节三个集中的旅游高峰期；③旅游形式和目的地集中，高企的酒店住宿价格和有限的旅游时间使得旅客在澳门的旅游目的地高度集中在大三巴等标志性景区，并以观光为主。此外，内地旅客中近一半来自邻近的广东省，其中相当一部分以即日往返和购买日用品为主要目的，密集人流多出现于周末并集中在新马路的

药房和化妆品店一带。

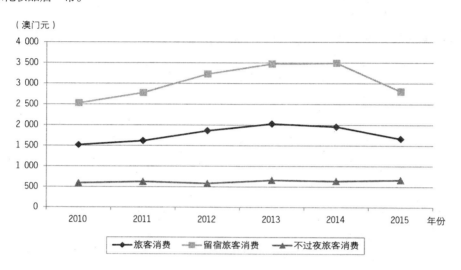

图8　2010～2015年澳门旅客消费情况

资料来源：澳门特别行政区政府统计暨普查局网站，http://www.dsec.gov.mo/。

3　主要趋势判断和发展挑战

3.1　人口增长压力特别是外来人口增长趋势将持续存在

　　基于上述研究，预测未来澳门人口增长趋势将呈现出以下特征：①未来澳门新区建设和产业发展将在相当长的一段时期内带来就业岗位的持续增长；②人口老龄化趋势将进一步加剧本地劳动力供给紧张的局面；③在不改变现有人口流入政策的前提下，大量外来劳动力流入的现象将持续相当长的一段时间。

　　具体而言：①现状博彩酒店用地以占比5%的用地承载了21%的就业人口（博彩及博彩中介业），未来博彩娱乐业进一步扩展，将继续发挥对就业人口的高速拉动效应；②从优化产业结构的角度，澳门需要大力发展休闲旅游、文化创意、会展、商贸流通、金融等产业，而目前的本地人力资源尚难以支撑，需要引入相当规模的优质人才；③大规模新区建设和高端服务业的发展，必将拉动建筑、商贸、生产和生活服务业等中下游产业的快速发展，从本地人口就业意向和就业率来看，这部分就业岗位将主要由外来劳动力补充，必然带来外来人口规模的大幅增长。

　　基于不同预测模型形成人口增长预测方案，通过多方案比较研究，得到高增长、中增长和低增长三个不同情境下的人口预测方案，澳门经济增长和人口等相关政策不发生大幅变化的前提下，对应

2025 年总人口数预测分别为 85 万、80 万和 72 万。

由此将给澳门带来的主要挑战体现在：未来 10 年间，澳门将新增人口 7 万～20 万，其中大部分为外来人口。需要有效引导新增人口特别是外来人口向新区集中，避免进一步加剧老区内业已过高的居住人口密度和城市服务设施负担。长远来看，在保持经济活力的前提下，澳门将不可避免面对大规模外来人口流入和总人口持续增长的状态，预计到 2035 年总人口趋近 80 万～90 万人，即使新城填海区全部实现，平均居住人口密度将达 2.4 万人～2.7 万人/平方千米，为有限的城市用地、生态资源及配套服务设施带来重大挑战。

3.2　人口老龄化压力继续加重，养老服务面临严峻挑战

澳门未来人口年龄结构的发展趋势将呈现以下主要特征：①基于社会转型趋势以及年轻人生活压力，即使政府出台鼓励生育政策，少子化和老龄化趋势将日益显著；②未来高龄老人规模将进一步快速增长，失能、半失能老人护理需求加速凸显；③基于亚洲社会养老传统，养老服务需求将立足社区养老为主要形式。

现状澳门为老服务主要由特区政府定期资助下的民间团体及机构提供，但相对于快速增长的老人数量，养老设施建设和养老服务发展较为滞后。一方面，2011 年，澳门 65 岁及以上的老人在安老院等集体居住单位中居住的仅有 1 369 人（占 3.4%），比 2001 年微增长 2.5%，远低于 26.1% 的老年人口增幅（澳门特别行政区政府统计暨普查局，2014）；另一方面，老年人口对医疗保健的需求快速增长，使用常规卫生护理服务和医院服务的老年人数分别从 2009 年的 8.4 万人次、23.3 万人次上升至 2013 年的 11.0 万人次、30.1 万人次，年均增长率分别为 7.0% 和 6.7%，特别医院服务中急诊求诊人次同期年均增长率 11.7%，都高于同期老年人口的增长速度。此外，目前养老服务主要由老人配偶、子女或家政服务人员提供，专业护理训练相对不足。

由此，澳门人口老龄化带来的主要挑战体现在：①人口老龄化带来对医疗卫生资源和社区养老服务需求的快速增长；②未来高龄老人规模的大幅增长将带来对专业化养老服务的更严峻挑战；③社区配套养老服务和住房适老化建设滞后；④缺乏长期养老战略以及相关配套体系规划支撑。

3.3　人力资源瓶颈日益凸显，产业发展和空间布局缺乏规划引导

从澳门劳动力供给的角度，未来可能呈现的主要趋势包括：①人口老龄化、本地劳动力资源不足、人口素质偏低等问题作为人力资源瓶颈，将成为未来澳门可持续发展和提升城市竞争力的重要限制因素；②博彩业一支独大的局面，将继续在相当长时间内造成本地劳动力就业结构单一、人口素质提升困难的局面；③澳门鼓励中小微企业发展政策也面临人力资源供给门槛。

总体而言，目前澳门就业人口存在总体素质偏低的问题。2015 年，澳门 39.65 万总就业人口中，约 65% 的就业人口集中在中小学的受教育程度（图 9）。

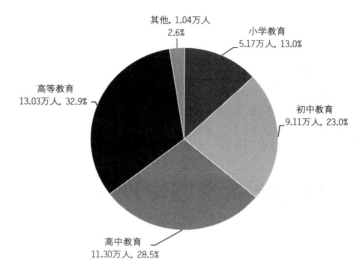

图9　2015年澳门劳动力学历分布

资料来源：澳门特别行政区政府统计暨普查局网站，http://www.dsec.gov.mo/。

由此看来，未来澳门劳动力和人力资源发展的主要挑战体现在以下五点：①庞大的中产阶层是社会和谐稳定的基础。澳门中产阶层目前面临赋税较多、购买力下降、房价高企、竞争力不足、向上流动困难等困境，集中体现出"住房"和"向上流动"两大突出诉求（鄞益奋，2012）。②劳动力的受教育程度和技能相对较低，面对经济结构的转型升级，可能存在难以适应的问题。③博彩业的迅速发展引发诸多社会问题：劳动力市场就业结构严重失衡，青少年教育冲击问题，外劳问题引发社会冲突，社区赌博化问题显现，病态赌徒问题引发社会关注等（林双凤，2012）。④赌场选址缺乏规划引导，在最密集的传统商业区和居民聚集区中发展，导致旅客和本地人、博彩相关产业和传统产业之间的空间竞争与资源竞争程度加剧，地方社区和传统产业受到冲击。居民生活的社区被浓厚的赌博相关娱乐场所氛围包围。⑤一批新型赌场兴起，经营范围日益走向大型和多元化，把饮食、商业零售和娱乐项目都囊括于赌场内发展，使得周边传统中小型商业企业和传统特色商业街巷受到重大冲击。

3.4　旅游人口预计稳定小幅增长，给城市设施带来更大挑战

旅游业未来将成为澳门产业结构转型升级的重要方向，未来澳门旅游人口发展的趋势将主要呈现以下特征：①随着澳门打造世界旅游休闲中心，未来旅游人口预计将持续稳定小幅增长；②目前内地正在研究以带薪假取代黄金周，如果得以实行，旅客出游时间将得到有效分散，能适当缓解过度集中现象；③港澳地区长期作为内地出境游的首选目的地，受益于其邻近内地的地理优势和交通成本优势，加上没有语言障碍。随着内地旅游市场的不断发展，旅客跟团游的主要目的地转向澳洲、日本、东南

亚等地。预计未来赴澳门跟团游的旅客规模和比重将逐步缩小，自由行旅客成为主要来源。

由此带来的主要挑战体现在：①港珠澳大桥通车后，预计将带来更多自由行和非稳定性客流，对城市基础设施尤其是本已拥堵严重的道路交通形成更大冲击；②日益增加的自由行旅客，对于城市公共交通、休闲、餐饮、医疗服务等城市综合服务水平、高品质的城市开放空间，以及多元化的住宿选择等将带来更多更高的要求；③日益增长的旅客规模与有限的旅游资源和城市公共服务承载力之间必然形成显著矛盾，要实现澳门打造世界旅游休闲中心的目标，出台限制旅客规模的政策并非上策，而需要疏堵结合的旅游发展战略指引以及更高的城市管理和服务水平。

4 面向可持续的社会人口发展策略

4.1 有效引导新增人口向新区聚集

在新区规划中应充分考虑新增外来劳动力及其家庭的住房和生活需求特点，有效引导新增居住人口向新区的聚集，缓解老区住房压力，促进新区职住平衡。

结合新区开发建设和产业发展时序，提前应对外来人口增长做好城市建设和配套服务的准备，同时需要考虑新区集中建设期间和前后外来人口规模可能出现的大幅变化，在城市建设和服务供给上注重弹性与灵活性。

4.2 制定长远养老服务及配套规划，以社区养老服务建设为核心

亟须制定长远的养老保障体系规划以及符合老年人需求的医疗和住房体系规划；加大对综合性、老年专科类医院的建设投入；适当增加安老院等养老机构床位设置；以社区养老为核心，大力发展医养康相结合的社区养老服务体系。

考虑当前长者住户（指最少有 1 名 65 岁及以上老年人成员的住户）家庭中，超过 1/3（38%）的住在 8 层以下的低层住宅中，超过一半（54.2%）的住在 1990 年之前建成的住宅楼中，只有 7.8% 的家庭住在 2000 年及以后建成的住宅楼中（澳门特别行政区政府统计暨普查局，2014），应优先关注老年居民比重高、楼龄高且没有电梯等爬楼辅助设备的住宅区，推进老年友好社区建设，开展室内外无障碍设施改造、增设电梯、提供远程医疗服务平台等，结合当地入住社会房屋的老年家庭比重较高的特点，可优先在社会房屋的新建和改造中推广。

未来住房供给中，在现状和未来预计老年人口比重较高的地区，应鼓励适当提高老少混合居住的户型配比，包括多代共居以及在同一楼栋、小区内相邻而居等多种形式。统计数据显示，2011 年长者住户中 31.6% 的家庭是老人只与子女同住，23.9% 的是老人只与配偶同住，21.2% 的是老人与配偶及子女同住，而且这部分比 2001 年比重提升 10.1%，增长幅度最大（澳门特别行政区政府统计暨普查局，

2014）。基于家庭支持的社区养老应成为保证老年人安享晚年、实现积极老龄化和健康老龄化的最重要载体，需要在整体社区环境营造、户型配置、适老化改造、社区医养结合等方面出台一揽子配套政策。

4.3 多渠道优化人力资源，改善社区生活品质

人力资源是保障澳门社会与经济可持续发展最核心的动力源泉。需要以终身学习推进本地劳动力素质结构优化，以完善的社会服务培育和壮大中产阶层群体，保障中低收入群体基本居住需求，以优质环境吸引高水平和专业化劳动力输入，提升社区生活品质。

具体政策建议包括：强化教育体系建设，鼓励社会力量设立职业技术学校，推进专业认证制度，培育葡语等多语人才；完善托幼、教育、文体、休闲等公共服务设施建设，改善居民生活品质，缓解年轻人和中产阶层生活压力，吸引本地人才回流；继续扩大公共住房供应量，以低收入群体住房保障为重点的前提下，适当纳入对住房困难的中低、中等收入群体的住房保障；大力针对性引入优质人才，制定人才居留计划，设立技术移民计分表，提供人才公寓等优惠政策；针对养老等重点社会服务行业发展专业技术培训和外来技工输入政策；利用粤港澳合作平台，促进人力资源合作培养和定向培养；加强对博彩业空间布局和经营类目的发展引导，避免对居民区造成活动干扰、资源竞争和行业冲突。

4.4 提升旅游内容和空间丰度，疏解中心城区客流规模

进一步提升旅游内容和空间的丰度。依托澳门历史城区、氹仔老街区、路环村、黑沙滩等优势资源地段重点发展休闲旅游业，鼓励特色空间环境、非物质文化遗产和深度体验游的整合发展。

拓展多元住宿形式，增进旅客逗留时间。在特色景区适度开放民宿市场，通过完善相关法律规范，鼓励当地民宿市场的规范有序发展，推动平价住宿以提高过夜旅客比重，并促进特色文化体验游的发展。

对澳门历史城区核心地段实行旅游车辆交通管制。围绕大三巴世遗核心区及周边地区划定步行优先区和交通管制区，禁止旅游车辆驶入，在管制区外围设立集中停车点，旅客下车后徒步进区游览。一方面降低旅游车辆对大三巴等核心历史地段的道路交通影响；另一方面通过扩大徒步旅游区范围，适当稀释旅客密度，辐射带动周边地区休闲旅游业的发展。

结合在青洲新开设的通关口岸设立大型综合购物区，针对即日往返以购物为主的内地访客提供一站式消费，缓解这部分客流进入城区的压力。

5 结语

研究基于对澳门近年来社会人口发展特点和趋势的分析，从社会空间、社区服务、人力资源优化

等方面提出面向未来可持续的社会人口发展策略建议。2019 年，中共中央、国务院正式印发《粤港澳大湾区发展规划纲要》，随着粤港澳大湾区建设的推进，澳门作为世界旅游休闲中心以及中国与葡语国家商贸合作服务平台的作用不断强化，给澳门带来的不仅是更加多元、富有活力的经济发展机遇，有助于突破既有空间和人力资源的局限，提供跨区域资源联动发展优势，但同时也带来更多发展挑战。一方面，人口总量和居住密度进一步增长，特别在老城地区，将给极其有限的土地和生态资源带来更大压力，需要积极探索高密度城市化地区高品质人居环境建设路径，应对人口加速老龄化、高龄化趋势和中产阶层培育目标，完善民生保障，提供更高品质的社区服务和生活场所；另一方面，依托国际一流湾区和世界级城市群建设契机，多渠道优化人力资源和城市社会空间结构，以更加包容开放的社会人口发展策略深化面向国际和区域的开放合作机制。

参考文献

[1] 澳门特别行政区政府统计暨普查局. 人口老化的趋势与挑战[M]. 2014.

[2] 澳门特别行政区政府统计暨普查局. 旅游统计 2015[M]. 2016.

[3] 林双凤. 澳门博彩业发展的社会问题分析[J]. 广东社会科学, 2012(2): 213-220.

[4] 柳智毅. 澳门中产阶层的崛起及其面临的挑战[J]. 澳门研究, 2011(3): 69-76.

[5] 吴志良, 郝雨凡, 主编. 澳门蓝皮书: 澳门经济社会发展报告（2013～2014）[M]. 北京: 社会科学文献出版社, 2014.

[6] 吴志良, 郝雨凡, 主编. 澳门蓝皮书: 澳门经济社会发展报告（2014～2015）[M]. 北京: 社会科学文献出版社, 2015.

[7] 鄞益奋. 澳门中产阶层的核心诉求与政策选择. 郝雨凡, 吴志良, 主编. 澳门蓝皮书: 澳门经济社会发展报告（2011～2012）[M]. 北京: 社会科学文献出版社, 2012.

[欢迎引用]

刘佳燕. 面向可持续的澳门社会人口发展战略研究[J]. 城市与区域规划研究·澳门特辑, 2022: 73-85.

LIU J Y. Research on social development strategies of Macao towards sustainability [J]. Journal of Urban and Regional Planning: Special Issue on Macao, 2022: 73-85.

澳门城市空间形态特征与管控策略研究

边兰春　王晓婷　陆　达　陈明玉

Study on Urban Form Charac-teristics and Controlling Strategies in Macao

BIAN Lanchun, WANG Xiaoting, LU Da, CHEN Mingyu
(School of Architecture, Tsinghua University, Beijing 100084，China)

Abstract Experiencing five hundred years' evolution, eastern-western culture collision and integration, specific geographic space condition, urban development in Macao has been characterized by high-density construction and diverse urban forms. As a city with favorable mountain and sea resources, rich cultural heritage, limited urban space, focus on people's livelihood, and refined development, urban form controlling is of great strategic significance to Macao. By reviewing the process and evolution, summarizing the characteristics and causes, analyzing the core problems and challenges of Macao, this paper clarifies urban form controlling principles and developing prospects under the background of Guangdong-Hong Kong-Macao Greater Bay Area, as well as proposing controlling strategies and supporting mechanisms in the realm of urban design.
Keywords urban design; urban form; controlling strategy; Macao

摘　要　经历了近 500 年的发展历程，澳门在中西方文化碰撞交织融合和特殊地理空间限定条件下，形成了极具代表性的高密度建设形态和多元化城市形态特征。对于山海资源优越、文化底蕴深厚、空间规模有限、注重民生民愿、以精致发展为目标的澳门而言，城市空间形态的管控对于城市发展有着举足轻重的战略意义。文章通过梳理城市空间的历史与形态演变历程，总结澳门城市空间形态特征与成因，分析现状空间形态的核心问题与现实挑战，明确粤港澳大湾区背景下澳门城市空间形态管控的原则与发展愿景，提出基于城市设计层面的城市空间形态管控策略与机制保障建议。

关键词　城市设计；空间形态；管控策略；澳门

　　澳门三面临海，北侧半岛与珠海接壤，土地资源有限，陆地面积仅 32.8 平方千米[①]。截至 2019 年 6 月，澳门总人口 67.2 万人，人均土地面积 48.81 平方米[②]，是中国人口密度和建设密度最高的城市之一。自明嘉靖三十二年（1553）葡萄牙人取得合法居住权直至澳门回归（1999），葡萄牙殖民文化与中国本土文化既对峙又交织，形成了澳门独特的城市空间形态与景观风貌，以及多元的文化传统、和谐的社会氛围，这些已经成为澳门独有的城市名片。2005 年澳门历史城区被联合国教科文组织世界遗产委员会正式列入《世界文化遗产名录》[③]，世界遗产委员会对澳门历史城区的评价是"见证了西方宗教文化在中国以至远东地区的发展，也见证了向西方传播中国民间宗教的历史渊源"，

作者简介
边兰春、王晓婷、陆达、陈明玉，清华大学建筑学院。

"是中国现存最古老的西式建筑遗产，是东西方建筑艺术的综合体现"。对于山海资源优越、文化底蕴深厚、空间规模有限、注重民生民愿、以精致发展作为目标的澳门而言，城市空间形态的管控对于城市发展有着举足轻重的战略意义。

1 澳门城市空间演变历程与空间形态特征

1.1 以山海为边界的城市空间格局生长逻辑清晰

依山傍海的自然资源，形成了澳门"山—海—城"的基础空间序列。葡萄牙人在 1553 年取得了澳门的居住权后，随着往来贸易的发达，澳门从一个小渔村逐渐发展成为一个繁荣的港城，作为当时的实际统治者，葡萄牙人在城市建设中一方面以葡萄牙的城市作为蓝本，一方面从澳门自身的资源特点出发，在综合考虑了防御、宗教、贸易、交通等因素的情况下，形成了澳门早期"背山面水"的城市空间格局。

在随后五百多年城市发展过程中，不断增加的空间需求与有限的土地资源产生较大矛盾，在当时的社会条件和技术条件下，填海拓地成为增加城市空间的最佳选择。澳门半岛的正式填海开始于 1863 年，1866～1938 年先后进行了三次大规模的填海拓地工程，包括北湾和浅湾填海、内港填海、新口岸和南湾填海。20 世纪 70 年代后，由于经济的快速发展和城市建设用地拓展的需求激增，澳门半岛继续向南、向东填海扩张，向北与珠海陆地逐渐相连，形成了如今的海岸线。总体来看，澳门半岛的海岸线变迁主要是向东、西两个方向拓展的（童乔慧，2005）。冰仔和路环的填海造地工程起步较晚。20 世纪初，冰仔和路环还是两个分开的小岛；70 年代后期，冰仔岛和路环岛分别向南、向北发展；90 年代，为了满足机场的建设需求，在冰仔东侧继续填海形成空港，冰仔岛和路环岛之间由于泥沙淤积和人工填海修建道路，逐渐有连接成片的趋势；2007 年之后，随着博彩业的发展对城市空间产生巨大需求，澳门政府继续对冰仔和路环之间的海域进行大规模的填海造地，形成了路冰新城。2009 年 11 月 29 日，国务院批准澳门未来填海造地 3.6 平方千米的新城区，分为 A、B、C、D、E 五个部分[④]，分别位于澳门半岛的东侧、南侧以及冰仔岛的北侧地区，目前正在分期填海建设中。澳门填海扩地的发展模式和城市边界演变过程，清晰地呈现了从"三岛时代"到"两城时代"的空间生长逻辑，这也是澳门未来进行空间拓展的脉络和根基。

1.2 以三岛为特色的城市分区景观体系层次分明

澳门半岛的城市景观体系结构是"点轴式"的发展模式。花王堂、大堂、风顺堂、望德堂四个堂区和妈阁村一个华人村落是澳门半岛发展早期的主要居民点，这些居民点与连接其间的主要道路"果栏街—板樟堂街—风顺堂街—高楼街—妈阁街"形成了澳门半岛"Y"字形空间骨架（郑剑艺等，2015），而内港作为贸易港口分布着市集和海关，南湾地区因承担防御职能分布着炮台和差衙。

路凼离岛呈现"三段式"景观体系骨架。凼仔岛和路环岛在离岛时期常住人口较少，岛上以自然的丘陵地貌为主，局部有少量的渔村和集镇。葡萄牙人在大潭山西南脚定居后，形成了凼仔的早期城市居民点，随着填海造地的进程，凼仔逐渐形成了大、小潭山环绕居民点的空间布局。在路凼新城填海建设之后，凼仔和路环连接成为一个完整的岛屿，但由于自然要素和建设程度的不同，凼仔、路环以及路凼新城呈现出时代特点分明的"三段式"景观体系结构：凼仔呈现综合性城市组团的形态，路环相对保留了生态低密度聚落的特征，而路凼新城则是以博彩业为主导的独立城市功能区。

1.3 以前地为代表的小型公共空间体系使用便利

澳门的传统公共空间在澳门半岛的风顺堂区和望德堂区比较密集，除了山体公园之外，其公共空间系统通过主要街道进行串联，分布形态与"Y"字形景观体系骨架基本吻合。其代表性的公共空间形态为以尺度亲切宜人为特点的"前地"和"花园"，尽显中葡交融的城市文化特色，公共空间内的设施设置和绿化配置满足市民的活动需求，公共空间的使用效率很高。"前地"是澳门特有的一种公共空间类型，在历史城区分布众多，来源于16世纪中叶葡萄牙人于澳门广泛建设的教学前空地。"前地"历史悠久，平面形状不规则，多以葡萄牙风格为主，四周均有建筑物围合。相对于现代意义上的广场，"前地"的面积较小、尺度宜人。澳门具有代表性的"前地"包括：议事亭前地、板樟堂前地、岗顶前地、亚婆井前地等。澳门半岛的城市公园也称为"花园"，其风格多样，既有加思栏等欧式花园，也有华士古达伽马等中式花园，还有纪念孙中山市政公园等现代公园，多为尺度宜人的小型街心公园。

1.4 以堂区为单元的城市空间组织模式尺度宜人

"堂区"是目前澳门城区以宗教组织为基础的行政划分单位，同时也是城市空间组织与城市生活组织的基本单元，从葡萄牙人统治时期一直沿用至今，在澳门城市空间的形成与发展中起到至关重要的作用。堂区的空间组织方式呈现出以主教堂及前地为核心、公共建筑围绕、外围居住区呈放射状布局的模式。以主教堂与前地为圆心，堂区的边界一般控制在500～1 000米的半径距离之内，符合城市形成早期以步行为主要交通方式的适宜空间尺度。

作为空间组织与城市生活组织的基本单元，澳门的七个堂区都是相对独立和完整的，每个堂区都凝聚着具有代表性的山、海等生态资源以及宗教、历史等城市文化资源（表 1）。堂区充分体现了澳门城市空间组团文化多元、功能混合、生活丰富的特征。

表 1　澳门堂区山海生态资源与城市文化资源

序号	名称	山海生态资源	城市文化资源
1	花王堂区	白鸽巢公园、内港	大三巴、炮台等
2	望德堂区	东望洋山	疯堂斜街
3	风顺堂区	西望洋山、西湾湖	妈阁庙
4	大堂区	南湾湖、外港	议事亭前地
5	花地玛堂区	望厦山、青洲山、内港	圣母堂、普济禅院
6	嘉模堂区	大潭山、小潭山	龙环葡韵、官也街
7	圣方济各堂区	炮台山、塔石塘山等	天后宫

1.5　以紧凑为特征的城市空间建设形态纵向发展

澳门城市中的建筑群体随时代的变迁呈现出各具特色的空间形态。历史城区部分呈现以教堂和前地为中心，以"里"和"围"作为空间基本单元的有机生长模式；内港区域呈现沿海岸线平行布局的建筑群体形式；澳门半岛的填海区呈现方格网状的空间结构和回字形、塔楼式的典型现代建筑群体形态；氹仔的居住区沿海岸线或山体呈现紧凑连续的塔楼组合形式；路环的传统居住社区和聚落呈现依地势形态散点布局的有机空间形态；而路氹新城则以大体量且相对独立的综合体建筑的形式为主。通过对不同区域的城市肌理和建筑群体空间模式进行分析，澳门半岛的建筑群体具有完整围合街区空间的共同特征，拥有内向型的社区空间和外向型的公共界面；氹仔地区则出现相对独立、成规模的城市社区形态；路环地区基本保持了原生的低密度住区空间肌理。

从空间形态上来看，澳门建筑高度逐步增加，20 世纪 90 年代后呈现沿海成片、内陆散点突变趋势。澳门早期城市建筑以多层为主，城市整体的高度形态比较平缓。20 世纪 70 年代之后，随着建筑技术的发展和对城市空间需求的增加，澳门新建设的建筑高度不断提升，但由于发展时序的不同，不同区域的空间表现形式也不尽相同。澳门半岛总体呈现出以老城为中心，向外高度递增的圈层结构，而老城区中部分更新改造后的建筑高度明显高于周边，显得非常突兀。氹仔的开发和建设起步较晚，除了官也街附近的葡人社区建筑高度较低外，其他地区基本都是 90 年代后建设的，建筑以高层为主，沿海岸线成片状空间布局。路氹新城是澳门最新的建设区，新建的建筑群均为体量较大的高层建筑。路环地区由于城市发展和更新改造的力度较小，因此仍然保留了不少低密度传统住区，建筑以低层和多层为主，整体的空间形态比较舒缓。

2 澳门城市空间形态的现状核心问题与现实挑战

2.1 突出的人地发展矛盾对"山—海—城"特色空间格局提出挑战

澳门城市空间结构的矛盾根源是居高不下的人口总量与有限的城市空间之间的矛盾。截至 2018 年的统计数据表明[5]，澳门总人口密度达到 2.0 万人/平方千米，居住功能集中的澳门半岛的人口密度达到 5.65 万人/平方千米，对城市的和谐宜居目标提出挑战。

2014 年《城市规划法》生效实施前，澳门在城市管理上缺乏对城市土地及空间使用的统一规划，城市发展边界不明确，对建设用地的范围限定不清晰。城市开发对城市空间产生的巨大需求使得建设区不断向自然山体及海域蔓延，虽然在短时间内解决了空间上的矛盾，但是失控的上山填海行为逐渐模糊了原本清晰的"山—海—城"空间序列，对澳门原本良好的生态资源造成了蚕食与破坏，而且牺牲大量的生态空间与宜居环境来缓解局部矛盾的做法，并不能从根本上扭转城市建设用地短缺。

2.2 快速的城市建设对传统城市景观体系具有较强的破坏效应

澳门半岛在早期城市发展过程中，保持着良好的城市景观体系，以望厦山、东望洋山和西望洋山等自然山体为代表的至高点与位于城市中心的大三巴牌坊之间形成相互眺望关系。但是近年来的快速城市建设缺乏对传统城市景观体系的保护意识，建筑高度不断突破原有的空间形态结构且缺少有效的分区管控，导致大三巴与望厦山、大三巴与西望洋山、西望洋山与东望洋山之间的景观视廊被高层建筑遮挡，对传统城市景观体系具有较强破坏效应。以主教山为例，历史上可见较开阔的主教山教堂标志性眺望效果，如今已经被沿山而建的建筑遮挡；几十年前从主教山能够俯瞰整个南湾并直接眺望东望洋山，但随着南湾地区的填海造地及高强度的开发建设，主教山与东望洋山之间的视廊已被完全遮挡（图 1、图 2）。

图 1　主教山传统（左）与现状（右）视廊效果对比

资料来源：华声论坛。

图 2　主教山眺望南湾传统（左）与现代（右）视廊效果对比

资料来源：左图澳门驻京办/eMacao；右图自摄。

　　在传统景观眺望系统遭到破坏的同时，新的城市眺望系统并没有形成，眺望景观空间层次单一，效果不佳。在高层建筑林立的澳门半岛，目前只有单一的澳门电视塔可以作为城市公共景观眺望点，没有其他的眺望点可以与之相呼应。在凼仔，原本可与澳门半岛隔海相望的大、小潭山眺望点，如今也被沿海而建的高层建筑所遮挡。在路凼新城，位于金光大道上的超大体量酒店建筑更是阻断了凼仔与路环之间的视线联系，城市中缺少了互联互通的整体景观眺望系统。

2.3　覆盖不均衡的小型公共空间系统无法满足过载的使用需求

　　澳门的公共空间数量较少，公共空间分布也不均衡。澳门半岛地区主要的公共空间类型为广场及公园，集中分布在世界文化遗产区范围内。路凼离岛地区主要公共空间类型为山体及湿地等生态空间，成片状布局，城市内部缺少成系统的公共空间。

　　澳门每年入境旅客人数较多[②]，在旅游旺季，居民的日常生活与游人的观光旅游交织在一起，有限的公共空间无法满足双重使用需求。尤其在游客非常集中的重要旅游景点，原生型的小尺度公共空间与街道在市民和游客的双重使用下呈现出容量过载的状态。

　　澳门本身具有较长的海岸线和良好的滨水空间资源，但是在城市的早期建设中，对滨水空间的利用方式主要以港口运输和渔业生产为主，现状沿滨水岸线建设了大量私有化建筑，削弱了海岸线优美景观的感知性，阻碍了滨水空间的可达性，良好的滨水空间与景观资源没有得到充分的利用。

2.4　新区逐渐丧失人性化城市空间尺度与多元混合城市单元特色

　　在澳门填海造地的城市建设过程中，虽然堂区作为行政划分的基本单位被保留了下来，但以堂区为基本空间单元的步行适宜、多元混合的城市组团空间特色却没有得到延续。如今以风顺堂区、望德堂区和花王堂区为代表的老城区主体部分仍然是以"教堂—前地"作为中心进行空间布局，具有舒适宜人的空间尺度。而 20 世纪 90 年代建设的花地玛堂区和大堂区的城市街区则呈现出明显的方格网状结构，建筑通常填满整个街区，建设尺度远远大于原有堂区的传统建筑体量，部分居住区呈"回"字形空间结构，街区整体的步行适宜度和功能混合度都明显降低。近年正在建设的路氹新城，呼应博彩业为主导的功能定位，其建筑多为风格特异的巨型体量综合体建筑。机动车的普及和大尺度建筑群的建设，使澳门在快速的城市发展中逐渐失去了人性化的城市空间尺度与多元混合的城市单元特色。

2.5　近期建设高度密度失控导致空间形态失序与宜居品质下滑

对于新建设建筑的高度和城市天际线缺乏统筹控制，使得澳门新时期的城市建设高度逐渐失序。从主教山眺望澳门半岛，多层建筑密集成片，中高层建筑形态各异，彼此之间没有形成呼应关系，对远景的山体眺望视线形成遮挡。澳门半岛南侧的滨水地带以近年来建设的新建筑为主，永利、美高梅、新葡京等商业建筑体量较大，建筑形态强调个性的彰显，导致滨水一侧的超高层建筑连接成片，与周围的多层建筑群缺乏形态上的过渡。氹仔北侧的滨水地带超高层居住区林立，外立面单调、高度一致的塔楼建筑包裹在山体外围，导致整体天际线平直，缺乏节奏感。从珠海一侧眺望澳门的城市形态，建筑高度、体量对比突兀，自然生态山体轮廓线隐藏在建设密度很大的建筑群中，城市整体空间形态拥挤且缺乏秩序感。

随着澳门居住需求总量的不断攀升，许多新区的建设同时出现了建筑层数高、密度高、容积率高的现象，而开放空间比例降低甚至没有开放空间。这些社区不仅存在通风不利、采光不佳、缺乏视觉隐私、空间对住户产生很大心理压迫等诸问题，在建筑群体形态上也出现高楼林立、密不透风等不佳的城市景观形象，如澳门半岛港区、佑汉居住区、氹仔北部局部地区等。机械的城市空间增长模式不利于良好的城市空间尺度和居住环境品质形成。

3　澳门城市空间形态管控原则与愿景

3.1　城市空间发展格局

在新时代发展背景下，澳门为了积极融入国家"一带一路"建设，参与"粤港澳大湾区建设"，促进经济适度多元，进一步明确"一中心、一平台、一基地"的城市发展定位，即世界休闲旅游中心、中国和葡语国家商贸合作服务平台、中华文化为主流的多元文化交流基地。

在现状城市功能组团布局与空间资源特征的基础上，未来的澳门将形成"北历史—中博彩—南生态"的空间发展格局。澳门半岛以历史名胜古迹为主，依托历史城区，发展文化旅游；路氹填海区集中建设大量酒店与娱乐设施，是澳门博彩娱乐产业的空间载体；路环岛拥有丰富的山地与岸线资源，是澳门重要的生态保育空间与生态旅游休闲窗口。

3.2　城市空间形态管控原则

澳门具有生态自然资源优越、社会环境氛围和谐、城市空间条件有限、城市景观风貌多元等诸多特点，澳门的城市空间形态管控应遵循"生态优先""人文关怀""风貌和谐""活力共享"的基本原则。

（1）生态优先：将城市生态格局的整体保护与生态资源的有效利用放在城市发展的首位，正确处理人口增长、经济发展、城市建设、生态资源保护与可持续利用之间的相互关系。

（2）人文关怀：着力改善澳门空间环境过密、公共空间蚕食、慢行出行不便、公共配套不足等与市民的生活密切相关的城市问题，充分体现人文关怀，实现美好幸福的城市生活图景。

（3）风貌和谐：保护各类文化遗产，重视对城市风貌的整体保护、控制和引导，以地域特色文化脉络为主线，呈现各时期城市建设的时代印记，同时注重城市风貌的整体和谐。

（4）活力共享：借助粤港澳大湾区发展的背景条件，秉承共建共享的理念，在国际合作、区域合作、功能与空间混合利用等方面做出积极的探索，建立多元包容、活力共享的空间利用体系，确保城市的健康可持续发展。

3.3　城市空间形态发展愿景

结合山水资源条件、历史文化特色与城市空间特征，澳门应在全球化的浪潮下坚守城市自身的地域和文化特色，以"国际化、多元性、紧凑型的滨水休闲城市"作为未来的城市空间形态发展愿景，展现"望山、亲海、品城"的和谐城市风貌。

（1）山水与城市共生：充分利用优越的山水资源条件，强调滨水城市、岛屿城市的空间特点，体现山水与城市交融共生的空间格局特色。

（2）东方与西方交织：充分挖掘中华文化与西方文明互动交流、多元共存的文化底蕴，延续并强化东西方文化交织共生的独特城市风貌。

（3）历史与现代并存：保护好不同时期的澳门历史断面，重视城市更新工作和新区建设的风貌控制与引导，延续并强化历史与现代和谐并存的特色城市景观。

（4）紧凑与宜居兼顾：注重探索对有限城市土地和空间的高效集约利用，同时追求高品质的城市空间质量，实现紧凑与宜居兼顾的城市生活愿景。

4   澳门城市空间形态管控策略

4.1   优化城市空间资源，探索粤港澳大湾区深度合作

以区域整体利益和城市长远利益作为出发点，澳门城市空间发展应同时注重自身空间资源优化和区域城市合作深化。一方面，对现有的土地资源与城市空间进行合理的优化，保护生态资源和山海城的空间格局，优先提升体现公共利益的城市空间的环境品质，限制蔓延式的城市建设用地发展方式；另一方面，积极参与粤港澳大湾区建设，正视区域合作，在促进共荣的基础上探索双赢的澳珠合作模式，充分利用与横琴岛的相邻区位优势、便捷交通联系和丰富土地资源，拓展澳门的城市发展空间。此外，应该扩大发展视野，发展适宜的海上经济产业，充分利用国务院批复给澳门管辖的 85 平方千米水域范围[⑦]，拓展城市空间架构，实现生态品质良好且符合城市发展需求的空间格局。在现有澳门半岛与路冰离岛的"两城"格局基础上，拓展一个规模适中的新离岛，形成功能定位分工互补、空间形态疏密有致的"新三岛"格局。从功能定位上，澳门半岛承担文化旅游功能，路冰离岛承担休闲产业功能，拓展出的规划新城将承担航空、港口经济和商贸会展的功能。从空间形态上，澳门半岛和冰仔地区将呈现紧凑集约的大都市形象，路环地区则呈现出生态舒缓的空间形象，规划新城在高度和建设强度上应呈现适度紧凑的都市功能形象，避免高强度开发模式。新的空间格局能够有效保护半岛历史文化资源和宜居城市生活环境，提升路冰离岛作为城市生态绿心的空间战略地位，规划新城为空港和会展等新经济产业提供发展空间，为"一中心、一平台、一基地"的发展定位提供空间支撑。

4.2   保护山水资源环境，划定合理的城市发展边界

强化对山水资源环境的保护，对已经产生负面影响的生态空间进行有效的保护和修复。参照《澳门环境保护规划（2010～2020）》的综合环境分区管理要求[⑧]，对重要的山体、水域划定具体的生态控制线，严格限制建设行为，对已经遭到破坏的山体应进行必要的生态修复。澳门的山体在城市的整体结构中起着至关重要的作用，是城市长久发展的根基。同时对滨海岸线形态、使用功能和利用方式进行分类控制，将岸线分为人工岸线、自然岸线、待开发岸线等，针对不同类型的岸线提出不同的保护与开发控制要求。对澳门半岛的内港岸线、路环西部的生活岸线及竹湾、黑沙滩的自然岸线进行重点保护及提升。

4.3   保护历史景观视廊，塑造多样化城市眺望系统

在保护传统历史景观体系的基础上，澳门应逐渐建立符合新时代城市建设高度的新景观眺望系统，按照"城市—区域"分级构建，将自然的山体、水体和人工眺望平台等不同形式的景观节点融入景观体系中，强化景观节点之间的景观视廊，塑造城市的整体景观形象。

保护重要的历史景观节点与传统景观视廊，对视廊范围内的建设加以控制，如大三巴牌坊、炮台、龙环葡韵和南湾湖等重要历史眺望节点，"西望洋山—炮台—东望洋山"等重要传统视廊。控制景观视廊范围内的新建建筑高度，对于已建成的产生破坏效应的建筑，在未来的城市更新改造中进行适当的降层处理。

保护并利用现有山体资源，构建山体眺望点，形成以东望洋山、西望洋山、小潭山、大潭山、塔石塘山、望厦山等山体为主的眺望点布局，作为区域级别眺望系统的核心，控制山体周边的建设高度。同时配合澳门电视塔等超高层建筑，形成"望厦山—澳门塔—小潭山—观光平台—塔石塘山"的城市级别景观视廊体系。

4.4 倡导复合共享模式，构建多元性公共空间网络

通过梳理开敞型空间、增加滨水型空间、共享商业型空间、利用交通型空间、提升社区型空间的方式，建立由公园绿地、"前地"广场、林荫街道、开放公共设施等多种要素共同组成的澳门公共空间网络，把空间转化为文化场所，注重公共空间可持续性活力，保持多样和弹性的共享使用方式，并在多元开发模式下确保公众受益。

借鉴巴塞罗那"针灸疗法"⑨、香港"旧区活化"⑩等城市公共空间改造的成功经验，老城区公共空间系统应"强调点状布局为主、空间尺度相对较小、承载多元复合功能、具有文化场所精神"，采用散点式打造具有场所精神的复合型公共空间，充分利用现有的传统公共空间，通过功能置换和更新改造等方式增加部分小微公共空间，并强调各处公共空间之间的相互联系。在世界文化遗产区及其周边地区，保护原有的街道肌理和城市公共空间的尺度，延续亲切精致的特色。在旅游景点集中的地带，采用设置专用步行街和控制合理交通流线的方式，对有限的城市空间进行有序的利用。在现状建设完成的区域中，利用有限的空间资源，采用微缩化的城市设计策略，充分利用街头空地、公共建筑底层等空间，通过置换、插入、填充、局部加减或者改造等方式进行公共空间增设，鼓励小型空间的公共化利用，提升公共空间在城市肌理中的密度。

新城区建设空间资源相对较多，借鉴曼哈顿岛"BIGU"、香港"西九龙"等滨水公共空间项目的成功经验，公共空间系统应"强调线性连续贯通、空间尺度相对较大、绿化成片树荫较多、朝向滨水方向开敞"，采用绿化量较大的连贯性公共空间，并强调滨水地区的可达性，在滨海地区塑造空间相对开阔、景观形象优美、形态连贯完整的公共空间系统，容纳市民的游憩、健身和交往等需求，并强调滨水景观向内陆地区的渗透。选择有条件的地区，预留为游客和市民举办大型活动使用的公共空间，满足集会、观演、展览等功能需求，室内外场所兼具，其空间尺度应与使用功能相匹配。

4.5 注重步行空间尺度，延续混合性城市空间单元

以堂区为基本单元的空间组织模式对于澳门来说不仅是历史的选择，在倡导宜居生活的今天仍有

着重要的现实意义。澳门应在堂区基本单元的宜居空间模式基础上，发展以慢行交通活动范围为基础的多元混合空间组织模式。对堂区空间单元模式进行总结，以主要道路、自然山体和海岸线为边界，在空间上主要由三个圈层组成：第一圈层以主教堂和前地等重要的宗教、文化建筑；第二圈层主要集中布局教育、医疗、商业服务等承载城市区域级公共职能的重要建筑，建筑群之间以街头绿地和公园进行连接；第三圈层是居住空间，居住空间的底层安排为社区服务的公共服务设施，由此形成高度混合的城市空间利用模式（图3）。"堂区"单元的尺度占地50~80公顷，每个城市单元可以服务2万~3万人口。

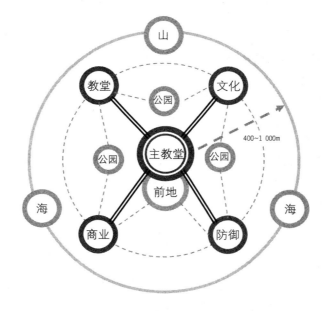

图3 堂区基本空间单元模式

充分挖掘澳门街道空间，进行混合功能改造，塑造生机勃勃的步行文化，创造具有城市效益的公共文化空间。结合老城区道路空间的实际情况，贯通步行空间的系统和网络。根据道路周边用地性质、旅游景点密集程度、公共空间的分布情况，结合不同的功能主题，分类设置遗迹、滨海、商业等步行专用道。在世界遗产区等旅游集中地区，开展交通分类管制规划，根据道路自身的等级和宽度条件，有条件的道路设置为"公交+步行"或"步行+特色游览车"专用道路等形式，满足实际使用需求。以增近邻里交流、加强安全感、引入多元功能为原则，对澳门街道进行局部的改造。结合街道交通管制，释放一部分街边停车位，提供为居民服务的小型休憩场所。在举办节庆活动时，通过临时性封闭局部道路的措施，为举办庆典提供室外场所与空间。关闭一部分通行量较小的尽端道路的交通功能，形成口袋公园。为人车混行的道路，提供绿色便捷的人行专用道。在必要的地段设置车辆通行的障碍物，以降低机动车行驶速度，提升人车共享道路的安全性。高效的利用道路分隔带，形成城市中、滨水区的线性公园。将街道与绿化、商业、休憩等功能结合在一起，赋予街道更多的市民活动，激发城市的空间效益，增添城市的活力。

4.6 控制建设高度密度，形成和谐有序的空间形态

综合考虑澳门的空间形态现状，对城市建设进行高度分区、分段管控。保持老城多层和谐的建筑高度，新城采用适中紧凑的原则，对城市高点进行集中布局，形成区域高度协调的空间形态。具体的空间管控建议包括：老城区新建及改造建筑需与所在地区已有建筑的主导高度保持协调，原则上不高于周边建筑 1/3 以上；城市超高层建筑布局集中控制在澳门半岛南部及路氹新城等特定区域范围内；山前建筑建设高度不超过山体总高度的 1/2；滨水地区建筑高度保持从低层多层逐步向高层的过渡；重要街道两侧的建筑高度进行统一控制，具体参照街道宽度、主导功能、景观可视面积、人的心理感受等要素综合确定；注重反应城市建设与自然山体的呼应关系，高低起伏的特色丘陵的地貌应成为澳门城市中贯穿历史不变的延续性景观；重点控制滨海天际线，强化前景多层、高层和超高层建筑的序列与背景山体生态空间的关系，形成具有澳门地域特色和文化内涵的滨海城市空间形象。

着力保护澳门城市肌理，延续各时期建设区建筑群体不同的空间模式与空间特色，以改善居住环境、提升居住品质为目标，科学合理的优化建筑群体形态。多层区主要分布在澳门老城区，应保持街区围合界面的完整性，延续内院式的邻里空间特色；增强街道与内庭院的关联，鼓励街区内的绿地通过景观视廊向街道渗透；通过不同高度建筑的错落组合形式，使各部分建筑得到更好的自然采光与街道景观；在尊重居民意愿的前提下，通过老城区人口的适度疏解，降低多层居住区的建筑密度；增加公共空间面积，提升公共空间利用效率。高层区主要分布在澳门半岛北部、南部以及氹仔地区，应延续开放社区的特色，延续社区共享的理念；以高低建筑组合的模式取代单调的整齐划一塔楼模式，避免高层连续分布的"街墙式"城市景观形象；关注高层建筑裙房在近人尺度的建筑细部处理，鼓励底层架空，设置柱廊或者骑楼，起到遮阳防晒的作用，同时也为行人提供更丰富的公共空间。山前区主要分布在澳门半岛的主要山体周边以及路环地区，应以生态保护为前提，顺应地形地貌进行建筑群落的布局；保持低密度居住社区和聚落的自然生长肌理，并保持小尺度建筑群落的特色，保持区域自然景观与城市建成区相生相融的特色。

5 澳门城市空间形态管控机制保障

建议澳门的城市规划与管理在注重对单个建设项目规划审批控制的基础上，强化对城市空间与城市风貌的整体管控。加快对整体城市空间格局、景观风貌体系、公共空间系统、建筑风貌管控等重要专题的研究，从不同维度提出城市规划管控的基本原则、设计框架及实施对策，同时制定分区层面城

市设计导则，让城市建设管理既能在宏观层面控制格局与体系，又能在分区层面指导具体建设项目的设计与实施。

结合澳门特区现行的建设项目规划审批流程，增设立足特区和街区视角的城市设计审批环节。在特区城市管理相关部门中，设立城市设计审查委员会，建立定性与定量相结合的评价体系和评价标准，重点审查公共空间开放、服务设施配套、建筑形态呈现、步行系统流线、绿化景观效果等社会公益性内容是否达标，为城市更新优化和具体建设项目的审批决策提供科学的依据。

注重市民在城市空间中的体验，创造良好的宜人生活环境，推动公众广泛参与城市整体、局部、细部的规划实施。充分发挥澳门全社会的力量参与到对城市空间的规划和决策过程中去。充分发动规划建设相关政府部门、行业从业人员、科研院校、专家学者、社会团体和普通市民的积极性，通过有效的制度建设，搭建讨论城市发展的沟通平台，使不同专业背景的市民共同参与城市规划建设管理，增强城市规划设计的公益性、普惠性和可行性。

注释

① 数据包含 2009 年 11 月 29 日国务院批准澳门填海造地 3.6 平方千米的新城区。

② 数据来源于澳门特别行政区统计暨普查局网站。

③ 澳门历史城区或澳门历史古城区（旧称澳门历史建筑群），是由 22 座位于澳门半岛的建筑物和相邻的 8 块前地组成，以旧城区为核心的历史街区。澳门历史城区在第 29 届联合国教科文组织世界遗产委员会 2005 年 7 月 15 日的会议上，获得 21 个成员国全体一致通过，中国"澳门历史城区"被正式列入《世界文化遗产名录》，为中国第 31 处世界文化遗产。

④ 资料来源于澳门土地公务运输局《澳门新城区总体规划》。

⑤ 同②。

⑥ 2018 年澳门全年入境旅客为 3 580 万人次，数据来源于澳门特别行政区统计暨普查局网站。

⑦ 2014 年 12 月 19 日，国家主席习近平在澳门特别行政区出席澳门回归祖国十五周年庆典时宣布，中央将在 2015 年启动并完成明确澳门特别行政区习惯水域管理范围的相关工作。2015 年 12 月 16 日，国务院常务会议审议通过了新的《中华人民共和国澳门特别行政区行政区域图（草案）》，明确澳门水域和陆地界线，澳门特别行政区管理海域从澳门陆地向东、南方向划定，面积为 85 平方千米。

⑧ 2012 年 9 月 7 日，澳门环境保护局发布《澳门环境保护规划（2010～2020）》将城市用地分成了四大类综合环境分区：水塘、湖泊、山体和世界文化遗产区划定为环境严格保护区；新填海区、氹仔、路氹新城和路环区域划分为环境引导开发一类地区；澳门半岛区域划分为环境引导开发二类区域；澳门机场、临海工业区、九澳电厂和水泥厂以及油库划分为环境优化控制区，并分别制定了管理策略，但是没有明确空间边界和控制方法。

⑨ "二战"以后弗朗哥的独裁统治时期，巴塞罗那采用工业化重生产轻生活的发展方式，加上移民的涌入，造就了贫民窟和大量的高密度低收入人群的居住区。从 20 世纪 70 年代后期到 80 年代初，城市政府为了解决城市问题推动了名为"针灸疗法"的城市改造运动，通过局部公共空间的改造，引入国际上各雕塑艺术家与建筑师合作修建艺术化的广场和小游园，提高周边社区对自身所在区域的认同感，进而使得居民愿意而且主动参与到自己的居住建筑的修缮以及立面整治中来。这个运动因地制宜地创造了约 450 个中小型的公共空间，遍布城市

　　各个社区。

⑩ 旧区活化是香港对旧区改造的政策思路，借着重建、修复和保护古迹等方式，重新规划和重整旧市区，改善市区的生活质量，使其焕然一新。20 世纪 50 年代，香港就开始较大规模的旧城改造。目前，香港政府在旧区活化方面积累了丰富的经验，制定了日益完善的法规政策，确保旧区活化的有序开展。

参考文献

[1] PANNELL C W, LOUGHLIN P H. Macao's role as a recreation/tourist center in the Pearl River Delta city-region[J]. Urban Geography, 2015, 36(6): 883-904.

[2] 澳门发展与合作基金会. 21 世纪澳门城市规划纲要研究[R]. 1999.

[3] 澳门特别行政区政府政策研究室. 澳门特别行政区城市发展策略(2016-2030)[R]. 2016.

[4] 澳门土地公务运输局. 澳门新城区总体规划[R]. 2015.

[5] 陈泽成. 从澳门城市建筑看中西文化交融[D]. 厦门: 厦门大学, 2002.

[6] 林洁贞. 澳门街道名探析[D]. 广州: 暨南大学, 2002.

[7] 清华大学建筑学院. 城市设计专题——望山、亲海、品城的和谐家园. 澳门特别行政区城市发展策略研究专题报告[R]. 2016.

[8] 童乔慧. 澳门城市环境与文脉研究[D]. 南京: 东南大学, 2005.

[9] 王维仁. 澳门历史街区城市肌理研究——触媒空间"围"的建筑勘查与工作坊[J]. 世界建筑, 2009, 12: 112-117.

[10] 武昕, 刘晶. 殖民规划下的城市巷弄空间——以澳门、上海、青岛为例[J]. 西部人居环境学刊, 2014, 2: 37-46.

[11] 薛凤旋. 澳门五百年[M]. 香港: 三联书店(香港)有限公司, 2012.

[12] 严忠明. 一个双核三社区模式的城市发展史[D]. 广州: 暨南大学, 2005.

[13] 袁壮兵. 澳门城市空间形态演变及其影响因素分析[J]. 城市规划, 2011, 35(9): 26-32.

[14] 郑剑艺, 费迎庆, 刘塨. 澳门望德堂塔石片区点轴式城市更新[J]. 规划师, 2015, 31(5): 66-72.

[欢迎引用]

边兰春, 王晓婷, 陆达, 等. 澳门城市空间形态特征与管控策略研究[J]. 城市与区域规划研究·澳门特辑, 2022: 86-99.

BIAN L C, WANG X T, LU D, et al. Study on urban form characteristics and controlling strategies in Macao [J]. Journal of Urban and Regional Planning: Special Issue on Macao, 2022: 86-99.

高密度居住与澳门发展对策研究

王 英 蒋依凡 曹 蕾

High-Density Living and Development Strategies of Macao

WANG Ying[1], JIANG Yifan[2], CAO Lei[3]
(1. School of Architecture, Tsinghua University, Beijing 100084, China; 2. Beijing Jianyigaoneng Institute of Architecture Design and Research, Beijing 100044, China; 3. China Academy of Urban Planning and Design, Beijing 100044, China)

Abstract The conflict between urban area expansion and limited land resources is becoming more severe with the continuous growth of urban population. High density of construction and compact development are not only optional choices for future cities, but also have been practiced by many cities throughout the history. This paper elucidates the concept of residential density, and then examines the evaluation methods of residential density as well as high-density living. Macao is one of the cities that bear the highest population density, which leads to its dense construction. With a brief review of the history of housing and urban development in Macao, this paper establishes a thorough understanding for its high-density living morphology, and then proposes strategies with the reference to housing solutions from other metropolises.

Keywords Macao; high-density living; density evaluation

摘 要 伴随城市人口持续增长，城市规模扩展与有限用地之间的矛盾日益突出，高密度和紧凑发展不仅是未来城市发展的一种选择，而且已经是很多城市历史和现实中的经验与存在。作为全球人口密度最高的城市之一，高密度建设是澳门解决居住和发展空间的现实选择。文章回顾澳门住宅发展历程、分析住房供给模式以及城市发展的空间分布，充分认识澳门高密度居住空间形态特征，并在借鉴其他城市住房发展和建设经验的基础上，对澳门高密度居住提出发展对策。

关键词 澳门；高密度居住；密度测度

伴随现代城市发展与人口增长，有限的土地资源成为影响城市空间发展的主要因素，越来越多的城市选择高密度的空间形态。伦敦、巴黎等欧洲城市，采用多层高密度的建造方式提高城市中心的密度，维持核心区的人口密度与城市活力；纽约、洛杉矶等美国城市，以高层高密度的市中心为核心，通过交通网络塑造大都市地区（韩靖北，2017）；在人口密度更大、建设用地更紧张的东京、新加坡、香港等亚洲大都市，通过高层高密度住宅建设来缓解城市住房短缺问题是一种普遍的选择。

作者简介

王英，清华大学建筑学院；
蒋依凡，北京建谊高能建筑设计研究院有限公司；
曹蕾，中国城市规划设计研究院。

1 密度与高密度居住

1.1 密度：城市空间品质可测度指标之一

密度所体现的是城市中人、建筑物和活动在某一空间范围的集中程度。对居住密度的关注可以追溯到 19 世纪英国花园城市运动和德国的早期现代主义。工业革命导致城市急剧膨胀，有限的城市空间聚集着大量的劳工、贫民窟、工厂作坊。高密度是混乱、肮脏、拥挤不堪等城市环境的代名词，与疾病、剥削和犯罪联系在一起。分散的城市和低密度成为相对应的解决策略，随后产生花园城市理论及其后续实践，以及欧美城市的郊区化。

密度是城市空间品质综合评价指标之一，也是一个多维度的指标，既有针对城市人口的密度指标，也有针对城市空间的物理密度和感知密度。人的密度是城乡规划关注的重点，关乎土地资源有效利用与否以及人居环境舒适与否，是城市活力的重要指标之一。衡量人的密度指标包括居住密度、就业密度、活动密度等。物理密度是一定地域空间范围内与物质空间相关的、可测度的指标，包括建筑密度、套密度等客观、定量的空间指标，体现城市空间使用的效率。感知密度是与人的知觉相关的，是人使用城市空间过程中由个体对特定空间中人的数量、可获得的有用空间以及空间组织结构的知觉和判断（Ng，2009），反映的是人与城市空间的互动。

对于城市空间的物理密度，建筑是被重点测评的要素，建筑高度和基底占地面积是一个地区环境和形态的重要影响因素，也是城市物理密度的核心指标，是进行规划建设管控的重要内容之一。常用指标是建筑场地覆盖率和建筑面积比率，即容积率（FAR）。建筑覆盖率与容积率，通过建筑高度相互关联，与建筑形态、城市空间形态密切关联，与空间感知、建设成本和投资回报、城市系统的利润和总负荷等也密切相关。

庞特和豪普特（Pont and Haupt，2004）在其论著《空间伴侣：城市密度的空间逻辑》（*Spacemate: the Spatial Logic of Urban Density*）中指出，密度是综合测度和评价城市形态、居住环境以及城市化程度的复合型指标，与建筑容积率、建筑覆盖率、开放空间率和建筑高度等建筑要素有关。通过定量获取的物理空间密度在一定程度上能够体现城市环境特征和空间状态，辅以影响人行为活动的感知，就形成了对环境的密度舒适度判断。心理学家拉波波特（Rapoport，1975）认为城市环境因素对人们感知密度的影响十分重要。

城市空间物理密度与人口密度有一定相关性。利用美国麻省理工学院 Density Atlas 课题组积累的上百个全球典型住区的案例数据，分析容积率、套密度、人口密度等指标关系，可以发现：住区的容积率和套密度两个指标在容积率 0.5～3 具备正相关性，而当容积率大于 5 时数据离散程度较大，此时受到住宅套型规划和设计的影响，可能会出现容积率高而套密度较低或者套密度较高而容积率并未相应增加的情况（图 1）。

密度关系（容积率 0~18）

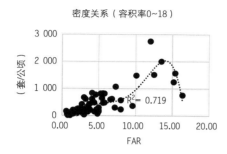

密度关系（容积率 0.5~3）

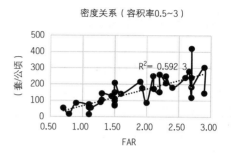

图 1　容积率（FAR）与套密度的关系

资料来源：根据 Density Atlas 课题组数据整理绘制。

容积率、套密度、人口密度都是衡量城市居住密度的指标，由于大城市绝大多数的居住街坊和居住片区的容积率在 0.5~3 范围内，容积率和套密度指标均可以较为客观地测度城市的居住密度。因此，很多城市采用建筑容积率或套密度等指标来衡量居住密度。例如，纽约、伦敦、新加坡等大城市在规划中根据自身特征建立了从低到高的居住用地密度分类标准，对不同类型的居住用地分别进行控制和引导。

另外，空间舒适与否较之空间物理密度高低，对评价环境品质更有影响。个体与环境的互动，包括对环境色彩、亮度、室内家具和城市街道家具等要素，都会对空间密度与拥挤的感知有所影响。因此，在缓解物理高密度环境与其带给人的不舒适感的关联中，空间的围合度、空间的复杂性以及空间的活跃度等都是十分重要的感知评价指标，能更综合地体现密度的舒适与否。

1.2　高密度居住：大城市的现实选择

荷兰建筑师库哈斯曾经在《癫狂的纽约》中用曼哈顿的高度集聚状态来阐述"拥挤文化"。在雅各布斯和库哈斯眼里，拥挤的城市环境造就了城市的丰富性与多样性，纽约城市的生气与活力主要源自它的"拥挤"。在"拥挤文化"的概念中，拥挤的不仅是高层高密度建筑形态的表达，而且还是最好的"社会聚合器"，它将不同甚至完全相反的生活方式层叠起来，形成独特的大城市"拥挤文化"。

人因为喜欢集聚而来到城市，城市因为人的集聚而丰富和不断扩张。伴随城市人口的持续增长，城市化水平不断提升，城市规模扩展与有限用地之间的矛盾日益突出，从未来可持续发展目标以及全球环境、资源约束为出发点，密集紧凑的城市形态与发展模式受到越来越多领域和范围的认同。对于人口基数大、耕地有限的亚洲国家和城市以及纽约、伦敦等欧美大城市，高密度和紧凑发展不仅是未来城市发展的一种选择，而且已经是历史和现实的经验与存在。

如前所述，容积率、套密度、人口密度是评价和管控密度的重要指标，每个城市根据各自的情况，在进行居住密度的评价和管控时所采用的指标以及具体标准数值是有所差别的。纽约、新加坡、香港等国际大城市在评价和进行建设管控时多以容积率为指标（表 1）。其中，纽约的区划条例①将五种居住用地（R6、R7、R8、R9、R10）定义为高密度居住用地，并将高密度居住用地的容积率建设管控在2.2～10.0。新加坡的住房规划中，将容积率在2.1～2.8的高密度居住用地和容积率在2.8以上的超高密度居住用地列为高密度居住用地，并对其用地规模和建设进行管控。在香港，中密度区域是指容积率不超过6.0的地区，而高密度区域则是指容积率在6.0～10.0的地区。英国伦敦及美国迈阿密、波士顿等城市则以套密度指标为依据进行密度管控。伦敦中心区套密度为140～405套/公顷的地区为高密度地区[②]；迈阿密则是将居住密度达到150～312套/公顷的居住用地定义为高密度居住区。

表1 部分大城市高密度居住标准

城市	高密度标准	
	容积率	套密度（套/公顷）
纽约（美国）	2.2～10.0	—
新加坡	>2.8	—
香港（中国）	6.0～10.0	—
伦敦（英国）	—	140～405
迈阿密（美国）	—	150～312

资料来源：根据各城市规划文件整理。

高密度居住区以及高密度建设区用地在总用地中的比例，对城市空间形态和空间品质有着重要影响。为合理引导高密度的建设，缓解因高密度居住而带来的一系列问题，国际大城市对高密度建设区域也进行一定的规模管控和比例管控。像伦敦、巴黎、柏林等欧洲城市，高密度建设区域被规划管控约束在城市总用地的10%左右，且疏密关系非常明确，高密度居住的区域大多出现在城市核心区，承担着更为多元的城市功能，比如伦敦的中央活动区（CAZ）以及柏林内城区域（inner-city area）。亚洲城市中，香港以超高居住密度闻名，高密度居住用地面积超过城市总居住用地的60%（表2）。

表2 部分大城市居住用地比例及高密度居住用地比例

城市	居住用地占比	其中高密度居住用地占比
香港	6%	60%
新加坡	60%	50%
纽约	60%	39%
东京	—	26%
柏林	—	10%
伦敦	—	8%
迈阿密	40%	5%

资料来源：根据各城市规划图纸整理。

针对高密度居住的现实，不同城市也采用了一系列措施来缓解高密度带来的紧张感和不舒适。例如，香港在有限的空间内，规划留有大量禁止建设的生态空间，城市建成区面积仅占辖区面积的 20% 左右，因此高密度居住的不舒适性能够通过开放的生态空间得到一定程度的缓解（图 2）。此外，香港按照住宅发展密度进行分区管控并且按照人口分布提供相应的生活配套公共设施，对缓解高密度给人带来的不舒适感有一定所用。香港为保留 76% 的生态保育空间，全港用于住宅开发用地仅占总用地的 6%。住宅发展按不同区域类型分为：都会区、新市镇区（不包括荃湾）、乡郊地区三类；每个区域内按住宅建设密度再进行分区设定。每个分区内，除了控制最高居住用地比例外，还依据人口分布提供相应的公共设施，从而通过对住宅建设总量、分区的控制规划，来实现总体人口的布局。

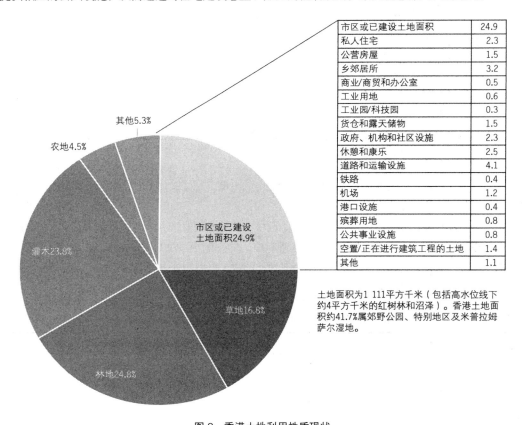

市区或已建设土地面积	24.9
私人住宅	2.3
公营房屋	1.5
乡郊居所	3.2
商业/商贸和办公室	0.5
工业用地	0.6
工业园/科技园	0.3
货仓和露天储物	1.5
政府、机构和社区设施	2.3
休憩和康乐	2.5
道路和运输设施	4.1
铁路	0.4
机场	1.2
港口设施	0.4
殡葬用地	0.8
公共事业设施	0.8
空置/正在进行建筑工程的土地	1.4
其他	1.1

土地面积为 1 111 平方千米（包括高水位线下约 4 平方千米的红树林和沼泽）。香港土地面积约 41.7% 属郊野公园、特别地区及米普拉姆萨尔湿地。

其他5.3%
农地4.5%
市区或已建设
土地面积24.9%
灌木23.8%
草地16.8%
林地24.8%

图 2 香港土地利用性质现状

资料来源：香港特别行政区政府规划署。

成功应对高密度居住的另一案例是新加坡。新加坡政府在过去 30 年建造高层高密度组屋住宅的过程中，以建设高层高密度的组屋区为发展策略，以新市镇为代表，逐步实现套型规模的合理化、多样化并逐步完善公共服务配套设施。新加坡政府最早提出的新市镇建设居住净密度为 200～500 户/公顷以及以一室、二室居住套型为主，后来逐步从单一的小户型组合转变为多样化户型的组合，对大面积户型单元的包容性越来越大；同时，在组屋住区中，住宅用地比例也在逐步减少，以增加服务设施的配套标准。

由此可见，不同城市对高密度的界定不同，在应对高密度所带来问题方面也有不同的探索。其中，合理进行建设密度判断，对住房供给、居住公共服务和公共空间、合理密度分区等都是进行供给引导和管控的重要手段。

2 澳门住房建设及高密度居住现状

澳门特区是世界上人口密度最高的地区之一，全域平均人口密度超过 2 万人/平方千米，在密度最高的澳门半岛局部地区甚至达到 15 万人/平方千米。高密度建设是土地资源极为有限的澳门解决居住和发展空间的现实选择。

2.1 澳门住房发展历程

由于澳门在 20 世纪中期及以前人口数量较少，社会整体经济实力薄弱，房屋建设缓慢，土地开发较分散，房屋建造规模十分有限，主要是一些私人拥有土地的业主建造一些 3～5 层的楼宇自住。20世纪 70 年代后，伴随移居澳门新移民的增加，房屋建设需求也有很大程度的扩大。但受限于当时开发建设的资本条件和技术条件，建设施工、建筑材料及消防设备等较为落后，提供的住房以五层高的多层建筑为主，这种以低容积率、较高建筑密度的居住空间形态在相当长的时间都是澳门半岛旧区的基本空间模式。目前半岛的花王堂、望德堂以及风顺堂等堂区仍保留有大片这样的住宅建筑和聚落空间形态，其中楼龄超过 30 年的建筑超过 4 000 栋[③]，建筑虽经过加固但质量仍然缺乏保障。

进入 20 世纪 80 年代，伴随澳门人口数量的急剧增长，对房屋需求量快速增长，澳门房地产业进入黄金发展阶段。自 1980 年以来，澳门房屋建设发展大致可分为四个阶段[④]：

（1）第一阶段（20 世纪 80 年代初期及中期）。由于大批移民涌入澳门，这一时期住房仍处于严重短缺时间，约有一成人口居住在临时房屋中，全澳有 27%的家庭与其他家庭共用一个住宅单位，房屋需求快速增加。

（2）第二阶段（1987～1998 年）。澳门房屋建造的高峰时期，由于回归的确定增加了投资信心，私人投资与政府投资兴建住宅都有很大增加，在这 12 年内建造的房屋占自 1980 年以来建成建筑总量的 52%，其中私人房屋的建成量是公共房屋的 4～5 倍。政府投资兴建了一定数量的社屋和经屋，为过去从事渔业、居住在简陋水屋逐步到陆上的人群提供结构、材料、防火设施及卫生条件等方面都有很大程度改进的保障性住房。在这一时期澳门的住房短缺问题得到很大程度的改善，同时由于大量集中投放市场也造成住房空置率提升，到 1996 年澳门住房空置率高达 23%，建造业和其他行业都受到一定影响。为此政府于 1996 年 8 月出台《四厘利息补贴》，鼓励住房消费与置业移民，并暂停公共房屋建设。

（3）第三阶段（1999~2005 年）。澳门总体住房供应放缓期。据相关统计数据显示，1998 年后住房供应量锐减至每年 100 栋以下，2000 年后楼宇建成数量仅占总量的 16%，然而伴随着 2002 年博彩专营权的放开，澳门经济快速增长，投资需求增长迅猛，房屋市场出现转机，新开发住宅转向高端豪宅市场，澳门政府于 2002 年 7 月起停止了《四厘利息补贴》的鼓励政策，历经近六年的消化期，至 2005 年全澳总体住房空置率逐步下降至 7%。

（4）第四阶段（2006 年至今）。澳门住房结构性调控期。近十几年，澳门住房总体空置率一直维持在 6%~9%，每年竣工楼宇数量平均在 2 600 个单位左右。继 2007 年 4 月政府紧急叫停置业移民计划后，澳门政府接连出台房产调控政策抑制炒楼，并相继推出公屋建设保障措施，将原有的"三四五六"公屋政策（即三年 4 000 套，五年 6 000 套）扩大至 1.9 万个公屋单位。"万九公屋计划"于 2011 年全线动工，截至 2012 年 6 月，"万九"公屋已建成 3 843 套，在建 19 260 套，据项目配售数据，厘定出 10 000 多套属社会房屋，9 196 套为经济房屋。2012 年年底，启动"后万九公屋计划"以确保公共房屋的持续供应。

从存量住宅的建设年份可以看出，1980 年至澳门回归，建成楼宇套均建筑面积均在 60~120 平方米，但自 2000 年以后，套均建筑面积持续增至 150~591 平方米，2000 年以前建成楼宇在 60~120 平方米的单位数占建成总量的 84%，2000 年以后仅占 16%（表 3）。

表 3　澳门历年建成楼宇

年份	建成房屋		建成套均建筑面积
	年建成住宅套数（套）	年建成住宅建筑面积（m²）	（m²/套）
1980~1984	3 390	367 029	108
1985~1989	8 918	741 126	83
1990~1994	12 244	1 216 707	99
1995~1999	9 821	1 183 464	121
2000~2004	1 765	267 064	151
2005~2009	2 156	1 116 889	518
2010~2014	2 558	1 000 863	391
2015 年至今	4 364	2 577 817	591

资料来源：整理自澳门特别行政区政府统计暨普查局数据库。

2.2 澳门住房概况

从澳门住房存量总量和家庭人口的关系看，依据 2015 年澳门统计年鉴数据显示，澳门人口总量为 64.68 万人，户均人口约 3.36 人，居住总户数近 20 万。考虑空置率因素，澳门实际户均住宅套数为 1.05 套，略高于内地城市的平均水平。澳门人均居住建筑面积约 24 平方米，与内地城镇居民人均居住面积 32.7 平方米相比，存在一定差距，但与北京、上海、香港等特大城市相比，人均居住面积基本处于同等水平[⑤]。

澳门的住房供给结构上看，澳门住房建设供给主要有两大构成：其一是市场供给，即私人房屋；其二为政府供给，即公共房屋（简称"公屋"）。公屋又由社会房屋（简称"社屋"）和经济房屋（简称"经屋"）两部分组成[⑥]。其中，社会房屋由政府或开发商兴建，建成后交回政府并以低廉租金租予低收入或有特殊困难的家庭租住。经济房屋由特区政府负责建造，是"协助特定收入及财产水平的澳门永久居民解决住房问题、促进符合澳门永久居民实际需要和购买力的房屋"，两类公共房屋是澳门特区政府的住房保障政策产物，旨在针对私人市场房屋价格迅速增长、部分居民置业困难的情况，实现"居有其所，安居乐业"政策目标，对私人房屋市场起着补充性作用。在存量住宅中，私人房屋占比接近八成，公共房屋占比超过两成，其中经济房屋占比 16%，社会房屋占比约 6%（图 3）。经过历年政府的不断努力，公屋供应比例在近年得以有较大提升（图 4）。

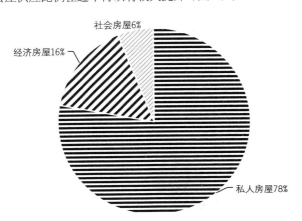

图 3　澳门存量住宅中私人房屋及公共房屋供应结构关系

资料来源：澳门特别行政区政府统计暨普查局网站。

澳门住房市场相对健康，各类型住房总量基本满足现有需求，但从建成年代特征上看，为了满足 2000 年后旺盛的投资需求，2000～2015 年澳门住房市场的供应主力以大户型为主，从供给结构上，需要进一步考虑中小户型的新建与改善需求。值得肯定的是，公共房屋比重逐年上升（图 4），但户型供给结构已面临调整，住房市场存在代际结构性改善需求强烈。

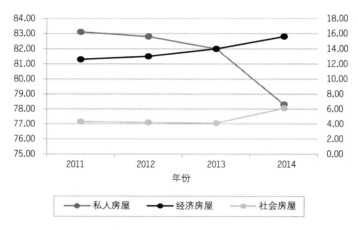

图 4　澳门存量住房公共房屋及私人房屋所占比重变化趋势

资料来源：澳门特别行政区政府统计暨普查局网站。

2.3　澳门住房空间分布特征

澳门由澳门半岛、氹仔岛及路环岛三部分组成，其中澳门半岛 9.3 平方千米，约占澳门陆地总面积的 30%，氹仔岛、路环岛以及路环与氹仔之间填海而成的路氹城占据了剩余的 70%。从澳门的存量住宅空间分布看，澳门半岛的住宅单位约为 17 万套，在过去的近五年中，约占澳门存量住房总量的 80%，氹仔住宅单位超过 3 万套，占比约为 15%，路环不足 1.5 万套，与用地不相上下的半岛相比，不足其 1/10（图 5）。用地和存量住房套数的占比差，反映了澳门半岛承载了澳门大部分居住职能，且居住人口和居住密度都远远超过其他地区。

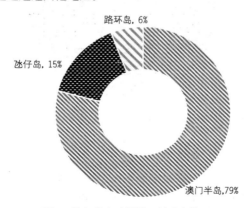

图 5　澳门住宅建设按区域分布情况

资料来源：澳门特别行政区政府统计暨普查局网站，2015 年统计数据。

澳门的住宅建设空间形态与建成年代密切相关。澳门半岛南部住宅建成年代以 1912 年以前为主，多以低层高密度的欧式街区式住宅为主；澳门半岛北部靠近拱北口岸的区域住宅建设时期以 20 世纪 80 年代和 90 年代为主，多为中高层集合式住宅，建设密度和建设容量都较高；路环、氹仔的住宅建设以 90 年代以后为主，多以高层、超高层住宅为主，且建设容量高；路环最南部沿海地区以低层山体别墅为主。

澳门住房建设随着城市扩张、新填海区的出现而不断扩展，受地理因素及社会发展阶段不同影响，澳门半岛历史悠久，社会发展及配套服务成熟，对人口聚集作用显著，也导致澳门人口分布、城市建设等呈现南北发展不均衡的现状。

2.4 澳门高密度居住特征

澳门人口总量约为 65 万，平均人口密度约 2.1 万人/平方千米，这在以城市辖区为单位的统计比较中，是全球人口密度最稠密的城市之一，仅次于印度的孟买和加尔各答。在澳门有限的居住用地中，人口密度超过 4 万人/平方千米的用地比例超过 85%，并且除路环山间小住宅之外的居住用地上，建设容积率大多在 2.0～8.5。无论从澳门的人口密度，还是高密度居住用地占比、居住建设容积率等指标上，必须承认：高密度是澳门城市的重要空间形态，高密度居住已经成为澳门的主要社会空间特征。具体表现如下：

（1）澳门居住空间十分有限。在澳门历史的很长时间，特区辖区用地十分有限。同时受到生态保护、文遗保护、景观以及重大基础设施等限制因素的影响，用于城市建设的空间、发展居住的空间更为有限；此外，尽管在过去十年内澳门居住用地有少量增加，截至目前澳门的居住用地以及商业和居住混合用地的总量约为 3 平方千米，约占澳门总地的 1/10，低于国际绝大多数城市的居住用地占比，仅略高于香港，居住空间十分有限（表 4）。

表 4　澳门按分类统计的土地分布

土地分类	面积（km²）	比重
商住及住宅用地	2.70	9.25%
商业用地	0.18	0.62%
工业用地	0.85	2.91%
机关及公共设施用地	1.83	6.27%
教育用地	0.54	1.85%
停车及对外交通	2.03	6.95%
旅游及体育用地	3.15	10.79%
水体	1.15	3.94%

续表

土地分类	面积（km²）	比重
绿地及山体	5.41	18.53%
其他用地	7.37	25.24%
道路	3.99	13.66%
总计	29.20	100.00%

资料来源：根据澳门特别行政区地图绘制暨地籍局资料绘制（其他用地包括正在建设中的土地、未利用地及坟场）。

（2）澳门人口南北区域分布极不均衡。澳门半岛人口分布相对集中，居住密度高，人口密度达到 5.59 万人/平方千米，在 23 个人口统计区中，有五个区人口密度超过 10 万人/平方千米，最高的统计区域为黑沙环及佑汉区，人口密度达到 14.86 万人/平方千米，澳门最南端路环岛则仅有 0.26 万人/平方千米（图 6）。由于社会经济发展以及城市服务配套的不均衡，造成澳门包括就业、配套、环境等因素在各区域发展条件不同，人口集聚的发展前景仍然存在较大差异，人口密度仍然会呈现逐年升高的态势，且南北人口集聚差异的空间格局短期内难以改变。

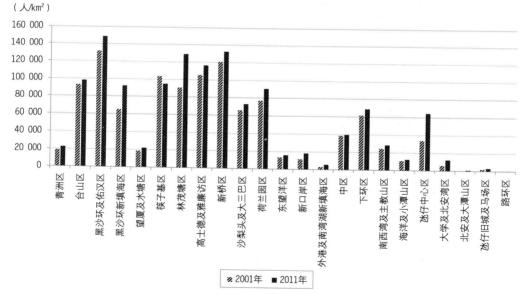

图 6　2001 年、2011 年澳门人口密度

资料来源：根据澳门特别行政区政府统计暨普查局统计数据绘制。

（3）澳门居住环境品质差异大，并且与居住建筑建成年代、区位条件、供给方式等高度相关。20 世纪 80 年代之后，澳门兴建的住宅建筑以高层为主，建设规模大，建设强度高，在澳门半岛的新口岸、黑沙湾、马场、筷子基、台山等地区形成了建筑密度高区域，也存在人口密集度大、识别性弱、社区亲切感低等问题。随着 80 年代之后住宅市场的繁荣，私人投资集中在土地区位价值高的地段，城市中心区的拥挤进一步加剧，旧城区住房改建向更高高度、更高密度发展，日照及通风条件差强人意，形成典型的"屏风楼"（图 7），对海风遮挡严重。此外，绿化率低、室外活动空间有限、空气及噪声污染等导致生活环境品质下降。

图 7　佑汉区海天居社区

（4）氹仔和路环成规模的住宅开发主要集中在 20 世纪 90 年代和 21 世纪初，逐步形成了一批以海洋花园、南新花园、濠景花园、花城等为代表的大型居住区，这里交通较为封闭，公共文化活动设施和商业配套设施因社区不同而存在较大差异。一般商品住区区位条件好、绿化景观较好，设施完备，大多采取封闭管理，对高收入人群有一定的吸引力（图 8）；而政府出资兴建的公共房屋，在建造标准、户型及套内面积、建筑材料、建筑设备、配套设施、室外环境等方面，以及医疗、教育等居住配套服务方面都存在很多问题（图 9）。

（5）与居住相关的配套服务和设施缺口较大。澳门居住配套服务水准与人口容量高密度的现实情况存在差距，包括教育、医疗、体育、出行、休闲活动在内的居住配套服务设施的建设规模不足及配置标准偏低，与高密度居住环境相关的主要问题包括：幼儿园、中小学数量及规模配置标准低，医疗服务、老年中心等设施服务不足，住区环境和住宅建筑设施缺乏适老性，社区开敞绿色公共活动空间配套不足，社区文化体育娱乐便民服务设施不足，消防安全存在隐患、噪声卫生条件堪忧等。以绿化环境为例，澳门城市绿化覆盖率和绿化活动场地与国内部分城市相比，存在很大差距（表 5）。

图8 金峰南岸社区

图9 石排湾社会房屋

表 5　澳门与部分城市绿化覆盖率比较

城市	绿化覆盖率	资料年份	资料来源
北京	45.6%	2011	国家统计局网站
上海	38.15%	2011	国家统计局网站
深圳	45.0%	2011	国家统计局网站
香港	70.0%	2011	http://www.greening.hk/
澳门	27.4%	2013	澳门统计暨普查局

3　澳门高密度居住发展对策

　　澳门半岛人口过于集中、整体城市人口密度偏高，澳门的高密度居住在一定时期内是无法改变的现实，并且已经成为澳门的重要空间特征。针对高密度居住带来的一系列问题，有不少研究者提出过解决思路，包括合理的布局以充分利用日光；在有限的用地中优化外部空间联系（张乐天，2015）；合理配给基础设施（贾倍思，2017）；营建形式多样、更具城市生活多样性的城市垂直综合体（吴昊琪，2014）等，也有很多大都市解决高密度居住问题有一些探索和实践。

　　结合澳门住房建设和居住发展的诸多影响因素，如历史文化遗产保护、生态保育空间与城市建设用地平衡、旧城改造与填海新城的建设协调等，借鉴香港、新加坡等城市的经验，在有限土地和发展空间的条件下，立足澳门高密度居住的路径选择，为实现更有品质的居住环境、更有魅力的人文栖居场所的目标，探索优化居住环境的对策。

3.1　策略 1：拓展居住空间，适度疏解高密度区

　　在澳门选择对海洋生态环境不造成消极影响的合适位置，适度填海造地，拓展发展空间；同时探索与珠海合作，在内地拓展发展空间的可能性，拓展 10～15 平方千米的发展用地，提供未来发展弹性空间，在新增用地上提高住宅用地比例，使居住用地占比从目前的 10%提高到 20%左右。

　　部分地区延续高密度的居住空间特色和空间形态，以尊重居民意愿为前提，对密度过高地区进行适度疏解；通过对外疏解与向新城迁移，实现澳门半岛的人口总量下降 2.5 万人，人口密度下降 10%；逐步建立覆盖全澳门的居住密度分区，服务未来合理的城市建设管理；构建居民步行可达的公共空间体系，提升公共空间品质，提升社区活力及归属感。

3.2　策略 2：优化住房供给结构，提供多样化户型及环境

　　借鉴新加坡经验，结合澳门人口发展特征和产业发展目标，优化住房供给结构，提升公共住房比

例，使公共住房比例从目前的 22% 提升到 25%～30%，其中租赁型社会住房达到 10%，以此实现对住房市场的调节。

在优化住房供给结构的基础上，通过居住形态的多元化来促进居住人群的多元化，缓解高密度居住的紧张感。具体措施包括：①提供多种户型，核心家庭住房、单身住房、适老化住房等，鼓励不同背景、家庭、年龄结构的居民共同居住在同一邻里；②增加租住房比例，保持人群动态变化，促进人口多元化趋势；③鼓励多元化人口聚集，通过收入转移等政府政策，降低部分城市住区过高的经济门坎，实现不同收入人群在一定范围的混居。

3.3 策略 3：提升居住配套服务和环境景观的公共化及多样化

公共化及多样化是城市活力和环境品质的保证。结合住区的微更新和改造，逐步优化既有居住的配套服务，提升配套设施和公共环境等资源的公共化属性，即让更多的市民能够享用公共环境和配套设施，同时兼顾其综合利用，既满足服务居住社区，又兼顾市场盈利，同时为未来发展提供一定弹性。具体包括：针对老龄化社会的需求，遵循"活力长者""原居养老"的发展理念，完善 250 米社区服务半径内增加适老设施系统，提供居间老年服务；构建包括绿色步道、健走通道、公共活动广场或综合运动场所在内的大众健康体育运动体系，完善 500～800 米步行可达的全面覆盖的体育健身网路；改善教育设施条件，通过对校舍的改建、扩建，实现人均 8～10 平方米的建设水准等。

此外，在高密度居住区进行适当的功能混合，根据不同人群的需求特征，配置相应的功能，包括商业办公、文化休闲以及公共服务功能，满足居民的基本生活需求。这些不同功能的混合能够带来不同的建设密度、丰富的建筑形态，缓解高强度居住导致的均质化城市空间，将城市活力注入高密度住区。在功能多样化的基础上，逐步实现交通设施和服务的多样化、场所营造的多元化。为不同的活动、不同的出行方式、不同的居住方式等提供既相互包容、又相对独立的空间，塑造良好的空间氛围，缓解因高密度造成的空间压抑感和紧张感。为城市居民提供便捷、舒适的生活环境，也为居民不同的活动需求提供可能性。

3.4 策略 4：尊重传统城市特色魅力，营造地方文化和场所精神

澳门具有悠久而丰富的城市建设历史，是中西文化交融的产物。传统的外部空间要素、人与自然相处的特色模式都是居住环境在地化设计的资源宝库。尊重城市文化和环境资源，保护具有澳门特色和历史记忆的社区组织模式和居住空间风貌特色，强化澳门居住风貌特色，制定与香港、广东珠海的差异化的居住发展策略。结合遗产保护、旅游等服务产业的发展，划定具有澳门居住风貌特色的区域；尊重现有堂区的社区组织模式，引导澳门传统社区自组织为社区营造和居住环境优化发挥作用。

借鉴美国高密度建设的城市芝加哥，通过兴建和更新包括剧院、博物馆在内的大批城市生活文化设施，辅以大量文化艺术活动，将多元文化融入城市和高密度住区，赋予高密度城市以文化气息，建

设具休闲服务功能的生活文化设施，营建集就业、休闲、交往等于一体的、具有澳门特色、人文情怀的文化场所，激发文化活力，培育休闲创意氛围，改扩建多个社区文化创意中心，实现多元创新就业与丰富文化生活的共融。

3.5 策略 5：结合密度分区进行有针对性的引导管控

结合现有社区建设强度、居住人口密度、居住环境、配套设施以及周边用地功能等条件，将澳门现有住区划为三类密度分区，进行分类发展引导（表 6）。

表 6 澳门密度分区建议

分区	密度类型	堂区
1	超高密度	黑沙环及佑汉区、澳门离岛小潭山区
2	中高密度	新口岸区、南湾湖新填海区、填海新城和未来可能的填海地区等
3	中低密度	沙梨头及大三巴区、荷兰园区、东望洋区（松山区）、路环黑沙湾等

（1）分区 1：超高密度住区，包括澳门半岛的黑沙环及佑汉区、澳门离岛小潭山区等。高层高密度住宅为主，居住人口密度超过 10 万人/平方千米，建筑老旧，存在一定安全隐患，教育、医疗等配套设施不足，居民户外活动场所、绿地、便民服务、市民文化活动等设建筑与设施适老性不足。

引导策略包括：①适度降低居住密度，对外疏解人口 10%左右；②完善住宅楼宇的供水、排水、供电、网络等基础设施及安防、适老化设施；③改善和增设周边配套设施，包括便民服务设施、医疗卫生服务中心、日间照护中心等老年设施、中小学户外活动场地，增设居民文化活动中心、户外绿地和活动场地、临时避难场所等；④加强邻里交流和居民文化休闲活动。

（2）分区 2：中高密度住区，针对澳门半岛的新口岸区、南湾湖新填海区、填海新城和未来可能的填海地区等。居住功能不是核心功能，兼具博彩、旅游等产业职能，建设密度高，居住人口密度不高。街道整齐，绿化较好，建筑体量大，现代感强烈，尚未建设居住功能空间。

引导策略包括：①塑造更宜居、更有人文魅力的澳门居住环境，营造便捷、高效、智慧、现代的生活圈；②适度承接其他片区疏解的居住人口，提供适当比例的公共住房和社会住房，以及与定位相匹配的户型，结合居住服务建设大型综合体设施，对周边居住片区形成公共服务设施的补充，提高整体澳门半岛的人均配套指标水平；③增强街区特色，打造活力、时尚的居住空间，为片区内和周边提供可能形成休闲服务、文化创意等产业的设施，提高就业的选择和机会，提升社区文化魅力。

（3）分区 3：中低密度住区，有一定文化遗产保护和生态涵养要求的地区或周边，包括澳门半岛的沙梨头及大三巴区、荷兰园区、东望洋区（松山区）、路环黑沙湾等。周边自然环境良好，以低层或多层建筑为主，居住人口密度低于澳门其他地区，建筑的建设年代较早，建筑风格具有中西文化交融的历史特色，居民老龄化程度较高，街道狭窄，基础设施陈旧且严重超负荷运转，配套设施不足，绿地和户外活动空间不足，建筑与设施适老性不足。

引导策略包括：①适度疏解人口 5%～10%，增加城市公共服务设施，实现环境改善；②以分散型、小规模、小尺度、布局灵活的方式"见缝插针"地增加邻里服务设施、养老医疗设施，增加小型开放绿地、小广场，优化生活空间，增强分区的街区特色，如葡国风情等；③结合旅游服务，增加复合功能设施，同时服务于居民和游客，保持原有建筑风貌特色及道路铺设方式，完善地面步行系统和特色公共空间开放体系；④鼓励社区自组织营建，挖掘可提高居民创业、就业的机会，提升社区文化魅力。

4 结语

高密度居住的形成原因与居民居住感受以及诸多因素相关，不同城市也不尽相同。对于澳门来说，由于地理条件的约束和城市发展演变，高密度居住是历史与现实的被动选择，也由此产生了居住空间分布与居住环境品质等一系列问题。结合澳门住房建设和居住发展的诸多影响因素，可以采取拓展居住空间、优化供给结构、提升配套服务和环境景观品质、营造地方文化和场所以及结合密度分区进行有针对性的引导管控等措施，探索高密度的居住品质优化路径，协调居住密度的合理性和居住环境容量之间的关系。澳门有潜力通过技术、管理等多元化手段，在高密度背景下不断完善居住环境、景观、服务等，创造更好的居住品质，实现建设更有品质的居住环境、更有魅力的人文栖居场所的目标。

致谢

感谢清华大学"澳门特区城市发展策略研究"课题组各位老师和课题成员的支持，感谢澳门特别行政区政策研究室的协助。

注释

① 纽约的区划条例将城市用地分为居住（Residence）、商业（Commercial）、工业（Manufacturing）、特殊目的（Special Purpose）四大功能类型，其中居住用地分为 R1～R10 十个类型，R6～R10 为中高居住密度区（Moderate- and Higher-Density Residence Districts）。

② 伦敦以单位用地的可居住卧室空间数为直接指标，又将每套住房的平均房屋间数分为三个等级，对应计算出套密度。

③ 截至 2015 年，楼龄 30 年或以上的商住及工业楼宇统计数据为 4 332 栋。

④ 数据整理自《澳门房地产发展研究》及澳门特别行政区政府统计暨普查局相关数据。

⑤ 北京人均居住建筑面积为 26 平方米，香港人均居住建筑面积为 16 平方米；2015 年 4 月 13 日，上海社科院发布的上海居民住房及物业状况最新调查报告显示，上海人均居住建筑面积为 24.16 平方米。

⑥　人民网·港澳频道. 回归以来澳门住房市场基本情况[OL]. http://hm.people.com.cn/n/2014/1204/c391081-26148855.html.

参考文献

[1] NG E. Designing high-density cities: for social and environmental sustainability[M]. London: Routledge, 2009.

[2] PONT M B, HAUPT P. Spacemate: the spatial logic of urban density[M]. Delft: Delft University Press, 2004.

[3] RAPOPORT A. Conflict in man-made environment[M]. Harmondsworth: Penguin Books, 1974.

[4] 澳门特别行政区政府. 2011 人口普查详细结果[R]. 2011.

[5] 澳门特别行政区政府. 澳门城市规划法[L]. 2013.

[6] 澳门特别行政区政府. 澳门人口政策研究报告[R]. 2015.

[7] 澳门特别行政区政府. 澳门特别行政区人口政策框架咨询文本[R]. 2012.

[8] 澳门特别行政区政府. 澳门特别行政区人口政策框架咨询意见汇编[R]. 2012.

[9] 澳门特别行政区政府. 澳门特别行政区五年发展规划(2016-2020 年)[S]. 2016.

[10] 澳门特别行政区政府. 澳门土地法[L]. 2013.

[11] 澳门特别行政区政府. 财政年度施政报告[R]. 2013-2016.

[12] 澳门特别行政区政府. 城市规划体系的探索咨询文本[R]. 2008.

[13] 澳门特别行政区政府教育暨青年局. 教育设施总体需求及布局规划研究报告[R]. 2011.

[14] 澳门特别行政区政府统计暨普查局. 澳门统计年鉴[DB]. 2011-2015. https://www.dsec.gov.mo/Statistic.aspx?NodeGuid=d45bf8ce-2b35-45d9-ab3a-ed645e8af4bb.

[15] 韩靖北. 基于总体城市设计的密度分区: 方法体系与控制框架[J]. 城市规划学刊, 2017(2): 69-77.

[16] 贾倍思. 从高密度到高层高密度——香港城市居住形态 20 年剖析[J]. 住区, 2017(4): 62-67.

[17] 柯庆耀, 陈燕武. 澳门房地产发展研究[M]. 北京: 社会科学文献出版社, 2009.

[18] 清华大学《澳门特区城市发展策略研究》课题组. 澳门特区城市发展策略研究 澳门住房建设专题报告[R]. 2016.

[19] 邵亦文, 徐江. 城市韧性: 基于国际文献综述的概念解析[J]. 国际城市规划, 2015, 30(2): 48-54.

[20] 田东海. 新加坡组屋规划的指标和结构[J]. 国际城市规划, 1997(2): 41-47.

[21] 王建国, 吕志鹏. 世界城市滨水区开发建设的历史进程及其经验[J]. 城市规划, 2001, 25(7): 41-46.

[22] 吴昊琪. 迈向垂直小区——城市高密度地区高层居住建筑内部公共空间设计研究[D]. 重庆: 重庆大学, 2014.

[23] 香港特别行政区政府规划署. 香港规划标准与准则[S]. 2015.

[24] 徐江, 邵亦文. 韧性城市: 应对城市危机的新思路[J]. 国际城市规划, 2015, 30(2): 1-3.

[25] 张乐天. 高密度居住小区外部空间设计研究[J]. 山西建筑, 2015, 41(13): 16-17.

[欢迎引用]

王英, 蒋依凡, 曹蕾. 高密度居住与澳门发展对策研究[J]. 城市与区域规划研究·澳门特辑, 2022: 100-117.

WANG Y, JIANG Y F, CAO L. High-density living and development strategies of Macao [J]. Journal of Urban and Regional Planning: Special Issue on Macao, 2022: 100-117.

文化景观视角下澳门文化遗产保护

张 杰 牛泽文

Cultural Heritage Protection of Macao from the Perspective of Cultural Landscape

ZHANG Jie, NIU Zewen

(School of Architecture, Tsinghua University, Beijing 100084，China)

Abstract After a continuous development, the concept of cultural landscape has been widely used in landscape ecology, cultural geography, human ecology, and other disciplines. Due to the essential attribute of integrity which the cultural landscape owns, it is of great significance to examine the heritage site from the perspective of cultural landscape for further exploring the value of heritage and systematically protecting the culture heritage elements. Based on the existing research results, the author divides the settlement cultural landscape system into four subsystems, and then takes Macao as an example to construct its cultural landscape system by analyzing the historical process of interaction between human and island. Finally, this paper analyzes the corresponding relationship between the protected cultural heritage elements and the cultural landscape system in Macao, and proposes strategies for cultural heritage conservation, which will provide a reference for Macao's cultural heritage conservation in the future.

Keywords landscape architecture; cultural landscape; system; cultural heritage conservation; Macao

作者简介

张杰、牛泽文，清华大学建筑学院。

摘 要 文化景观的概念经过不断发展，如今已经在景观生态学、文化地理学、人类生态学等学科中得到广泛的应用。由于文化景观具有完整性的本质属性，以文化景观的角度来审视遗产地，对于深入挖掘遗产价值和系统性保护遗产要素具有重要意义。在借鉴已有研究成果的基础上，文章将聚落文化景观体系划分为四个子系统；之后以澳门为案例，通过分析人岛互动的历史过程构建其文化景观体系；最后，文章分析了目前澳门受保护的文化遗产要素与文化景观体系的对应关系，提出了文化遗产保护策略。这将为未来澳门文化遗产保护工作提供参考。

关键词 风景园林；文化景观；体系；文化遗产保护；澳门

1 引言

自 1927 年索尔（C. O. Sauer）继承施吕特尔（O. Schluetter）和帕萨格（S. Passarge）的思想创立文化景观学派以来，文化景观的概念经历了不断地发展（汤茂林、金其铭，1998），并在景观生态学、文化地理学、人类生态学等学科中得到了广泛应用（周年兴等，2006）。1992 年，世界遗产委员会第 16 届会议正式将文化景观列为遗产，并强调其为"人类和自然的共同作品"（韩锋，2007）。虽然文化遗产领域（联合国教科文组织世界遗产中心，1994）和地理学领域（中国大百科全书总委员会《地理学》委员会，1990）对文化景观的定义存在差异，但从本质上来看，它们都强调人与自然的互动关系（周年兴等，2006）。

完整性是文化景观的本质属性，它表现在空间和时间两方面。一方面，文化景观是由多种自然和人文要素在地理空间上叠加而成，是一个地区特定的自然环境、人文精神共同作用的结果（周年兴等，2006），它反映了一个地区的地理特征（李旭旦，1984）；另一方面，文化景观还是由各个历史时期人类实践活动叠加而成，其形成过程实际上就是人类对文化景观的营建过程（吴庆洲，2016），其中还常常伴随多民族"连续占据"的现象（李旭旦，1984）。透过文化景观，我们能够识别不同历史时期或不同民族的社会文化特征，即文化景观真实地记录了历史的全过程。由此可见，文化景观绝不仅是一种遗产类型，更是系统性识别文化遗产的重要途径。以文化景观的角度来审视遗产地，对于深入挖掘遗产价值和系统性保护遗产要素具有重要意义。

2　文化景观的构成

目前，对文化景观构成的认识主要有两种：一种是自然要素和人文要素，人文要素又分为物质要素和非物质要素（汤茂林、金其铭，1998）；另一种是物质系统和文化系统（肖竞，2015）。但无论采用哪种方式，对文化景观的认识依然未能摆脱二元对立的局限。聚落是人类实践的产物，文化作为人类价值观和实践的表达（蔡晴，2006），是聚落中物质和非物质要素向文化景观转化的内生动力。也就是说，文化景观蕴含着地域文化特质，特别是社会、文化、宗教等方面的内容（单霁翔，2010）。因此，将文化景观体系视作多个文化系统的叠加有利于从整体上理解文化景观。

在借鉴已有研究成果的基础上，本文将聚落的文化景观体系划分为四个子系统，即人居系统、职能系统、历史系统与精神系统。其中，人居系统包含与人居生活相关的要素；职能系统包含与聚落职能相关的要素；历史系统包含因重要历史事件或历史人物而产生景观；精神系统包含单一或多元文化影响下形成的意识形态。每一个子系统都包含多种类型的物质和非物质要素。

3　"人"与"岛"互动下的澳门文化景观

澳门地处十字门水域，在填海以前由澳门半岛以及路环、氹仔两个离岛构成。因此，澳门文化景观形成于"人"与"岛"的互动过程之中，主要体现在时间和社会两个维度上。一方面，澳门的城市景观反映了不同历史时期的需求。1557 年以前，澳门是一座未开发的岛屿，与一般的中国渔村没有区别。自葡萄牙人定居开始，澳门开始了从传统村落到商贸港口的变化过程，聚落文化景观也随之发生变化。葡萄牙人来澳门的目的就是建立远东贸易中转站，因此在开埠初期尤其是 1573～1583 年，葡萄牙人在澳门半岛修建了码头、仓库、商贸市集以及由"直街"串联起来的教堂和居住区，其主要目的是满足商业用途、居住用途和宗教信仰的需要。17 世纪上半叶，澳门城市转入防卫功能的建设。为了让这个城市安全地存在，葡萄牙人通过修建炮台、堡垒、城墙等防御设施建立了堡垒防御系统。此后直到第一次鸦片战争，澳门始终保持着贸易与防御并重的城市景观特色。1751 年的澳门历史地图清晰地标注了建于高地之上的炮台以及沿山脊建设的城墙。1840 年以后，葡萄牙人开始对澳门全面殖民并执行扩张政策。同时，受太平天国运动和第二次鸦片战争的影响，华人涌入澳门导致人口激增（薛凤旋，2012），老城空间不能满足需求。这些因素最终导致澳门城市建设扩展到城墙以外的整个半岛区域。此时，"直街"在城市结构上的核心性被削弱，近现代城市规划特征逐步显现。19 世纪末 20 世纪初，一大批加工业开始在半岛、氹仔和路环兴起。这些工业大多为华人和华商所有，据统计 1898 年全澳有 1 075 间生产及商业场所，雇用 6838 人，其中只有 11 间为葡萄牙人拥有（薛凤旋，2012）。到了 20 世纪，炮竹业、火柴业、神香业及造船业成为澳门四大传统手工业，这标志着华人社会在澳门享有极高的经济地位（王锦莹，2013）（表 1）。

表 1 澳门四大传统手工业特征

四大传统手工业	繁盛时期	制作过程	相关习俗及节庆	厂房集中地区	主要遗存
炮竹业	1920~1970	火药、炮壳和引线制作	不详	1925 年后集中于氹仔岛	益隆炮竹厂
火柴业	1920~1950	制火柴头、柴枝及包装	不详	提督马路一带	无
神香业	1950~1970	搓香、淋香和榨香	师父诞	沙梨头、下环区	梁永馨香庄的外墙及牌匾
造船业	1960~1990	建造船身框架、甲板上部、船只整体及船只配件	走清、鲁班诞	沙梨头、新桥、青洲、林茂塘、筷子基和路环荔枝碗	荔枝碗船厂区余下厂房十多间

资料来源：王锦莹，2013。

另一方面，拼贴式的城市景观是中葡社会共生的结果。早在明代，华人先民就已经在澳门的望厦、沙梨头、妈阁一带的山脚和平原区域（薛凤旋，2012）聚居，并修建妈阁庙、观音堂等宗教建筑。葡萄牙人定居澳门开启了中葡社会持续性融合的过程。开埠初期的澳门建设符合葡萄牙一贯的建城模式：一是选择在河口、海口、半岛或海岛之上建立城市和商站（严忠明，2006）；二是为节省成本，大多因地制宜建房，不大刀阔斧地改变地貌（张鹊桥，2010）。澳门山地丘陵众多的特点与葡萄牙地形地貌情况一致，因此葡萄牙人便仿照本国的建设模式在澳门开展建设。与华人不同的是，他们选择在高地之上修建教堂、葡式公共建筑以及围绕教堂的民居，并沿山脊蜿蜒曲折地修建了标志性的葡式街道体系——"直街"。开埠伊始，葡萄牙耶稣会就在今大炮台山与西望洋山之间的高地之上建立了风顺堂、圣安多尼堂和大堂，并以此发展成内城最早的三个堂区（严忠明，2006），形成昔日葡萄牙人居住区的核心部分。随后又逐步建设了包括大三巴在内的多个教堂。1849 年，葡萄牙人拆除了作为中葡界线的城墙，带来了中葡社会的又一次融合。进入城墙以内生活的华人依据中国传统"里坊"空间模式,在"直街"的基础上修建了鱼骨形或棋盘形的"里"和"围",这种街巷格局明显不同于葡式"直街"。与此同时,华人还在葡萄牙人区修建大量商铺和庙观,以满足自身的物质和精神需求。19 世纪末 20 世纪初,葡萄牙人对沙梨头和望厦一带的华人村落及农田进行整体规划,城市的北拓使得中葡社会进一步融合。

4 澳门文化景观体系构建

根据以上分析,笔者对澳门文化景观体系的子系统进行要素类型细分,以便其能够完整展现上述历史和社会的发展过程。

4.1 人居系统

人居系统分为民居与公共建筑、公共空间、街巷格局三类。民居与公共建筑包含葡式和中式民居以及葡式公共建筑。公共空间包含葡式广场、前地、公园以及中式园林。街巷格局包含传统葡式街道、中式街巷以及近代街道三类。澳门半岛是最早发展的区域,它作为华葡混居地拥有最多元化的人居系统要素。从人居系统要素的风貌特色来看,澳门半岛可以分成三类区域。"直街"所在的传统葡式风貌区即历史城区是昔日的葡人居住区,这里集中了大量传统葡式建筑和公共空间。"直街"普遍存在于葡萄牙的传统城市中(吴尧、朱蓉,2014),是传统葡萄牙人社区的骨架。澳门"直街"从沙栏仔街出发,连接花王堂,经大三巴街转营地大街、板樟堂、大堂和议事亭一带①,再经龙嵩街向圣老楞佐堂发展,并向两边延伸鱼骨形小巷(严忠明,2006),形成一个由主次街道构成的体系。"里"和"围"所在的中式风貌区作为昔日华人的居住区集中了大量传统的中式民居。"里"和"围"主要分布在内港、下环、大三巴和沙梨头一带。近代街道所在的新北区是近代风貌区,近代民居和公共建筑多集中于此。该区域"六纵六横"的街巷格局由连胜马路、俾利喇街、美副将大马路、高士德大马路和荷兰园正街等 12 条街道交织而成(吴尧、朱蓉,2014),并在圣安多尼堂和水坑尾处与老城街道相连。此外,老城中心的新马路是为了改善交通和居住品质而开辟的近代街道。冰仔和路环的建设相对滞后,直到 19 世纪末 20 世纪初才开始逐渐发展(严忠明,2006)。两地早期建设主要位于旧城,其民居、公共建筑、广场和街巷格局都体现出典型的葡式特色,如海岛市政厅、路环图书馆以及冰仔龙环葡韵别墅群等。

4.2 职能系统

职能系统分为港口、防御、商贸和传统工业四类。港口是葡萄牙人对外贸易的窗口,这一职能从澳门开埠一直延续至今。港口类要素除了包含码头、灯塔和仓库等基础设施外,还有许多与海洋贸易相关的道路,它们与海岸线之间存在密切关系。顺应海岸线的街道是货物集散的重要通道,它们串联着港码头和营地大街附近的商贸区；而垂直于海岸线的"水口街"在码头与居住区之间形成纵深的通路。防御类要素主要是防御设施，如大炮台、东望洋炮台以及城墙等。商贸历来是澳门的核心职能，17 世纪下半叶到 18 世纪末贸易衰落导致澳门发展停滞，足以证明商贸对澳门的重要性。商贸类要素包含对外贸易遗存以及涵盖衣食住行等各个方面的服务型商业遗存。澳门传统商业主要分布内港附近的营地大街、沙栏仔街、水坑尾、下环街、草堆街、龙嵩街以及新马路一带（严忠明，2006），时至今日仍有不少老店铺。氹仔旧城也有不少服务型商业，如买卖街、官也街等。传统工业要素包含工业建筑遗存以及与生产相关的节庆、习俗、生产工艺等。

4.3　历史系统

　　历史系统分为历史事件相关要素和历史人物相关要素两类。历史事件相关要素主要是指纪念物、建构筑物等，它们能够记录中葡社会政治、经济、社会以及宗教等方面的节点性事件。比如议事亭见证了开埠之初中葡的政治对抗，大三巴推动了天主教在亚洲的传播，残存的城墙则见证了中葡社会从对立的"两核三社区"到融合共生的历史过程等。历史总是由人来推动，而历史人物往往在推动历史发展的过程中发挥重要作用。因此，推动澳门中葡社会发展的重要历史人物不仅包含葡萄牙人还应包含华人，如澳葡总督、葡萄牙诗人以及中国近代思想家、军事家、华人商界精英等。与之相关的要素主要包括名人故居以及以人物命名的地名，比如总督府邸、叶挺将军故居、郑家大屋、东方基金会会址（原贾梅士花园房屋旧址）、卢家大屋、贾梅士洞、文第士大宅旧址以及纪念孙中山市政广场等。

4.4　精神系统

　　精神系统分为信仰、葡式建城模式和优秀传统文化三类。澳门的信仰包括东、西方宗教以及民间信仰。天主教、佛教和道教是澳门最重要的三种宗教形式，土地信仰在民间最为盛行。信仰要素包含物质形式的宗教空间和非物质形式的信仰习俗。在葡式建城模式的指导下，澳门形成了两种不同的景观：迂回环绕山体的街道以及山顶的炮台、教堂和公共建筑构成了高耸的山地景观，如望厦山和西望洋山等处；低平的建筑与树木则形成具有葡萄牙典型特色的滨海林荫道景观，如南湾湖民国大马路以及路环码头至谭公庙等处。优秀传统文化要素主要是非物质要素，既包括葡萄牙传统戏曲表演、餐饮等，也包括中国传统饮食、生产技艺、戏曲表演和音乐等（图 1）。

a. 圣保禄教堂（大三巴）

b. 妈阁庙

c. 土地信俗

d. 西望洋山及民国大马路林荫道

图 1　澳门精神系统要素举例

5　澳门文化景观与遗产要素的关联分析

5.1　澳门文化遗产现状

　　葡萄牙统治时期，澳葡政府十分重视对文化遗产的保护。早在 1905 年，澳门就以登记造册的方式开始进行建成环境的遗产管理。澳门最早的文化遗产清单见于 1976 年澳葡政府颁布的《第 34/76/M 号法令》。法令明确了澳门文化遗产的构成要素并"设立常设委员会，由总督自由选择成员五人组成之，该委员会名称为'维护澳门都市风景及文化财产委员会'"②。此后，澳门当局分别在 1984 年和 1992 年颁布《第 56/84/M 号法令》和《第 83/92/M 号法令》。《第 56/84/M 号法令》对澳门文化遗产做了系统性的整理，《第 83/92/M 号法令》在此基础上进一步完善了文物类型和内容，编制了较为完整的文物名录并一直沿用至今。

在物质文化遗产方面，现行的《澳门文物名录》将文化遗产分为四类：纪念物、具建筑艺术价值的楼宇、建筑群以及场所，共 137 项③。其中纪念物 59 项，具有建筑艺术价值的楼宇 46 项，建筑群 11 项，场地 21 项。2005 年 7 月 15 日，澳门历史城区成功列入《世界文化遗产名录》。澳门历史城区形成于 16～17 世纪，是澳门历史文化的高度浓缩，也是澳门文化遗产的精华部分。历史城区总面积 1.23 平方千米，其核心区所包含的 8 个广场空间、22 处建筑文物全部为《澳门文物名录》列出的保护内容。在非物质文化遗产方面，目前列入《非物质文化遗产清单》的项目共有 15 个，其中有 1 项列入联合国教科文组织《人类非物质文化遗产代表性项目名录》，8 项列入国家级《非物质文化遗产代表作名录》④。

近年来，澳门政府不断完善澳门文化遗产内容，至今全澳已经陆续开展了两次不动产评定的公开咨询。2017 年 1 月 23 日，澳门政府《第 1/2017 号行政法规》⑤对《第 83/92/M 号法令》公布的 128 项被评定的不动产进行增补，批准将第一批 10 项待评定的不动产中的 9 项列入《澳门文物名录》。2018 年年初，澳门政府又启动荔枝碗船厂片区的不动产评定，目前处于待评定阶段⑥。

5.2 文化遗产与文化景观对应关系

笔者将《澳门文物名录》和《非物质文化遗产清单》（以下合称"清单"）中的项目按照其文化特征匹配到相应的子系统中，并分别统计每个子系统包含的要素数量（表 2）。需要说明的是，各系统内的文化遗产要素存在重叠的情况，即一项文化遗产要素可以同属多个系统，比如名人故居作为民居中的特殊类型也属于人居系统，这是文化景观完整性所决定的。

表 2 文化景观与澳门文化遗产要素

文化景观	系统内要素类型	性质	澳门文化遗产要素	清单中要素数量（个）
人居系统	民居与公共建筑	物质	葡式建筑（群）	38
			中式建筑	2
	公共空间	物质	公园、广场、园林	11
	街巷格局	物质	传统葡式街道	6
			中式街巷	1
			近代街道	1
职能系统	港口	物质	码头及附属设施	3
			海港街巷	1

续表

文化景观	系统内要素类型	性质	澳门文化遗产要素	清单中要素数量（个）
职能系统	防御	物质	炮台	8
			城墙	2
	商贸	物质	商业建筑	10
	传统工业	物质	工业建筑	1
		非物质	生产工艺	1
			相关习俗	0
历史系统	历史事件相关要素	物质	历史纪念物	14
	历史人物相关要素	物质	名人遗迹	9
精神系统	信仰	物质	西方宗教建筑	13
			东方宗教建筑	30
		非物质	西方宗教信俗	2
			东方宗教信俗	3
			民间信俗	2
	葡式建城模式	物质	滨海景观	3
			山地景观	7
	优秀传统文化	非物质	葡萄牙传统文化	2
			中国传统文化	5

从对应关系来看，清单中葡式建筑、历史纪念物以及东、西方宗教建筑要素的数量充足，其余各类遗产要素均存在一定程度的数量不足。其中中式建筑、传统葡式街道、中式街巷、近代街道、码头及附属设施、海港街巷、工业建筑、生产工艺、西方宗教信俗、东方宗教信俗、民间信俗、葡萄牙传统文化等遗产要素数量不足，而且传统工业习俗还存在缺项。

5.3 澳门文化遗产保护策略

综上所述，开展澳门文化遗产保护工作首先应当在现有《澳门文物名录》和《非物质文化遗产清单》的基础上，依据文化景观体系的内容增补文化遗产要素，尤其是扩充人居系统、职能系统和精神系统三个子系统的文化遗产要素，逐步构建完整的文化遗产体系。具体来说，人居系统主要存在两方面问题。第一，中式建筑要素数量不足。虽然民居与公共建筑要素数量很多，但绝大多数为葡式建筑，如政府总部（原总督府旧址）、市政署大楼（原市政厅旧址）、澳门仁慈堂大楼、岗顶剧院以及荷兰园大马路 89 号至 95G 号等，中式建筑仅卢家大屋和郑家大屋两处，需要进一步扩充。第二，街巷格局的保护缺乏整体性。"直街"仅有龙嵩正街至风顺堂街、高楼街、妈阁街、妈阁斜巷之街道一段，应补充龙嵩正街以北至沙栏仔街的段落。中式街巷仅有福荣里一处，多数"里"和"围"还未得到保护。其中有不少还保留着牌坊和传统建筑，历史原貌的保存基本完好，如致合里、福荣里等（图2）。近代街道也仅有新马路一处，建议将一些代表性街道纳入保护范畴，如高士德大马路、俾利喇街、贾伯乐提督府街、荷兰园正街等大街以及以嘉路米耶圆形地为核心呈放射型的小街道等。另外，路环和氹仔旧城的街道也未纳入保护范畴。

a. 致合里　　　　　　　　　b. 福荣里　　　　　　　　　c. 人和里

图 2　澳门的"里"和"围"

职能系统存在三个方面问题。第一，港口遗存不足，码头及附属设施仅有柯邦迪前地（司打口）、东望洋灯塔、鸦片屋旧址以及路环码头四处，缺少 20 世纪 80 年代填海以后修建的内港码头（图3）。海港街巷仅有福隆新街及福荣里一处，许多与海岸相关的街巷未纳入保护范畴，例如顺应原半岛西南部海岸线的下环街、三层楼上街、红窗门街、营地街大街、关前街和工匠街，以及位于营地街市对面吉庆里一带的十八间、柴船尾街、橘仔街等八大水口街（吴尧、朱蓉，2014）。第二，缺少商业建筑遗存。澳门传统商业建筑主要集中于内港、下环以及氹仔的买卖街和官也街等区域（图4），建议对这些区域的商业建筑遗存进行梳理后纳入保护范畴。第三，缺少传统工业遗存。目前文物名录中除了待评定的荔枝碗船厂外没有其他工业遗存，建议将益隆炮竹厂和梁永馨香庄的旧厂区、生产工艺、节庆习俗以及与其他传统工业生产相关的非物质遗存都纳入保护范畴。同时，荔枝碗村的形态和传统生活方式与造船业和造船工艺密切相关，也应当进行合理的保护（图5）。

图 3 澳门内港码头遗存

a. 海边新街　　　　　b. 缆厂巷　　　　　　c. 买卖街　　　　　　d. 官也街

图 4 澳门商业建筑遗存

a. 益隆炮竹厂   b. 荔枝碗船厂

图5   澳门传统工业遗存

精神系统的问题主要是西方宗教信俗、东方宗教信俗以及民间信俗三类非物质要素相对不足。目前仅有苦难善耶稣圣像出游、花地玛圣母圣像出游、妈祖信俗和土地信俗等列入保护范畴，未来还需要进一步扩充。

此外，需要对已列入保护范畴的文化遗产要素开展环境评估，加强对已有文化遗产的保护力度，逐步恢复被破坏的文化景观。笔者在调研中发现，澳门半岛的文化遗产外围建筑缺乏高度控制，屡屡突破天际线，损害了文化景观的完整性。例如，位于西望洋山山顶的西望洋圣堂曾是澳门城市的制高点，如今几乎被高耸的现代建筑遮蔽。同时，新建筑对山体的侵占也对文化景观造成了较大损害。因此，笔者建议构建视线通廊体系并通过奖励或置换等方式，降低缓冲区及外围城市区域的开发强度，以此保护文化景观的完整性。

6   结语

如今，文化景观的相关理论已经获得相关领域的广泛共识，人们对文化景观的认识也更加深刻。只有把文化遗产放到更宏大的文化景观视野下，才能充分理解文化遗产要素之间的内在关系，挖掘文化遗产的内在价值。通过分析文化遗产要素与文化景观体系的对应关系，我们能够清晰地看到目前澳门文化遗产要素为哪些子系统提供了支撑，并明确应当增加何种类型的文化遗产，这将为未来澳门文化遗产保护工作提供参考。

致谢

国家自然科学基金项目"基于遗产价值评价的北京旧城历史文化街区可持续保护技术研究"（51578304）。

注释

① 目前学界对于大三巴巷至龙嵩正街这一段"直街"的具体位置仍然存在争议,本文不作讨论。

② http://bo.io.gov.mo/bo/i/76/32/declei34_cn.asp.

③ 截至 2018 年 10 月,澳门文化遗产网被评定的不动产(建筑文物),http://www.culturalheritage.mo/。

④ 截至 2018 年 10 月,澳门文化遗产网非物质文化遗产,http://www.culturalheritage.mo/gb/detail/2264/1。

⑤ https://bo.io.gov.mo/bo/i/2017/04/regadm01_cn.asp.

⑥ 截至 2018 年 10 月,澳门文化遗产网荔枝碗船厂片区不动产评定,http://www.culturalheritage.mo/Survey/laichivun/gb/。

参考文献

[1] 蔡晴. 基于地域的文化景观保护研究[M]. 南京: 东南大学出版社, 2006.

[2] 韩锋. 世界遗产文化景观及其国际新动向[J]. 中国园林, 2007, 23(11): 18-21.

[3] 李旭旦. 人文地理学[M]. 北京: 中国大百科全书出版社, 1984.

[4] 联合国教科文组织世界遗产中心. 实施世界遗产公约操作指南[R]. 1994: 13-14.

[5] 单霁翔. 走进文化景观的世界[M]. 天津: 天津大学出版社, 2010.

[6] 汤茂林, 金其铭. 文化景观研究的历史和发展趋向[J]. 人文地理, 1998(2): 45-49+83.

[7] 王锦莹. 非物质文化遗产之承传——澳门传统工业之造船业[C]//城市时代, 协同规划——2013 中国城市规划年会论文集(11-文化遗产保护与城市更新), 2013: 563-570.

[8] 吴庆洲. 文化景观营建与保护[M]. 北京: 中国建筑工业出版社, 2016.

[9] 吴尧, 朱蓉. 澳门城市发展与规划[M]. 北京: 中国电力出版社, 2014.

[10] 肖竞. 西南山地历史城镇文化景观演进过程及其动力机制研究[D]. 重庆: 重庆大学, 2015.

[11] 薛凤旋. 澳门五百年[M]. 香港: 三联书店(香港)有限公司, 2012.

[12] 严忠明. 一个海风吹来的城市: 早期澳门城市发展史研究[M]. 广州: 广东人民出版社, 2006.

[13] 张鹊桥. 澳门近代居住建筑形态研究[D]. 广州: 东南大学, 2010.

[14] 中国大百科全书总委员会《地理学》委员会. 中国大百科全书 [M]. 北京: 中国大百科全书出版社, 1990.

[15] 周年兴, 俞孔坚, 黄震方. 关注遗产保护的新动向: 文化景观[J]. 人文地理, 2006(5): 61-65.

[欢迎引用]

张杰, 牛泽文. 文化景观视角下澳门文化遗产保护[J]. 城市与区域规划研究·澳门特辑, 2022: 118-129.

ZHANG J, NIU Z W. Cultural heritage protection of Macao from the perspective of cultural landscape [J]. Journal of Urban and Regional Planning: Special Issue on Macao, 2022: 118-129.

澳门城市更新 20 年从规划到实践

——以望德堂区的文创建设为例

崔世平　丁启安

Twenty Years of Urban Renewal in Macao from Planning to Implementation: A Case Study of the Cultural and Creative Industry Development in the S. Lazaro District

CHUI Sai Peng Jose, TENG Kai On
(CAA City Planning & Engineering Consultants Ltd, Macao)

Abstract　In the advent of the 20th Anniversary of the Handover, Macao has been enjoying prosperity and world fame. However, looking back at 20 years ago before the Handover, the economy was lifeless, historical districts were in disrepair, social problems gradually emerged, citizens were in low morale. In order to change the situation, Macao sought for new impetus of growth and actively explored diversification of industrial structure. A team of urban planners proposed to rejuvenate the urban renewal process by liberating the charm and power of the unique architectural and cultural elements of the city for the development of the cultural industry, which has been a rising industry. The S. Lazaro District was selected as the venue of the pilot project. Under the coordination of the planners, the society was able to generate consensus, galvanize the enthusiasm and initiative of the officials, the public, the artists, the academics, and creative people to successfully launch the project. It was a breath of fresh air bringing new life to the city and the people. The exploration of the S. Lazaro Creative Industry District has gone from the drawing board to the physical implementation in the past 20 years. It has accumulated both successfully experiences and lessons from deficiencies. This article is intended to go through

摘　要　澳门庆祝回归 20 年，百业兴旺，举世知名。但回顾 20 年前临近回归期间，城市经济不景气，旧区日久失修，社会问题逐渐浮现，市民士气低落。为改变澳门的发展局面，澳门社会寻求发展的新动力并积极探索产业多元化。当时，一个规划团队力倡以朝阳产业带动城市更新，发挥城市特色建筑群和文化底蕴的魅力及动力，营造文化创意产业区。澳门望德堂区作为试点，在规划团队的统筹下，通过在政府层面凝聚共识，广泛激发民间的积极性与能动性，在官、民、艺、学、创多方联动下成功地让文创产业落地生根，为城市和居民注入新风采和新活力。澳门望德堂区从规划到实践的 20 年探索，积累了不少的成功经验与不足之处，文章重温规划的背景与沿革，跟踪实践的建设，检讨工作的成效，总结经验和提出思考。

关键词　城市更新；文创产业；产业多元化；社区活力；澳门旧区

1　规划背景

1.1　经济发展情况

澳门是个弹丸之地，经济体量微小，过去一直是个小渔村。在葡萄牙政府管治期间，葡萄牙在澳门经济建设方面投入较少。各方面的因素制约了澳门的经济发展，特别在临近回归期间，澳门经济发展大幅下滑，人均本地生产

作者简介
崔世平、丁启安，澳门新城城市规划暨工程顾问有限公司。

the background and evolution of the project by tracing the implementation, reviewing the effectiveness of the efforts, summarizing the results, and putting forth new thoughts.
Keywords urban renewal; cultural and creative industry; industrial diversification; community vitality; historical area of Macao

总值从 1996 年开始增长停滞，1998 年的人均本地生产总值下降接近 10%（图 1），澳门经济的落后与邻埠香港形成鲜明对比，回归前后更是发展的低谷。为改变澳门的发展局面，澳门社会寻求发展的新动力，以及积极探索产业多元化。

1.2　城市文化特色

虽然葡萄牙以及其他西方国家没有为澳门带来很多的经济建设，在近 500 年的管治中却带来很多西方文化，澳门一度成为西方在中国传播文化的重要根据地，造就了澳门历经四个半世纪的文化交流与演化，创造了独有的多元文化特色。目前澳门城市文化以中华传统文化为基础，融合葡萄牙特色的南欧文化，具有多元化色彩。

澳门地方虽小，但集中了大量世界宗教文化。天主教、基督教、佛教、道教、伊斯兰教等宗教以及多神信仰乃至无神论者和睦共处。澳门早期便是欧洲传教士在亚洲的集结地，曾经成为远东地区最早的传教中心。目前规模较大的教堂有 20 多座，其中望德圣母堂、风顺堂和花王堂等教堂历史悠久。澳门属于中国文化系统的宗教主要有道教和佛教。在澳门比较流行的信仰是融合儒、释、道三教于一体的民间信仰，如属于妈祖信仰的妈阁庙、天后古庙，属于观音信仰的观音堂、观音岩、观音古庙等。

澳门的主体族群是华人族群，主要来自广东、福建等地，但是对来自葡萄牙、印度、菲律宾、法国、西班牙、巴西、加拿大、美国、澳大利亚等国家的人士都很包容，各个族群的文化得到尊重，因而澳门的饮食文化、语言文化、节庆文化都多姿多彩。

1.3　城市肌理与建筑

澳门的公共空间格局体现了西方的营造特征，前地（"Largo"）作为澳门城市中的公共空间，具有开放性、

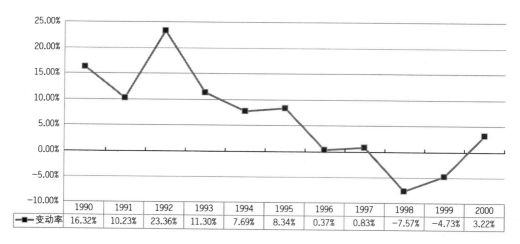

图1　澳门回归前十年人均生产总值变动率

资料来源：澳门统计暨普查局。

多元性，是为市民提供多样化日常交往与社会实践的活动场所。街巷空间也是城市肌理的重要构成部分，澳门街巷空间体现了历史要素和地理特征，由沿山丘建筑到古城墙内外的建筑组群形成网格轴线"巷里围"。20世纪中后期，澳门居民大多住在这些围里内，各家各户在围里架起晾衣架、搬出椅子聊天乘凉，邻居之间的生活接触十分紧密，故这些巷里围都是一些老居民的集体回忆，是澳门的特色文化。

　　澳门古老的教堂和民居并立，既有着西方传统特色建筑，亦有与之相辉映的大量中国传统特色建筑，例如大三巴牌坊与哪吒古庙并肩而立，相映成趣。历经数百年的融合发展，目前在城市中更多的是中西合璧的本土特色建筑，如澳门著名地标大三巴牌坊展现的是浓厚的巴洛克风格，却能在上面发现明显的中国元素。

1.4　文化创意产业

　　创意是人类生命活力的象征。"创意产业"是一个新的经济环节，产业内容涵盖了大部分文化和艺术的商业活动。其动力源于将传统文化、流行文化和艺术商品化，并从当中的高附加值获取经济利益。创意产业作为一个整体产业看待是在英国兴起，1998年创造了约600亿英镑的收入与150万个就业岗位，为当地产业发展注入新的生命力。它涉及以文化活动为中心的相关领域，具有相当广泛的产业网络。根据联合国教科文组织，这个产业是指一种无形且具文化性质，并凝合了创作、生产和内容商品化的产业。由于创意产业与文化活动紧密联系，人们也称之为"文化产业"。在澳门的相邻地区——香港和台湾，早已将创意产业列为地区经济增长目标之一，如香港"苏豪"饮食区和九龙旧区重建计划中的文化娱乐区，都是非常优秀的例子。

2 规划沿革

2.1 文创发展的试点工程

1999 年澳门回归前后，城市发展面临诸多的不确定性。回归伊始，为配合新的局面与战略态势、解决城市问题、谋求多元发展动力，澳门政府委托多项城市发展研究，其中《21 世纪澳门城市规划纲要研究》的影响力巨大。根据该研究，澳门的城市性质之一为："将澳门逐步发展成具规模和具水平的国际化旅游娱乐中心。主导产业以博彩业带动各项新型娱乐及旅游服务业为主，在此基础上广泛开展多元化及有本地特色的旅游业务，并发展成为国内外旅客的必到之地。"此外，欧洲研究学会在 2000 年召开了一个名为"创意产业与发展"的国际研讨会，邀请了国际专家参与，在会上提出澳门创意产业发展的一些设想。笔者从城市规划与创意产业结合的角度提出澳门望德堂区是理想的创意产业的载体，引起官方和民间的重视，此后，文化创意产业的发展成为澳门寻求多元发展的主力方向之一。

按国际经验，创意产业在聚集的环境中是最显效益的。以试点形式推行创意产业便于政府在管理、立法、城市规划和后勤支持上给予更有效和集中的帮助。经研究，根据其中六个重要考虑因素，包括启动速度快、启动经费低、富文化特色、交通方便、可容纳中长期发展需要和有商业空间，在九个备选社区中，望德堂区核心区最具备条件作为试点。

2.2 试点社区的特征

澳门分为七个分区并以所在代表性教堂名称命名，其中，望德堂区名字源自望德圣母堂。教堂建于 1557~1560 年，是澳门三大古教堂之一，从 17 世纪起，该教堂成为澳门华人社会天主教宣道中心。望德堂区位于澳门旧城区的中心地带，承载澳门最古老的记忆，孕育了澳门一代又一代的中西文化结晶。区内有着不少具中西文化特色风格的建筑物，整体建筑高度较低，大体为多层至小高层建筑，呈现高低错落的天际线，加上街道不宽，依山成网，尽显羊肠小径之趣，空间尺度宜人。此外，区内 1/3 的面积为东望洋山，是旧城区中难得的自然绿化资源，也是澳门居民重要的户外康健休憩地点。试点社区为望德堂区的核心区，当中保留最多的传统街巷空间肌理和历史建筑，据统计，接近 50%的试点区内土地属于受保护的文物，其中包括约占 2%的纪念物、26%的已评定之建筑群、10%的已评定之地点、11%的保护区以及不到 1%的具建筑艺术价值之建筑物。

2.3 面临的问题

由于望德堂区这个充满故事的地方当年没有得到葡萄牙政府的重视，在澳门回归时期成为澳门典型的城市旧区，面临诸多问题，限制了城市发展。

2.3.1 道路非法占用，人车冲突严重

区内停车以路边停车为主，非法停泊情况明显。由于区内有学校，在上下课时段均发现有汽车在周边环绕行驶或短暂停泊接送学生。另外，区内部分人行道宽度仅1米，而且欠缺上下客区供学校接送使用（图2）。

图2 2000年望德堂区道路

资料来源：《创意产业区规划纲要研究》。

2.3.2 特色建筑丰富，保育工作缺位

历史建筑主要分布在荷兰园正街北段区域及教堂与疯堂巷一带。虽然正式评定在法定的文物保护清单内，但由于种种原因，致使大量特色建筑荒置多年，部分建筑更残破不堪，导致区内缺乏吸引力（图3）。

2.3.3 建筑大量空置，卫生状况堪忧

望德堂试点区属于旧式住区，具有低层数高密度的建筑布局特征，由于老建筑比较密集，且有大部分空置多年，屋内堆积了大量垃圾，满布青苔，导致蚊虫滋生，甚至出现鼠患，卫生环境相当恶劣（图4）。

2.3.4 营商环境差，服务水平低

区内商业以地铺为主，地铺空置率超过30%，商业氛围严重欠缺。此外，营业中的店铺只经营一些产值偏低的行业，如低档次的饮食小吃、小规模的泰式食物、日常便服、鞋履、小商店、五金日用品零售等。大部分店铺以区内居民为服务对象，是典型的旧区商住组合形态，总体营业额颇低，因此店铺价值偏低，进一步降低业主维护其物业的积极性（图5）。

图 3   2000 年望德堂区特色建筑

资料来源：《创意产业区规划纲要研究》。

图 4   2000 年望德堂区空置建筑

资料来源：《创意产业区规划纲要研究》。

图 5　2000 年望德堂区商铺

资料来源：《创意产业区规划纲要研究》。

3　规划方案

3.1　规划原则

面对规划的背景情况和社区的实况问题，规划首先提出六个目标：

（1）积极保护区内有特色的历史地段及建筑物，展现独特的文物风貌；

（2）重整社区基本营运条件，激发社区经济活力；

（3）设立"标志"建筑，作为凝聚创意产业文化精英的象征；

（4）重新整合文物建筑与附近街道及地段的使用功能，营造浓厚文化气氛；

（5）重新协调与组织协调区内外交通联系网络，建立合理的步行系统，以突出创意产业区的区位特征；

（6）利用创意产业带动文化旅游的发展，并提高内部的消费需求。

3.2　规划范围与地块划分

规划范围属于望德堂区的核心区，是由罗利老马路—东望洋街—水井斜巷—炮兵马路—西坟马路—厚望街等道路围合而形成的区域，占地面积约 10 公顷。为便于提出规划方案和建设指引，规划范围内按照道路围合情况划分为 32 个地块（图 6）。

图6 地块划分索引

资料来源：《创意产业区规划纲要研究》。

3.3 功能布局

目标方案中创意产业活动主要在"综合创意区"和"文化服务区"内进行。通过连续的网状步行系统将综合创意区和文化服务区有机地联系在一起，而步行系统所涉及其他地块也可获得较好的发展。有吸引力的地标是赋予社区特殊魅力的关键要素，因此在分区中设有相应的地标（图7、图8）。

3.3.1 综合创意区

综合创意区位于规划范围的西南方（地块1~21），包括"艺术家村""专业培训区""别墅式旅店""综合创意店铺"等分区。规划设想通过对现状土地功能进行有效改造与转换，形成创意产业培训、创作与商业运作的综合性中心区。具体内容包括：将地块3老人院、政府办公等现有建筑改造为艺术家村；将地块10的学校转型为与创意产业相关的专业培训学校；在地块2的东北角开辟小尺度"艺术广场"，同时将地块2西北侧的文物建筑改造成一座具有特色的"别墅式酒店"；将空置房间改造成以设计咨询、广告咨询、家具设计、软件开发、多种个体创作、古董销售与拍卖等项目为主的创意店铺（图9、图10）。

图 7　伦巴底街照片（社区地标案例参考）

图 8　规划地标效果图

资料来源：https://www.californiabeaches.com/attraction/lombard-street；《创意产业区规划纲要研究》。

图 9　综合创意区效果图

资料来源：《创意产业区规划纲要研究》。

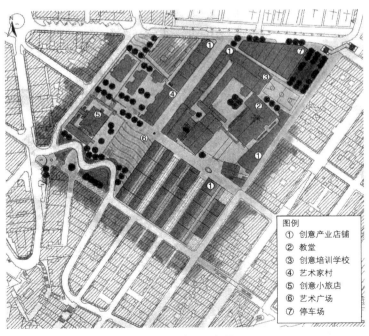

图例
① 创意产业店铺
② 教堂
③ 创意培训学校
④ 艺术家村
⑤ 创意小旅店
⑥ 艺术广场
⑦ 停车场

图 10　综合创意区局部平面图

资料来源：《创意产业区规划纲要研究》。

3.3.2 文化服务区

文化服务区位于规划范围内东北方（地块22～32），包括"创意广场"与"文化服务及展示活动区"。规划设想以组织展示、旅游、露天表演以及多种休闲活动为主题，强化荷兰园街北段的保护建筑群文化展示功能，同时将现状中的荷兰园正街由疯堂斜巷至美的路主教街车行道改在地下，将腾出的空间结合运动场形成"创意广场"，地下设有停车场成为公共性活动场所。规划建议落实将文化局搬迁至卫生局的所在地，将中央图书馆改为致力于促成亚洲、美洲、欧洲创意产业研究的国际创意产业咨询中心（图11、图12）。

图 11　文化服务区效果图

资料来源：《创意产业区规划纲要研究》。

3.3.3 周边配套区

随着步行系统的完善，区内大部分建筑底层的商业服务功能的区位效益将获得增加，既可开展与创意产业相关的项目，又可为创意产业发展提供良好的配套服务（图13）。

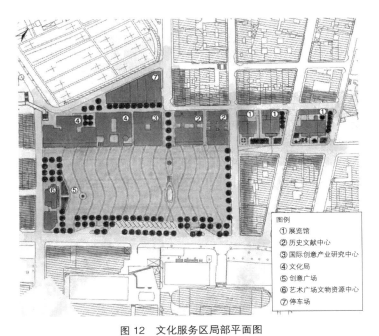

图 12　文化服务区局部平面图

资料来源：《创意产业区规划纲要研究》。

图 13　改造后步行街效果图

资料来源：《创意产业区规划纲要研究》。

3.4 交通组织

规划区的交通可分两方面进行考虑：一是车行系统；二是人行系统。在规划中，车行系统的主要干道功能保持不变，其中荷兰园正街主要路段的车行道改为地下行驶。为配合新的干道安排，建议部分道路升级为次干道。这样安排有助于人车分隔，减少车道交叉。通过荷兰园正街的立体化，创意广场两侧横向和纵向的车流分离，大幅提高交通流畅度（图14）。

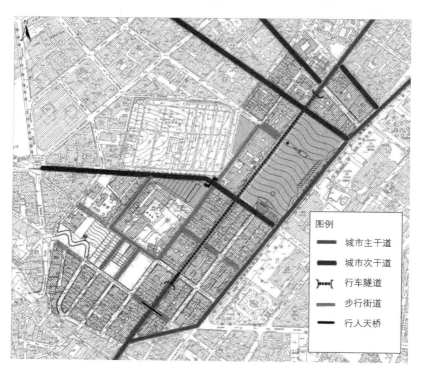

图例

城市主干道

城市次干道

行车隧道

步行街道

行人天桥

图 14 目标方案交通规划图
资料来源：《创意产业区规划纲要研究》。

为了更好地连接望德堂附近一带的文物建筑群和荷兰园正街的古朴文物建筑群，一套完善的步行系统是必须的，这个系统将有助提升游人的旅游体验和安全。规划构思的步行主街包括在望德堂附近的圣味基街、圣禄杞街、疯堂新街、疯堂斜巷、和隆街的部分路段（图15）。在落实行人专区的过程中，可以分期实行。在成立行人专区的初期，可以用限时专用形式，让区内的店铺及市政卫生管理仍能顺利运行。

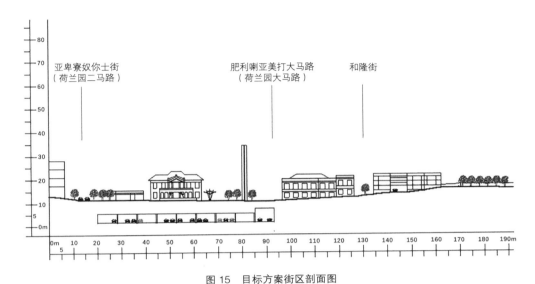

图 15　目标方案街区剖面图

资料来源：《创意产业区规划纲要研究》。

　　停车场安排是本规划的重点之一。在规划实施初期，设置若干多层停车场，保留部分货物上落区。在完成塔石地下停车场后，根据实际情况可将停车场改建为社区服务或文创服务等功能。

3.5　控制指标与规划指引

　　规划对目标方案中的每一地块提出了控制指标与设计指引。控制指标包括用地功能、容积率、建筑密度、高度控制等项；设计指引是对每一地块提出的有关空间形体、街景立面等方面的指导性要求（表1）。

表 1　地块高度控制与设计指引

地块	高度控制（建筑层数）	设计指引要点
B1	维持现状建筑高度	沿疯堂中斜街的东北立面需进行修容，可设置广告
B2	维持现状建筑高度	有一定高差，结合 M 形路进行景观设计；地块西侧形成小型广场，设计采用葡萄牙风格
B3	新建建筑为 2 层	加强与 B2 内小广场的关系
B4	维持现状建筑高度	沿疯堂中斜街的立面需进行修容，可设置广告
B5	维持现状建筑高度	沿疯堂中斜街的立面需进行修容，可设置广告
B6	维持现状建筑高度	沿疯堂中斜街的立面需进行修容，可设置广告

续表

地块	高度控制（建筑层数）	设计指引要点
B7	新建建筑为 2 层	B7/B8 进行统一改造，B8 内留有带有顶棚的中庭广场；B7 沿圣美
B8	新建建筑为 2 层 标志性构筑物为 2m	基街的建筑立面予以保留
B9	新建建筑为 2 层	在西北角设有塔状标志性建筑

资料来源：《创意产业区规划纲要研究》。

总体来说，以改善环境为目标，建议降低开发强度，增加绿色开敞空间。建筑高度控制主要考虑对保护建筑的影响及整体的视觉效果，相关保护区内建筑高度控制在 8 米以下。规划建议限制户外广告的设置，以降低户外广告的视角干扰。

3.6 规划实施安排

为加快实施速度并控制前期投资，建议规划方案按三期实施，第一期主要利用政府所有的物业为引导，随着项目的逐步落实才扩展至业权分散的地块；第二期侧重于望德堂附近区域的整体性开发，目的是创造一个理想的运营环境；第三期重点是塔石球场一带的开发重整，务求创造更理想的综合环境。

此外，规划建议成立由多持份者共同参与的"专责小组"，负责推动规划的实施。主要工作内容包括检讨规划的实施效果与进度、实施过程中组织公众参与等。"专责小组"的成员应包括：政府主管部门的有关人员、规划设计人员、改造区内的居民代表、对产业区有投资意愿的开发商等。通过理性的检讨，可对原计划提出合理的修改与调整方案。

4 规划实践

4.1 政府凝聚共识

城市规划是以空间为载体，统筹地区发展的全盘计划。为真正解决社区实际问题，提出前瞻的发展愿景，城市规划方案必然涉及城市发展的各方面议题。要有效落实规划，首要条件是在政府层面达成共识后，主导部门积极推动和相关部门充分配合。

4.1.1 政府领导者的认可

第一、第二任特区行政长官何厚铧于 2004 年巡视望德堂旧区，考察望德堂规划建设情况，提议在一段时间内成立跨部门工作小组，弄清旧区存在的问题及困难，综合规划，策划透过行政手段或立法程序解决问题，并听取意见，订定短、中、长期规划。具体实施路径可透过若干个具商业价值的点吸引人流，配合其他创意产业和文艺活动，共同促进该区发展。行政长官何厚铧于 2007 年再度巡视望德堂区，陪同巡视的包括时任社会文化司司长崔世安（第三、第四任特区行政长官）及相关部门代表。行政长官建议，望德堂区可作为文化创意产业的启动及切入点，政府及业界应实事求是，按照此区的历史、文化艺术氛围，把适合的行业作为重点发展，既可产生互动，也同时盘活望德堂区。政府领导者的认可与亲自巡查加速政府部门内部上传下达效率，促使达成共识。

4.1.2 关键部门的进驻

规划建设部门虽然是城市规划的主管机构，也是主导实施建设的权责部门，但是要解决望德堂区的现实问题，不仅是物质层面的工作，文化创意元素的培育才是达到社区可持续发展的钥匙。因此规划方案中建议文化部门迁入望德堂区，并准备了足够的空间和配套安排。经过多年的准备工作，文化局于 2005 年迁入望德堂区。在正式"加入"望德堂区的规划建设后，澳门文化局发挥在地优势，以文化局自身为核心，积极推动所在地区文化建设。

4.1.3 成立委员会推动持续发展

望德堂区的多样性与复杂性为规划带来挑战。例如望德堂区涉及的文物保护、城市更新、文化创意等课题在澳门均无成熟的政策和经验基础。为应对地区的复杂性，从各方面推动地区持续发展，政府相继成立各个委员会。文化产业委员会根据 123/2010 号行政长官批示于 2010 年首度设立，旨在协助澳门特别行政区政府制定文化产业的发展政策、策略及措施。文化产业委员会主要为文化产业发展的整体政策、文化产业的发展措施、扶持文化产业及推动文化创意的机制等提出建议。文化遗产委员会是澳门特别行政区政府的咨询机构，根据 2013 年的《文化遗产保护法》及第 4/2014 号行政法规，其职权主要是就征询其意见的事项发表意见，以促进对文化遗产的保护。

4.1.4 编制文化创意产业统计数据

文化创意产业也是澳门经济适度多元的重要动力，随着政府锐意推动文化创意产业的发展，一套有系统、有层次、有针对性的数据收集、梳理和分析不可缺位。为此，统计暨普查局自 2015 年起进行了文化产业统计，所收集的数据可对文创产业进行量化，提供综合的统计指标以反映文创产业的发展状况。统计报告在官方网站公开，供社会各界参考使用，以便关注文创产业的推动方向、投入及产业状况。调查主要是向文化产业营运场所、机构、社团等收集行业的营运数据，如收益、经营费用、从业人数等，从而反映文化产业对本地生产总值所做的贡献。

4.2 物质环境持续完善

空间环境是城市规划的关键抓手，也是解决旧区诸多问题的第一把钥匙，结合规划拟定的分期安排与政府实际施政计划，望德堂区 20 年来不断进行着渐进式的改造，在城市更新的同时逐步突出文创元素。

4.2.1 街道美化

街道空间的整理与美化是望德堂区的第一项工作，第一期街道美化工程于 2003 年完成，包括和隆街、疯堂斜巷及疯堂新街部分路段，以社区原有的葡国元素为基础，结合中华文化特色设计路面，展示新时期中西合璧风格。美化工程不仅限于铺地、栏杆、街灯、绿化和装饰品，还包含两侧建筑立面的翻新与改造。美化之后呈现浓郁的南欧风格，与澳门的历史文化紧密相符，整个社区焕然一新，可步行性大幅提升（图16）。

图 16 改造后的街道

4.2.2 节点广场改造——塔石广场

创意产业在澳门要掷地有声，政府的决心必须清晰，于是将塔石广场即规划中的创意广场工程提前上马，于2005年5月开始动工改造。在经过两年的工程后，以葡国传统的黑白色石块铺建成广场，兴建行车隧道及地下停车场，优化了广场的步行环境，广场亦成为创意产业区一个重要的展示窗口和新地标（图17）。

图 17 改造后的塔石广场

　　广场周边大多是已评定的建筑群，保留了葡式建筑风格，为广场及创意园区增添欧陆式的休闲气氛；现时这些建筑群大多为公共文化设施，如中央图书馆、历史档案馆、文化局等，配合广场及休闲设施的设置，为大众市民提供了软件及硬件上的文化活动设施（图18）。

图 18　塔石广场旁建筑群

4.2.3　建筑改造——演艺学院

　　澳门演艺学院由文化局管辖，成立于1989年，是现时澳门唯一的公立表演艺术学院，学院设有音乐、舞蹈和戏剧三个学系。目前音乐系位于望德堂和隆街及疯堂斜巷之间，原是20世纪20年代的联排住宅，合共十栋，文化局对其进行了创造性的修复工作。演艺学院音乐系于2008年迁入，为望德堂区添加了高尚的文化气息。

　　演艺学院整体设计风格参考了地中海小镇气氛，外墙颜色以黄色及红色为主，后来逐渐加入各种新的元素赋予新的活力，如学院转角处入口花园的设计充分考虑了历史要素和新时代需求（图19）。

图 19　改造后的演艺学院

4.2.4 文创空间改造——婆仔屋

　　婆仔屋原来的名字是"贫穷者之家"，包括一个院落和两栋葡式建筑。因"二战"时期收留大量的难民并曾有许多年老的婆婆居住而得名。后来婆仔屋的作用慢慢被取代，院落和建筑也一度处于荒置状态。改造后的婆仔屋专门服务文创工作者并由一个专职性的组织来运营，组织内的成员包括各种社会自由职业者和艺术工作者。目前，婆仔屋的院子是用来举办小型露天音乐会、放映电影、进行艺术表演等活动，两栋建筑被划分为若干个房间，被用作举办展览和作为各种艺术工作室，包括染布坊、儿童艺术游玩室、陶艺工作室、图书室、音乐室等（图20）。

图 20　改造后的婆仔屋

资料来源：左图来自澳门仁慈堂。

4.2.5 新建文创空间——大炮台回廊

　　大炮台回廊是融合节能理念、无障碍通道和展览功能的建筑典范，摆脱以电梯方式解决垂直交通的常规思维，创新性地以旋转式斜坡的方式构建垂直空间，连接望德堂核心区至海拔较高的大炮台景点，沿途的一侧是有预制专供展览用的墙体，而另一侧是充分利用自然光的玻璃幕墙，让游人可以在全天候的空间中很轻松地前往山上，同时能观赏文化艺术展览，将交通与文创展示有机结合。自 2005 年 4 月 30 日启用以来，回廊成为大炮台风景区与望德堂创意产业区的重要连接点，同时也是举办艺术展览的常用空间，使大炮台回廊成为文化旅游路线中具文化气息的地方（图21）。

图 21　大炮台回廊

资料来源：右图来自中华文化交流协会。

4.3　城市文化凝聚

在望德堂区物质环境得到大幅提升的基础下，社区的价值也有跨越式的提高，主要体现在商店数量和服务水平提高、街区关注度增加、房地产增值和文创团体入驻与集聚等方面。随着各类文化活动、事件的相继落幕，政府与民间的决心得到认可，望德堂的文化底蕴得到验证，从而吸引到更多的文创工作者，逐步打造为澳门文创社区新名片。

4.3.1　节庆活动

规划改造后的望德堂区不仅限于文创团体集中地，除营造了浓厚的文创氛围外，改造后的塔石广场成为澳门城市级事件的承载场所。每逢大型节庆日子，都在塔石广场举办相应的活动，吸引全澳门居民参与其中，更有大量游客慕名而来，凝聚新时代的城市文化。

一年一度的澳门格兰披治大赛车在 11 月举行，至今已有 60 余年历史，在过去一直是供少数人赏乐的活动。塔石广场修建完毕后，政府创新性地将传统大赛车引入文化特色浓厚的广场，成就了一系列的大众活动。除了举行赛事的开幕礼，同场展出多部本届赛事的参赛战车，吸引不少市民和旅客到望德堂区一睹战车的威风，演绎了面向公众的新时期赛车文化。

年宵市场是中国最重要的传统节庆——春节中最热闹的活动。澳门最大规模的年宵活动选址塔石广场，为望德堂区带来全澳门最浓厚的节日气氛，塔石广场的年宵活动不仅为居民提供逛花市的场所，更有一系列的表演活动，并成为青年创新创业的试验场，新奇创意层出不穷，为参与者带来无比乐趣，呈现出一种年轻活力的春节文化（图 22）。

图 22　塔石广场的节庆活动

资料来源：澳门格兰披治大赛车官网，澳门经济局。

4.3.2　艺术巡游

澳门拉丁城区幻彩大巡游是一年一度以澳门拉丁城区为主轴的艺术大巡游活动，自 2011 年开始，在每年的 12 月举行，是澳门文化艺术界的盛事。以澳门大街小巷为舞台，每年均邀请来自世界各地不同的队伍以及数以百计的本地演艺精英表演。望德堂区是幻彩大巡游初始的主舞台，沿途载歌载舞，吸引大批市民和游客到场参与，在街巷中观赏艺术展演，体验澳门独有的文化色彩以及文化共融的城市气氛（图 23）。

图 23　澳门拉丁城区幻彩大巡游在望德堂区

资料来源：澳门文化局。

4.3.3　文创艺墟

塔石艺墟自 2008 年起每年举办，分春季和秋季两期举行，吸引本地及外地"创意人"共同展现多元创意，是澳门乃至亚洲地区的一项手作文创盛事。塔石艺墟已成为亚洲地区创意市集的品牌，是创意、音乐、美食的集合，包含创意市集、音乐盛宴、手作坊三大板块（图 24）。

图 24　艺墟的各项活动

资料来源：http://www.craftmarket.gov.mo/cn。

4.3.4　街头活动

　　文创强调的是一种交流与体会，规划改造后的望德堂区致力于模糊空间的边界，通过鼓励街头活动的举行，全面激发街道空间的文创活力。"时尚疯堂"结合本土的时装品牌，打造具澳门特色的时尚活动，在望德堂区的街道路段上举行，别具风格的展示舞台，充分发挥区内的环境特色。"黄昏小叙"是一个每逢周末下午黄昏时段举行的街头艺术表演活动，以推广澳门本土创作为基准，与人分享为目标，打造圣禄杞街成为具有悠闲风情的艺文地区，邀请本土各界的创作人，每周六、周日于望德堂区进行即席创作及表演，与大众分享交流。另外，结合母亲节、复活节、万圣节等节日，望德堂区会举办一系列的主题亲子文艺活动，一般包括街头工作坊、街头展演等，让居民感受新时代的节日气氛，为日常生活增添创意和趣味（图 25）。

4.3.5　市民日常休憩活动

　　塔石广场作为望德堂区最大的开敞空间，自建成后吸引周边居民到场健身、娱乐、休憩，清晨多见年长者早操、耍拳、跳舞、聊天，白天尽是一家人亲子游乐，晚上成为乘凉、散步的好去处。除此之外，为充实市民日常生活、进行公益宣传，社会团体常借用塔石广场，举办各种公益活动，包括"大众康体日""明爱亲子活动""教区学校嘉年华"等，塔石广场及其承载的活动已融入居民的日常生活中（图 26）。

图 25　望德堂街头活动

资料来源：望德堂创意产业促进会。

图 26　塔石广场举办的社区活动

资料来源：澳门体育局。

4.4 检讨与小结

望德堂区的规划改造作为文创发展与城市更新的试点工程，其成效是值得肯定的。经过政府自上而下的引导与支持，以及社会团体和企业自下而上的配合与参与，望德堂区在硬件和软件环境上均有大幅提升，重塑市民的日常生活，凝聚新时代文化魅力，现已成为澳门公认的文创社区，大量游客慕名而来。望德堂区城市更新点燃的澳门文创产业，推动相关政策逐步完善，其影响力广泛而深远。纵使拥有如此大的成果，望德堂区的规划改造仍存在改善空间。其一，实际建设方案出现偏差。由于种种原因，建设方案仅采纳规划方案的局部内容，这种就工程论工程、断章取义的行为不利于规划理念的全面落实，容易导致各要素之间出现冲突。其二，建设投放未按计划逐步实施。望德堂区的大规模建设活动集中在前五年的时间，在 2010 年后基本只有一些小规模的优化工程。除了局部经重点改造的区域外，大部分分区域未落实规划设想，各关键节点之间缺乏支持，未能完全呈现社区新面貌，社区潜力仍有待激发。其三，望德堂区的交通体系有待梳理。以塔石广场的交通为例，具体实施过程中仅采用了规划中的局部设想，导致新的人行系统没有很好地建立起来，原有的车行系统却被扰乱。停车系统的混乱严重干扰区内的可步行性，促使人流不足与商业活力不足进入恶性循环。此外，由于规划建议的"专责小组"和检讨机制未完全落实、部分政府部门的参与度仍有待提升以及产权复杂等原因，区内缺乏品牌店铺、品牌艺术家的进驻与支持，整体营商氛围不足，与传统旅游区相比略欠人气，游人大多步行路过和拍照留念，驻足停留的较少，整体互动性潜力有待释放。

5 思考与前瞻

在梳理规划的背景情况和规划方案、跟踪规划实施情况之后，发现望德堂区的规划与发展中存在的成功和不足，有些经验值得进一步思考与提炼，并需要针对不足之处提出建议。

5.1 产业发展与城市规划互动

在规划层次，望德堂区成功地将产业规划与空间规划有机结合，其相互推动可以令规划工作更易让市民体会到其作用。产业发展需要空间载体，尤其是新兴产业的培育，更需要城市规划的全方位支持以及相应的政策配套。文创产业的发展需要与城市生活相结合，最直接的交流与碰撞更能产生化学作用，让文创产业演绎更精彩的城市故事。城市规划的作用在于统筹与部署，望德堂区的改造与更新是一个系统工程，涉及当中各方面的子系统，包括交通、产业、空间、建筑、景观、公共设施、社会安全等，各子系统自成体系又相互联系，需要借助城市规划的思维与方法，统筹各方面的工作，平衡各方利益，同时了解文创产业发展的基本诉求，为城市更新添加产业活力，促使正反馈机制建立，城市发展进入新一轮良性循环。

5.2　基于地区文化的创意活动

创意产业并不是简单地凭空产生的一个产业，虽然创意走在潮流的最前端，但真正成功落地的创意产业必须依靠深厚的文化基础，才能言之有物。望德堂区独有的地区文化成为最大的吸引力，成就了一个创意产业区的诞生。可以想象，简单的"照搬"并不能取得持续的发展，人们并不满意千篇一律的景色，也不满意街上看到随处可见的网络商品。在城市规划阶段必须深度挖掘本地文化特色，充分激发本地创作人的想象力与创意。同样地，营造氛围的创意活动也需要根植于地区文化与特色，让居民感到亲切，让游客感到真正的与众不同。望德堂区的各项文化活动成功地让游人体验到澳门多元化与包容度高的传统文化特色，但仍需要强化具吸引力的时尚潮流产品的供给和更替。

5.3　文物保护与城市更新相结合

城市更新不等于推倒重建，旧建筑有自身的魅力与文化，通过调研区分重建、改造、保留、保护的项目至关重要。"大拆大建"的模式不利于文化的延续，相反，前期工作越到位，社区脉络和建筑保护越好，社区生命力越强。望德堂区留有大量中西合璧的代表性建筑，街道尺度宜人，建筑普遍不高，具备以文创为主题的步行社区的特质。因此，在望德堂区的规划和实施工作中，文物保育以及周边民居的维护至关重要，通过历史建筑的翻新和再利用，逐步添加具相容性的新功能、新元素，同时投入广泛而具参与性的文化活动和具市场生命力的创意产品，促使新旧创意文化的碰撞与融合，旧区活力方得以激发，生命力方得以壮大。

5.4　多方联动，激发空间活力

创意产业园区规划需具备完善的实践推行计划，以规划建设主管部门为着力点，同时联合文化、经济、旅游、社会管理部门，才能真正推动地区规划建设。文创产业是朝阳产业，在孕育期间，需要得到各方政策的支持，由政府主导凝聚共识，提供前期生存生长的环境空间与政策空间。澳门文化局2005年迁入望德堂区，此后文化局的参与度极高，在文物保护利用、文化活动策划支持方面发挥关键作用。在政府各方充分参与的前提下，民间团体、艺术工作者、学校团体的配合至关重要，望德堂区创意产业促进会、澳门口述历史协会、动漫联盟、金眼睛微电影发展协会等社团的入驻起到重要的桥梁作用，艺术工作者、学校团体为望德堂区带来真正的文创元素，在创业者的带领下走出幕前，面向市场。只有在官、民、艺、学、创多方联动下才能让文创产业落地生根，激发地区空间活力。

5.5　延伸边界，东西互联

城市规划致力于解决规划区内的各种问题，同时亦可有序延伸边界，从更宏观的视角观察规划区，以便更清晰理解规划区的角色与任务，为规划预留更大的拓展空间。望德堂区位于澳门城区的中心地带，虽然不属于世遗评定的历史城区的核心区，却是历史建筑最密集的社区。内地赴澳"个人游"政策于 2003 年开始实施，但是"点到点"的旅游方式没有得到很大转变，其中一个原因是澳门各项旅游资源之间没有足够好的慢行系统连接。就澳门世遗景点和街区而言，大炮台至东望洋山之间处于断开的状态。望德堂区正位于大炮台与东望洋山之间，望德堂区的活化以及可步行性的提升能打通澳门城区最关键的文旅走廊，因此在望德堂区的规划中，提出一些超出规划范围的建议与思考，其中作为西向连接的大炮台回廊已建设完毕并在有效使用中。望德堂规划区的东侧是澳门的著名历史资源东望洋炮台，由于缺乏有效连接，一直处于相对孤立的状态，不利于特色文化的展示与联动。因此，望德堂项目向东的延伸显得非常重要，目前东向的连接仍在逐步进行中，有待加快东西向连接的打通，真正发挥望德堂地区的区位角色，进一步提升地区价值（图 27）。

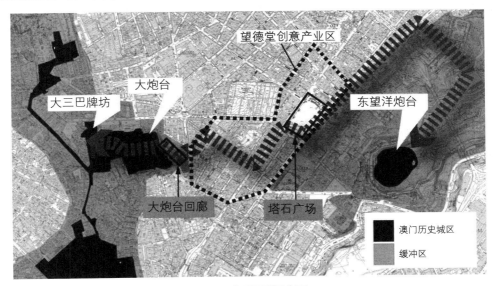

图 27　东西互联示意图

资料来源：底图来自澳门文化局。

5.6　建立广纳持份者参与的规划检讨机制

望德堂创意产业区的建设实施需要广纳持份者参与，因此在规划中提出"专责小组"的设想与建议。在实际建设过程中，澳门市政署（原称民政总署）作为社区市政建设主体，大约每半年会举行一次社区座谈会，会上政府部门向公众介绍望德堂一系列的市政建设计划，听取居民的意见并实时响应。此外，该署亦会邀请其他公共部门代表出席座谈会，与居民共同讨论区内的发展，收集及聆听市民的意见，务求使各项社区设施更符合市民的要求。望德堂的社区建设已有一定程度的公众参与，持份者也有表达诉求的渠道，可是与规划原设想仍有一定距离。首先，公众参与活动缺乏专业规划师的支持，规划师从专业出发，站在中立第三方的位置，更能客观地调和各方利益；其次，公众参与活动的广度不足，望德堂区的城市更新需要民间团体、艺术工作者、创业者和文化旅游业界的大力支持；最后，规划检讨机制缺位，取而代之的是各政府部门片面执行、修改规划实施内容，由于缺乏对原规划的理解，缺少宏观意识与系统思维，容易导致新的问题浮现，亟待落实组织官产学研俱全的规划检讨机制。

6 结语

面对 20 年前的经济低谷，澳门发展转型的决心造就了望德堂区的城市更新。考虑到文创产业与地区特征相契合，望德堂区更新规划以文创产业培育为主线，以活化社区为导向，全面整合社区资源，提出全方位的规划目标方案与实施安排，具有很高的指导性和操作性。望德堂区软硬件的持续优化，见证了澳门一届又一届政府对文化保育和产业多元化的重视，诸如文化遗产委员会、文化产业基金政策与措施等相继出台，也见证了社会各界的积极参与和思考。规划是个蓝图，运筹帷幄、包罗万有，但必须审时度势、因势利导，因此需要建立包容性强的动态反馈机制，通过跨部门跨范畴的政府部门的参与及时调整规划，以兼容时刻改变的环境和产业因素。澳门回归 20 载，文创产业由当年的一个愿景，通过会议研讨、资金投入、社会支持、机构培育、指标统计等落实到相对全方位政策与措施，由当年望德堂试点，推广到官也街、关前街、福隆新街等遍地开花，尽管不同时期不同地方面临的问题与诉求存在差异，但规划原则、经验教训则是共通共享的。展望澳门未来将迎来更多的变化与发展，却要坚持不忘初心，将澳门营造成为越来越宜居、宜业、宜行、宜游的具文化和创意的城市。

参考文献

[1] 崔世平, 韩佩诗, 何卓锋. 澳门望德堂区创意产业园与旧区活动[J]. 中国名城, 2010(6): 22-28.

[2] 崔世平, 兰小梅, 罗赤. 澳门创意产业区的规划研究与实践[J]. 城市规划, 2004(8): 93-96.

[3] 林如鹏, 符翩翩. 澳门文化创意产业的发展前景与规划[J]. 新闻与传播研究, 2011, 18(5): 99-105+113.

[4] 麦健智. 文化创意产业及其在澳门的发展[J]. 行政, 2006 (4): 1139-1159.

[5] 苏武江. 澳门文化创意产业发展路径研究[J]. 科技管理研究, 2012, 32(24): 64-68.

[6] 邢亚龙, 王伯勋, 盛剑. 从环境意象角度解读特色街区建设——以澳门望德堂坊街区为例[J]. 美与时代(上), 2016(1): 78-82.

[欢迎引用]

崔世平, 丁启安. 澳门城市更新 20 年从规划到实践——以望德堂区的文创建设为例[J]. 城市与区域规划研究·澳门特辑, 2022: 130-156.

CHUI S P J, TENG K O. Twenty years of urban renewal in Macao from planning to implementation: a case study of the cultural and creative industry development in the S. Lazaro District [J]. Journal of Urban and Regional Planning: Special Issue on Macao, 2022: 130-156.

澳门路环滨海带生态文化景观资源保护与利用策略研究

郑晓笛　王晓婷　边兰春　李晨星
王玉鑫　张琳琳　付泉川　周梦茹

Study on Protection and Utilization Strategies of Eco-Cultural Landscape Resources in the Coastal Corridor of Coloane, Macao

ZHENG Xiaodi, WANG Xiaoting, BIAN Lanchun, LI Chenxing, WANG Yuxin, ZHANG Linlin, FU Quanchuan, ZHOU Mengru
(School of Architecture, Tsinghua University, Beijing 100084, China)

Abstract Coloane Island is the offshore island of Macao with rich historical and cultural connotations, well-preserved ecological environment, and natural landscape. To a city with space-intensive development as Macao, Coloane is not only the most precious ecological space, but also the high-quality resource to build the "World Tourism and Leisure Center and Business and Trade Cooperation Service Platform for China and Portuguese-Speaking Countries". Through a systematic analysis on the spatial development, natural landscape resources, and eco-cultural resources of Coloane Island, tourism eco-capacity is calculated based on an assessment of eco-environmental sensitivity. On the premise of ecological protection and sustainable utilization, a coastal eco-leisure corridor is planned, and protection and utilization strategies of its eco-cultural landscape resources are proposed.
Keywords eco-cultural landscape resources; protection; utilization; coastal; Coloane; Macao

摘　要　路环岛是澳门特别行政区生态环境与自然风光保持最完整的离岛，同时拥有深厚的历史文化底蕴，对于城市空间高度集约发展的澳门而言，既是最宝贵的生态空间，又是澳门建设"世界休闲旅游中心、中国和葡语国家商贸合作服务平台"战略的优质资源。文章在对澳门路环地区的发展概况、自然景观资源与文化旅游资源进行系统梳理的基础上，通过生态环境敏感性评价分析，计算旅游生态容量。在生态保护与永续利用的前提下，构建路环环岛滨海生态休闲带，并提出生态文化景观资源保护与利用策略。
关键词　生态文化景观资源；保护；利用；滨海；路环；澳门

作者简介
郑晓笛、王晓婷、边兰春（通讯作者）、李晨星、王玉鑫、张琳琳、付泉川、周梦茹，清华大学建筑学院。

澳门位于中国大陆东南沿海，地处珠江三角洲的西岸，与香港隔海相望。北侧的澳门半岛连接广东珠海，南侧则是由氹仔、路环和路氹新城所组成的离岛。澳门的东侧和南侧为南海，西侧为马骝洲水道，三面环水，两面滨海，海岸线长度达到 927.5 千米。路环是澳门自然生态环境保存最好的区域：中部为以叠石塘山、九澳山为代表的丘陵地貌，面积接近路环总面积的 80%，原生植被覆盖率很高；沿海分布以路环旧市区、九澳村为代表的城市建设，基本保持近两百年的历史肌理；东侧沿海的黑沙湾与南侧沿海的竹湾是两片自然海湾，是澳门著名的天然海水浴场。对于城市空间高度集约发展的澳门而言，路环既是现存最宝贵的城市生态空间之一，也是未来发展生态旅游休闲的重要窗口地区。在国家"一带一路"①和加强"粤港澳大湾区"②建设的战略背景下，契合澳门"一中心、一平台、一基地"③的发展定位，如何对滨海带生态文化景观资源开展有效的保护与利用已经成为当下全社会关注的焦点问题。

1 路环城市发展概况

路环岛位于澳门南部，面积约 7.6 平方千米，仅有约 2.81 万常住人口④，是澳门人口密度最低的地区。

路环岛城市建设先后经历了"村镇生长""工业扩张""旅游起步"三个发展阶段。路环岛原属广东省香山县（即今中山市），1864 年葡萄牙占领后成为澳门的一部分。最早沿海岸线分布黑沙村、九澳村等渔村聚落，路环旧市区一带因祭祀活动推动，逐渐形成市镇。1956 年路环岛陆续开始填海开发，建设联升工业园、九澳码头。1969 年，连接氹仔与路环的公路建成，路环岛与澳门半岛和氹仔岛的联系更加紧密。1984 年以后及澳门回归以来，路环岛公园建设与服务配套设施逐渐完善，石排湾一带陆续打造主题公园，竹湾海滩、黑沙海滩周边形成人工岸线，路环岛逐渐成为澳门新兴的旅游目的地。

2 路环景观资源分析

2.1 路环自然景观资源分析

2.1.1 自然资源

澳门地处北回归线以南的低纬度海岸地区，因受海洋与季风气候影响而具备温暖、多雨、湿热与干湿季分明等特点，呈现热带季风气候的特征。相较于澳门其他区域，路环岛地势最高，全岛丘陵起伏，山岩性质主要为花岗岩与火山岩。从生态系统类型的角度，路环岛上以阔叶林地为代表的森林生态系统占据了全岛生态系统的核心区域，以建设用地为主的聚落生态系统主要分布于全岛的东部与西北部的外侧区域。

澳门地处珠江口，地理环境独特，滩涂广布，植被茂密，沿岸泥滩为多种候鸟的重要栖息地。路氹离岛则是整个澳门地区重要的植被与鸟类生境。

澳门共有维管束植物 1 508 种，其中野生种类为 812 种（傅嘉维，2011），植被资源丰富，且其植物区系具有较强的热带性质，路氹区域植被资源对生态环境意义巨大。以作为世界上生产力最高的生态系统之一的红树林为例，路氹离岛的红树林是以泥滩为生的迁移性及越冬型水鸟的重要生活地。

澳门现有包括浮游动物、两栖动物、爬行动物、哺乳动物、鱼类、鸟类等在内的动物物种 814 种。在鸟类资源方面，澳门已记录鸟类 301 种，包括 1 种国家一级保护动物（白腹海雕）、33 种国家二级重点保护动物（如黄嘴白鹭、黑脸琵鹭等）及 12 种列入《世界自然保护联盟红色名录（2009）》的鸟类（如小青脚鹬等）。路氹的鸟类种类数量（146种）高于澳门半岛（72种）（中国城市规划设计研究院，2016），可见路环岛对整个澳门的动物资源意义重大。

2.1.2　地形与水体景观特征

路环岛的山体自西向东横贯全境，整体呈现"西高东低"态势。最高处山峰高程为170米，位于黑沙村西侧，黑沙海滩、竹湾海滩、路环市区以及九澳码头区域的地势相对平坦开阔。其中，两滩地区近岸海水深约为2米，沿海区域的海深位于2～20米。

路环岛内部的水体景观可为面状水域与线性水域两类。其中，岛上面状水域主要为九澳水库、黑沙水库、石排湾水塘及现状高尔夫俱乐部内部水景；线性水域为沿山体走势分布的河流，多为路边水渠形式。

2.2　路环文化旅游资源分析

路环岛现状文化旅游资源既具有优质的生态景观特色，又彰显了深厚的历史文化底蕴，分为特色街区、宗教文化、郊野公园、天然海滩与旅游休闲五大类。特色街区类主要包括黑沙村、九澳村、路环旧市区、路环船厂码头区与葡人别墅区等；宗教文化类主要包括九澳圣母小堂、天后宫妈祖庙与谭公庙等；郊野公园类主要包括九澳湿地、黑沙水库、石排湾与黑沙龙爪角生态公园等；天然海滩类主要包括黑沙海滩与竹湾海滩等；旅游休闲类主要包括大熊猫馆与鹭环海天度假区等（图1）。

3　路环生态环境敏感性评价及生态容量分析

3.1　生态环境敏感性评价

同其他海岛相似，路环岛的生态系统具有独特性与脆弱性，易受人类活动干扰，甚至产生不可逆转的破坏。生态敏感性用于描述生态系统对干扰活动的敏感程度，反映生态环境受干扰活动影响的难易程度以及产生后果的严重程度。而生态环境敏感性评价是生态环境规划的基础，为其提供技术支持与科学依据，能够降低城市开发与经济发展破坏生态系统的风险。

目前，澳门存在水资源、森林资源匮乏，生物多样性较低及景观格局破碎化等众多环境问题。借鉴国内外现有研究并重点参考洪鸿加（2011）的针对澳门特别行政区的分析方法，结合路环岛现有的生态问题，筛选出地形坡度、植被、水文、生物多样性、生境及生态服务价值等六个典型生态环境因子，并对路环岛区域进行生态敏感性分析。在ArcGIS平台上，首先采用层次分析法确定各因子权重，继而进行叠加运算；其中，因子包括生境因子（0.310）、水环境因子（0.22）、生物多样性因子（0.149）、生态服务因子（0.130）、植被因子（0.122）与地形地貌因子（0.067），再利用等间距法重新分级，最终分为极度、高度、中度、轻度和非敏感区五个等级（表1）。

图1　澳门路环岛文化旅游资源现状分布

表1　路环岛典型生态因子生态敏感性分级

敏感性因子	极敏感	高敏感	中敏感	低敏感	不敏感
定义	生态价值高区域，该区域严格控制发展	对人类活动敏感性较高，开发时必须慎重考虑	能承受一定的人类干扰，若遭受严重干扰会引起污染，恢复慢	受人类干扰较小，可承受一般强度的开发建设，生态恢复能力较强	可承受一定的开发建设，土地可作多种用途开发
坡度	坡度＞25°	25°＞坡度＞10°		10°＞坡度	

续表

敏感性因子	极敏感	高敏感	中敏感	低敏感	不敏感
植被	红树林、湿地、滩涂	林地	公园绿地	交通绿地	裸露土地、荒地及建设用地
水环境	饮用水一级保护区	饮用水保护区0～200m 缓冲区	饮用水保护区200～400m 缓冲区	饮用水保护区400～600m 缓冲区	其他区域
生境	红树林、湿地、滩涂	林地	公园绿地	交通绿地	裸露土地、荒地及建设用地
生态服务	湿地、水域	林地	公园绿地	裸露土地、荒地	建设用地
生物多样性	滩涂、红树林	林地、水体	公园绿地	裸露土地、荒地	建设用地

（1）坡度方面，路环岛中部山区主体坡度均大于 10°，应避免绿化以外的用途；对部分大于 25° 的区域应该禁止进行开垦；相较而言，黑沙海滩、竹湾海滩、路环旧市区、九澳码头与石排湾等建设区的敏感度较低。

（2）植被方面，九澳水库、黑沙水库以及蝙蝠洞，南部山体的敏感度较高，不宜进行过多的开发建设；已建设地区，例如黑沙海滩、竹湾海滩、路环旧市区、九澳码头与石排湾等建设区的敏感度较低。

（3）水环境方面，九澳水库、黑沙水库和石排湾水库等饮用水水源地周边敏感度较高，应避免开发建设，不建议进行游步道建设。

（4）生境敏感度方面，黑沙海滩、竹湾海滩、龙爪角、东部北段至九澳码头沿岸地区的敏感度较高，如竹湾海滩、黑沙海滩以及蝙蝠洞地区的沿海岸线部分。

（5）生态服务方面，海岸线地带和水库地区的生态服务价值高，生态容易受到破坏，且受到破坏后难以恢复，应该避免高强度开发。

（6）生物多样性方面，海岸线地带和植被覆盖比较好的区域敏感度高，在这些地区应以生物保护为主，避免高强度的开发建设。

总体上，路环岛整体生态环境敏感性较高，尤其体现在九澳水库、黑沙水库、西南部林地、黑沙滩及龙爪角等区域，在利用过程中应注意对开发强度的控制，并以生态环境保护为首要目标。

3.2 旅游生态容量计算与分析

生态容量是指生态系统所能支持的某些特定种群的限度[⑤]。路环岛生态环境敏感性高，其再利用过程必须将人类生存发展的需求与保持自然生态的平衡统筹考虑。因此在保护性开发与再利用过程中，需对路环岛旅游生态容量进行计算与分析。旅游生态容量，作为旅游环境容量的一部分，反映了在确保不致生态环境退化与不破坏自然环境的前提下，在一定时间内旅游场所能够容纳的最大旅游活动量或游客数量。

在旅游生态容量计算方面，选取《风景名胜区总体规划标准》（GB50298—2018）中"游憩用地生态容量"的相关数值作为计算指标（表2），并选用面积法为计算方法。

表2　游憩用地生态容量

用地类型	允许容人量和用地指标	
	（人/hm²）	（m²/人）
（1）针叶林地	2~3	5 000~3 300
（2）阔叶林地	4~8	2 500~1 250
（3）森林公园	<15~20	>660~500
（4）疏林草地	20~25	500~400
（5）草地公园	<70	>140
（6）城镇公园	30~200	330~50
（7）专用浴场	<500	>20
（8）浴场水域	1 000~2 000	20~10
（9）浴场沙滩	1 000~2 000	10~5

资料来源：《风景名胜区总体规划标准》（GB50298—2018）。

将路环岛用地性质以该表内用地类型进行分类，可按开发或保护程度高低分为两种类型。

（1）偏开发的分类方式，将用地性质中的绿地（山体）、体育用地（郊野公园）定义为城镇公园，将高尔夫场类用地定义为草地公园，将沙滩（黑沙湾、竹湾）定义为沙滩浴场。其中，城镇公园总面积443.9公顷，生态容量最小值为13 317人，最大值为88 780人；草地公园总面积47.0公顷，生态容量最小值为1 410人，最大值为3 290人；浴场沙滩总面积7.9公顷，生态容量最小值为7 860人，最大值为15 720人。综上，在偏开发的情景中，路环岛旅游生态容量为22 587~107 790人。

（2）偏保护的分类方式，将用地性质中的绿地（山体）定义为阔叶林地，将体育用地（郊野公园）定义为城镇公园，将高尔夫场类用地定义为草地公园，将沙滩（黑沙湾、竹湾）定义为沙滩浴场。其中，阔叶林地总面积420.9公顷，生态容量最小值为1 684人，最大值为3 367人；城镇公园总面积23.0公顷，生态容量最小值为690人，最大值为4 600人；草地公园总面积47.0公顷，生态容量最小值为1 410人，最大值为3 290人；浴场沙滩总面积7.9公顷，生态容量最小值为7 860人，最大值为15 720人。综上，在偏保护的情景中，路环岛旅游生态容量为10 128~26 977人。

在路环岛利用过程中，应以保护自然本底与生态环境为首要目标，故应选取偏保护的分类方式完成相应容量计算。2007年政府统计数据显示，路环岛地区人口已达20 000人，超出生态容量的最低值

（10 128 人），并迫近最大值（26 977 人），随着人口持续增长，在生态容量上限制约下，路环岛已不适合进行高强度的旅游开发。

4　路环滨海带自然文化景观资源利用策略

4.1　构建环岛滨海生态休闲带，串联多元生态文化旅游资源

结合路环南部现状地形及建设的条件规划滨海生态休闲带，串联荔枝碗、路环旧市区、谭公庙生态岸线、竹湾海滩、黑沙龙爪角、黑沙海滩、黑沙水库、九澳湿地，总长度约 8 千米，促进重要生态文化旅游资源的系统保护与展示。

在滨海生态休闲带上塑造四组、七个标志性景观节点，丰富滨海景观的同时，欣赏优美的滨海景色。景观节点包括路环段的荔枝碗文化活力区、路环文化体验小镇；竹湾段的竹湾海滩生态休闲区、生态商务中心；黑沙段的龙爪角生态公园、黑沙海滩休闲旅游区、黑沙水库郊野公园；九澳段的九澳湿地郊野公园（A 线）、鹭环海天滨海栈道（B 线）。

4.2　贯通滨海生态文化乐活之径，承载康体健身与旅游休闲活动

充分借助山体、海岸景观优势，以优化现状道路为主，因地制宜局部打通、增加步行道路，构建滨海生态文化乐活之径主脉，同时串联支脉步行系统，形成路环岛舒适宜人的慢行网络，既能够满足市民康体健身需求，又能够承载游客旅游休闲活动。

滨海生态文化乐活之径现状主要分为城市道路、郊野道路、滨海道路、滨海无路堤岸四种道路形式（图 2）。针对城市道路主要策略是贯通人行步道，并提升步行铺装品质；针对郊野道路主要策略是在车道旁增设人行道；针对滨海道路主要策略是对现有机动车道进行步行化改造，局部增设滨海休憩空间；针对滨海无路堤岸的主要策略是对堤坝进行自然岸线修复，并在海岸内侧新建架空步道。

4.3　加强路环旧市区文化遗产保护与利用，留下城市历史记忆

在荔枝碗旧船厂地区，保留荔枝碗旧船厂地区的建筑主要结构构件，并对其立面进行改造，利用现有旧船坞改造形成荔枝碗文创水上活力带，成为重要文化遗产节点，积极引入当地特色的手工业与零售商业、特色酒店、精品餐饮等功能，营建具有工业遗产记忆的"船坞市集"。

依托旧市区原有街巷肌理，串联历史街区内各主要历史资源与景观节点，采用具有澳门本地特色的传统铺装，形成丰富的文化观光体验步道。结合各种传统节庆活动的策划，形成浓厚地域特色的街道空间。

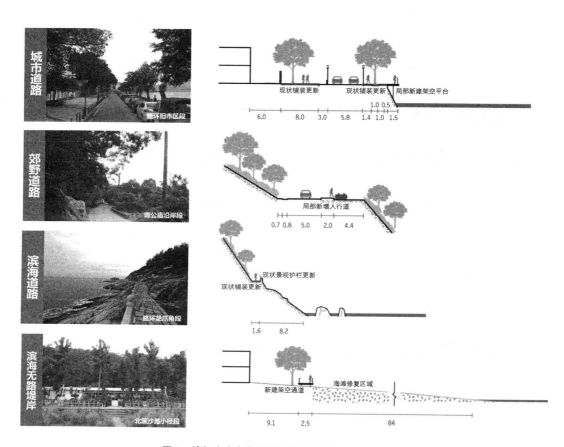

图 2　澳门生态文化乐活之径道路断面改造规划示意

结合现状堤坝改造，形成展现路环旧区风格的海景步道，局部节点架空平台结合视野开阔的路环码头，观海景，眺珠海。

4.4　加强天然黑沙海浴场生态保护与修复，发展综合休闲旅游度假区

"黑沙踏浪"是澳门八景之一，黑沙海滩是深受澳门本地居民与外地游客喜爱的天然海浴场。海滩地区的生境敏感性、生态服务敏感性以及生物多样性敏感性较高。周边建设用地布局相对集中，形成酒店、娱乐服务与居住组团。

该区域主要发展策略包括生态优先、贯通慢行、丰富体验、设施优化等四个方面：保护黑沙景观特色，对局部生态环境进行修复，强调人与自然的和谐关系；对慢行系统进行补充完善，形成连续的公共界面，承载滨海观光休闲活动；充分利用山、海、林、湿地等多种自然资源与黑沙民俗文化，提

供多元旅游体验；在总量控制的前提下，优化服务设施，满足游客的基本使用需求。

4.5 加强竹湾海滩生态保护与开发控制，形成高端生态休闲体验地

竹湾海滩是澳门著名的葡萄牙风情海滩，以山海生态景观与高端休闲闻名。海滩地区的植被敏感性、生境敏感性、生态服务敏感性以及生物多样性敏感性较高。周边建设用地较少，以高端酒店、水上运动中心、私人别墅为主。

该区域主要发展策略包括保护生态、控制建设、丰富体验、强化特色等四个方面：尊重生态本底，最大程度地保护原生景观，降低开发建设对生态环境的影响；控制开发规模与建设强度，进行定向功能引导，打造国际化高端休闲服务区；充分借助山体、海岸景观优势，因地制宜建造架空栈道等游览线路，提供独特的滨海观光体验；挖掘竹湾文化内涵，通过对建筑与景观风貌的控制，延续极具澳门特色的葡国风情。

致谢

清华大学建筑学院吴熙、向双斌、李正祥参与了项目研究与图纸绘制工作，在此一并感谢。

注释

① "一带一路"（The Belt and Road，B&R）是"丝绸之路经济带"和"21世纪海上丝绸之路"的简称，2013年9月和10月由中国国家主席习近平分别提出建设"新丝绸之路经济带"和"21世纪海上丝绸之路"的合作倡议。依靠中国与有关国家既有的双多边机制，借助既有的、行之有效的区域合作平台，"一带一路"旨在借用古代丝绸之路的历史符号，高举和平发展的旗帜，积极发展与沿线国家的经济合作伙伴关系，共同打造政治互信、经济融合、文化包容的利益共同体、命运共同体和责任共同体。

② "粤港澳大湾区"（Guangdong-Hong Kong-Macao Greater Bay Area，GBA）由香港、澳门两个特别行政区和广东省广州、深圳、珠海、佛山、惠州、东莞、中山、江门、肇庆（珠三角）九个地市组成，总面积5.6万平方千米，2018年末总人口已达7 000万人，是中国开放程度最高、经济活力最强的区域之一，在国家发展大局中具有重要战略地位。2017年7月1日，习近平出席《深化粤港澳合作 推进大湾区建设框架协议》签署仪式。推进建设粤港澳大湾区，有利于深化内地和港澳交流合作，对港澳参与国家发展战略，提升竞争力，保持长期繁荣稳定具有重要意义。

③ "一中心、一平台、一基地"是指澳门的城市发展定位：世界旅游休闲中心、中国和葡语国家商贸合作服务平台、中华文化为主流的多元文化交流基地。

④ 数据来源于百度百科。

⑤ 全国科学技术名词审定委员会。

参考文献

[1] 澳门特别行政区政府旅游局. 澳门旅游业发展总体规划——旅游产业与城市发展专题报告[R]. 2016.

[2] 傅嘉维, 李敏, 梁敏如. 澳门园林绿地植物配置特色研究[J]. 广东林业科技, 2011, 27(3): 62-66.

[3] 洪鸿加. 澳门特别行政区生态环境敏感性分析研究[D]. 长沙: 湖南农业大学, 2011.

[4] 清华大学建筑学院. 澳门特别行政区海域利用与发展中长期规划短期目标概念性规划专题报告[R]. 2018.

[5] 薛凤旋. 澳门五百年[M]. 香港: 三联书店(香港)有限公司, 2012.

[6] 袁壮兵. 澳门城市空间形态演变及其影响因素分析[J]. 城市规划, 2011(9): 26-32.

[7] 中国城市规划设计研究院. 澳门新城区总体规划环境影响评估报告[R]. 2016.

[欢迎引用]

郑晓笛, 王晓婷, 边兰春, 等. 澳门路环滨海带生态文化景观资源保护与利用策略研究[J]. 城市与区域规划研究·澳门特辑, 2022: 157-166.

ZHENG X D, WANG X T, BIAN L C, et al. Study on protection and utilization strategies of eco-cultural landscape resources in the Coastal Corridor of Coloane, Macao [J]. Journal of Urban and Regional Planning: Special Issue on Macao, 2022: 157-166.

公共性视角下澳门高密度城市公共空间评测研究

陈明玉　甘　草　边兰春

Measurement of High-Density Public Space in Macao from the Perspective of Publicity

CHEN Mingyu, GAN Cao, BIAN Lanchun
(School of Architecture, Tsinghua University, Beijing 100084, China)

Abstract　Macao, a long-established high-density city, presents a unique feature that distinguishes it from other cities in the evolution of public space. From the theoretical perspective of political philosophy, this paper draws on the theoretical framework of the "public domain" to make the point about the public domain types, which include representative public domain, civic public domain, civil public domain, and the public domain that loses power. By summarizing public space measurement model in existing studies and developing the quantitative measurement index system applicable to the actual situation of public space in Macao, this paper aims to verify the ideas about the public space domain types in Macao and to analyze its characteristics. Quantitative elements include GIS data statistical analysis for physical properties of public space in Macao and Google Street View scores for public space facilities. The results of spatial clustering analysis show that Macao has produced distinct public domain types which differ in property rights, morphological characteristics, and other attributes under its high-density built environment development. Finally, combining the characteristics of the four public domains in the measurement indicators, this study attempts to infer the impact of Macao's public space on daily use in the structural transformation process and proposes some suggestions to improve the public life quality.

Keywords　Macao; high-density; public domain; public space measurement

---

作者简介
陈明玉、甘草、边兰春，清华大学建筑学院。

摘　要　澳门作为历史悠久的高密度发展城市，在公共空间演变过程中呈现出区别于其他城市的独特特征。文章从政治哲学的理论视角出发，借鉴"公共领域"的理论框架提出澳门现阶段具有代表型公共领域、市民公共领域、平民公共领域和失去权力的公共领域的观点。

文章通过梳理已有研究中出现的公共空间公共性的评价模型，构建适用于澳门公共空间实际情况的定量评测指标体系，旨在验证文中关于澳门公共空间领域类型的观点并归纳分析其特征。量化的要素内容包括澳门公共空间物质属性的GIS数据统计分析和公共空间绿化设施的谷歌街景打分等。

空间聚类分析的结果表明，澳门在城市宗教、政治和经济背景不断发生改变的过程中也促使其在高密度物质环境中产生包括产权属性、形态特征等属性差异较为明显的公共领域。最后，结合四种公共领域在评测指标中呈现的特征，文章试图推断澳门城市公共空间在结构转型过程中对人的使用所产生的影响并提出改进建议。

关键词　澳门；高密度；公共领域；公共空间评测

1　"公共空间"与"公共性"理论综述

城市公共空间一般是指由公共权力进行建设并维护，供市民使用的城市开放空间，主要类型包括街道、公园、广场等（张翰卿，2005）。自人类社会和城市产生开始，城市公共空间即成为城市肌理的重要组成部分，且与城市的社会、经济、政治、文化背景密切相关（张翰卿，2005）。

1.1 "公共空间"理论综述

虽然城市公共空间是现如今城市设计学界讨论的重点话题,但是这一概念在 1950 年后才开始真正在学界出现(陈竹、叶珉,2009)。美国学者纳达依(Nadai,2000)将公共空间理论的发展历史分为四个阶段:20 世纪 50 年代"公共空间"这一概念首次出现在社会学和政治哲学的相关著作中;60～70 年代"公共空间"这一概念被引入城市研究中;70 年代中后期"公共空间"这一概念开始与当时政治文化和社会思想运动相结合;80 年代至今学界开始关注"公共空间"的商业化和内在矛盾。

区别于之前的开放空间或开敞空间这些概念,"公共空间"这一概念的出现标志着城市研究开始关注城市空间背后的经济、政治、社会背景,且开始重视城市空间在经济和功能价值之外的人文与社会价值(陈竹、叶珉,2009)。目前对城市公共空间的研究主要从以下四个理论视角进行研究,即空间美学角度、城市空间与认知的角度、城市及社会研究角度,即从社会生活发生和共存的角度对城市公共空间进行研究;政治哲学研究角度,即将公共空间视为居民政治生活的平台和空间,对公共空间的公共性进行探讨(陈竹、叶珉,2009)。

目前国内对公共空间的研究很少有从政治哲学的角度,对公共空间的公共领域的变化进行深入的探讨。因此,本文在公共领域理论框架的基础上,结合对某一特定城市公共空间形态的分析,对其公共空间公共性的变迁进行探讨,并提出相应的建议。

1.2 "公共性"理论综述

在政治哲学理论视角看来,在社会政治生活中"公共空间"的公共性直接与"公共领域"这一理论相关,西方政治哲学关于"公共领域"的理论演变可以分为四个主要的理论模型(陈竹、叶珉,2009)。汉娜·阿伦特最早提出了"公共领域"这一概念,她从哲学的角度对公共领域进行了初步的定义和价值阐述,她所认为的公共领域是一个纯粹意义上的公共领域,摆脱了政治因素和经济因素的影响,公共领域中的公众参与是意义与价值的重要来源(Arendt,1958)。自由主义政治哲学家布鲁斯·阿曼则认为公共领域最重要的价值是为公众提供广泛和开放的政治辩论基础,因此在一个民主社会中,公共领域应该受到社会权力和机制的保障(Ackerman,1980)。20 世纪 60 年代,哈贝马斯提出了为大家广泛接受且较为完整的公共领域的理论框架,在《公共领域的结构转型》一书中,他记述了公共领域的两次转型,即市民领域形成之后从代表型公共领域转型为市民公共领域,以及国家社会化和社会国家化之后市民公共领域逐渐失去权力的过程(哈贝马斯,1999)。值得注意的是,哈贝马斯对平民公共领域有一定的忽视,对失去权力的公共领域形成原因的论述不太深入,哈贝马斯之后的理论学家对平民公共领域和失去权力的公共领域进行了进一步的阐述,形成了公共领域较为完整的理论框架(冯月,2018)。

本文结合哈贝马斯的理论框架和后续学者的研究,将城市公共空间的公共领域分成以下四类。

(1)古典公共领域:古希腊的城市公共空间集中体现了古典公共领域的特性。发达的古希腊城邦承认自由民所特有的私人领域，也形成了与私人领域泾渭分明的公共领域（李昊，2016）。这一时期公共领域以城邦制度化的活动为主要内容，城市公共空间公共领域的核心内涵是政治理性（李昊，2016）。这一时期古希腊的广场也充分反映了古典公共领域的特征，与宗教场所相反，它一直作为集会场所，其周边围绕着公民大会会场、议事会厅、市政厅、陪审法庭、柱廊和公共浴室等公共建筑，形成了以城邦政治活动需求为核心的公共空间（李昊，2016）。

（2）代表型公共领域：中世纪和巴洛克时期的城市公共空间集中体现了代表型公共领域的特征。在这一时期教会、领主和国家形成了完整的目的体系，个人被完全置入到这个超越个人的目的体系中去（哈贝马斯，1999）。这一时期的公共领域具有展示性的特征，民众被代表型统治排挤在外，但民众依旧是不可或缺的，他们构成了衬托统治阶级、贵族、教会显贵以及国外等展示自身及其地位的背景（哈贝马斯，1999）。

（3）市民公共领域/资产阶级公共领域：随着社会经济的自主发展，政府的对应物，市民社会逐渐发展了起来（哈贝马斯，1999）。对当时的城市而言，以家庭为单位的个体经济成为他们的生存核心，真正的私人领域被建立起来（哈贝马斯，1999）。随着市民社会的发展与壮大，逐渐形成了一种介于国家与市民之间，制衡国家政治权力，监护市民社会的中间力量，这种力量即所谓的资产阶级公共领域（哈贝马斯，1999）。资产阶级公共领域的主体是有私人财产和受到良好教育的市民，资产阶级公共领域的根本特性是公共性，这种公共性包括三层含义：参与主体在形式上的普遍开放性、价值立场上的理性批判性、价值诉求上的公共利益性（李昊，2016）。这一公共领域的形成在城市空间中主要体现在咖啡馆、画廊、展览馆、音乐厅和剧院日常生活的公共场所的形成与发展上（李昊，2016）。

（4）平民公共领域：哈贝马斯对平民公共领域有一定的忽视，后续的理论学者认为，平民公共领域以资产阶级公共领域为参照，是资产阶级公共领域的一个变种（冯月，2018）。平民公共领域中的公众主体是一些私人财富较少且没有受过教育的社会下层人民，平民公共领域的发展是在资产阶级公共领域公众的引导下逐渐实现的，但是其革命的彻底性、政治的批判性却远甚于资产阶级公共领域（冯月，2018）。

2 澳门公共空间演变过程

澳门城市发展主要经历了四个不同的阶段：1586～1840 年的天主教城时期；1840～1974 年的殖民开发时期；1974～2000 年的现代化发展时期；2000 年之后的博彩业发展时期。每一阶段澳门的宗教、政治和经济等方面均发生了显著的结构性的改变（童乔慧，2004）。本文的研究范围涵盖澳门离岛共计 30.26 平方千米，结合现场调研和街景校核确定澳门公共空间共计 294 个，面积约为 152 万平方米，并将其根据实际使用情况和形态类型细分为居住区私有绿化、围合式开放空间、街巷式开放空间以及观赏性景观绿化（不可使用）四种。本文将这四类公共空间置于澳门宗教、政治和经济的变迁背景中，依据"谁的公共领域？谁在使用？谁在管理？"的公共领域理论框架核心内容，提出澳门在高密度发展过程中产生了具有明显特征差异的公共领域的观点，即代表型公共领域、市民公共领域、平民公共领域和失去权力的公共领域四种。

2.1 天主教城时期：代表型公共领域

天主教城时期，主要公共空间以教堂前地、庙宇前地和公共建筑前地为主，体现出了代表型公共领域的特征。在这一时期澳门的城市结构体现了中世纪葡萄牙城市空间的形态特征，由一条"Y"字形的直街串联起一系列的教堂前地，形成澳门老城的公共空间结构（童乔慧，2004）。教堂前地一般位于高处，且是周边居住区的中心。

以议事厅前地和板障堂前地为例，议事厅前地由民政总署支配，板障堂前地由教堂支配，议事厅前地属于深远型广场，使人可以更好地观看市政厅立面（童乔慧，2004）。其他的建筑以拱券构成连续完整的立面，仁慈堂、板障堂和市政厅等标志性建筑与周边的背景形成鲜明的对比，成为广场建筑群的中心和标志（童乔慧，2004）。这一广场的空间布局体现了政府建筑和宗教建筑在广场设计中的支配性作用，也反映当时公共领域中城市最高权力机构和宗教信仰的支配性作用（图1、图2），现多为游客聚集的场所。

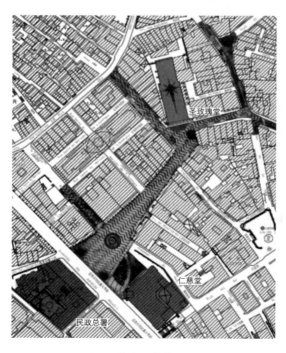

图 1 议事厅前地平面

图 2　议事厅现状

2.2　殖民开发时期：市民公共领域

　　这一阶段的城市公共空间以街巷前地和传统公园为主，体现了市民公共领域在澳门的初步形成。第一次鸦片战争之后，葡萄牙女王将澳门内港、氹仔和锚地确定为自由港，此外，转口商品加工工业、工商业和传统渔农业也在澳门开始发展起来（赵云强，2018）。在经济发展以及葡人与华人区融合的背景之下，市民阶层开始逐渐在澳门形成，公共领域开始从代表型公共领域向市民公共领域进行转型。这一特点也反映在城市公共空间上。这一时期的公共空间以疯堂斜巷的街巷前地和以华士古达伽马花园的葡式传统公园为代表。

　　殖民开发时期澳门产生了很多利用街巷空间或街道的局部展开形成的公共空间，这类空间形式相对比较自由，是附近居民重要的活动场所和休息娱乐场所，与教堂前地相比，街巷前地赋予市民更多的活动内容和生活空间（童乔慧，2004），疯堂斜街前地就是其中典型的代表（图 3、图 4）。19 世纪下半叶至 20 世纪上半叶，在葡萄牙政府的主导下，澳门进行了城市绿化革命，政府收购了一批私人花园并将其开放。与此同时，澳门政府也建设了一批传统公园供居民休憩和娱乐（童乔慧，2004）。以华士古达伽马花园为例，这个花园是为了纪念达·伽马率领舰队抵达印度 400 周年而修建，在其刚修建的时候，园中大道两旁分置盘花，闲设椅凳，供游人欣赏和休憩，园中有一高台，有洋乐队每周

三、周六下午演奏世界名曲（童乔慧，2004）。这一时期澳门的宗教团被取缔，澳门政府获得他们的土地和财产，公共空间的土地和产权多回到政府手中（童乔慧，2004）。这一阶段的公共空间不再是由宗教建筑和政府建筑支配或控制，公共空间内的活动也更多地反映了市民阶级公共生活的特征（图5、图6）。现今此类公共领域被游客和当地居民较高频率地使用。

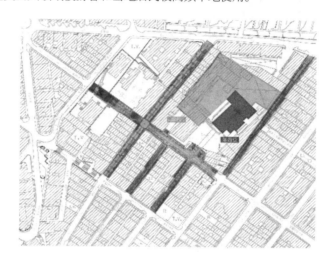

图3　疯堂斜街（街巷前地）平面

图4　疯堂斜街（街巷前地）谷歌街景

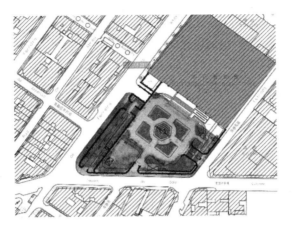

图 5　华士古达伽马花园前地平面

图 6　华士古达伽马花园前地现状

2.3　现代化发展时期：平民公共领域

　　这一阶段的城市公共空间以大型的带状公园和小型的社区公园为主，体现了平民公共领域在澳门的初步形成。1974 年，葡萄牙发生了"四·二五"革命，澳门开始实施非殖民地政策。此外，由于东亚经济重心的转移以及自然灾害的影响，大量的非法移民偷渡进入澳门，1989 年澳门采取"龙的行动"帮助无证人士登记身份，在多重因素的影响下澳门人口迅速增加（赵云强，2018）。这一时期东北马场区和黑沙区填海建设了大量的低收入居住区，新建的公共空间受到大规模开发的影响，多以居住区旁的大型条带状绿地和居住区空地的小型社区公园为主。

　　现代化发展时期建成的公共空间多存在于高密度居住区的空隙之中，或为带状和条状绿地公园的形式（如图7、图8的黑沙环公园），或为街角的一小块社区活动场地（如图9、图10的大明阁游荡场街头活动场地）。与其他类型的公共空间相比，这一阶段的公共空间缺少包括铺地在内的很多装饰性要素，主要设施是一些供居民使用的娱乐设施和运动设施，更多用于当地居民日常使用。总体来看，这一时期澳门的平民公共领域开始兴起，城市公共空间也呈现出平民公共领域的特征，虽然空间品质与代表型公共领域和市民公共领域相比较低，但居民在实际使用上利用率较高，这类公共空间资源也是高密度发展的澳门城市在数量上较为缺少的部分。

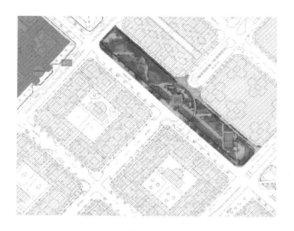

图7　黑沙环公园平面

图8　黑沙环公园现状

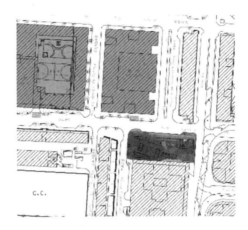

图 9 大明阁游荡场平面

图 10 大明阁游荡场现状

2.4 博彩业发展时期：失去权力的公共领域

这一阶段的城市公共空间以博彩区大型绿地为主，体现了公共领域逐渐失去其批判性和权力，开始呈现出消费主义和大众文化的面貌（哈贝马斯，1999）。这一阶段的公共空间多布置在赌场周边，铺装华丽，具有很强的装饰性，但是却不具备亲人的尺度和供公众休闲及娱乐的相应设施（图11）。虽然这类大型公共绿地对公众是可达的，但是公众却很难在其中进行活动。一方面是由于其设计目的是提升大型赌场或酒店的外观形象而缺少遮阳和休憩等停留活动设施；另一方面这类空间的产权多掌握在赌场或酒店手里，虽然公众可以到达这些空间，但是这些公共空间本质上失去了其中立的特征，公众在其中的活动从批判性阅读和理性沟通变成了商品性的消费，公共领域呈现出一定的衰落的现象

（哈贝马斯，1999）。

图 11　澳门银河综合度假城带状绿地平面和透视

3　澳门公共空间公共性定量评测

3.1　评测指标体系

通过梳理国内外的公共空间评价模型与指标体系发现，国内学者更多的是根据所评价的公共空间的类型、区位建立不同的公共性评价体系，侧重从空间的物质特性角度来构建评价体系。如徐磊青、言语（2016）从包容性、可达性和功能可见性三个方面评价公共性，而罗超（2018）针对城市滨水公共空间提出从城市、场所、设施三个尺度层面来衡量公共性，在最新的国内研究文献中，梁爽等（2019）从公共空间的可达程度、服务类型、土地利用的混合程度、分布的公共性四个方面评价深圳南山区公共空间。而相较于我国的评价体系，国外的公共性评价体系不仅包含物质属性层面，也包含管理、运营和维护层面的指标属性。阿克卡（Akkar，2005）提出从可达性、使用者和公共利益三个层面进行评价，2007 年梅利克（Melik，2007）提出情境/安全空间模型、强调监控、实际使用过程评价。而内梅斯（Nemeth，2008）则进一步提炼出鼓励和控制公共使用两个原则，瓦尔纳和蒂耶斯德尔（Varna and Tiesdell，2010）构建的公共性评价星形模型兼顾物质空间属性、管理维护和实际使用情况，包含公私产权（ownership）、控制（control）、运营状况（civility）、形态（physical configuration）、活力（animation）五个层面，较其他评测模型更为综合全面。2013 年梅赫塔（Mehta，2013）总结公共空间应该具有包容性、舒适、愉悦度、安全、容纳有意义的活动五个品质。本文根据澳门公共空间的实际情况和研究基础选择瓦尔纳和蒂耶斯德尔在 2010 年提出的星形模型作为构建定量评测模型的基础。

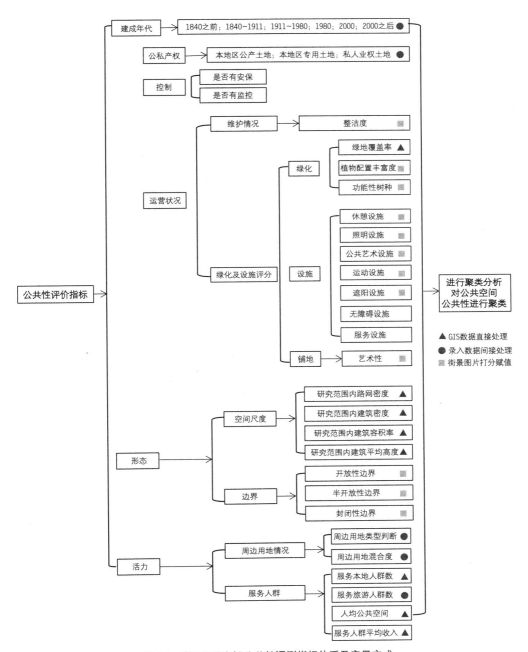

图 12　澳门公共空间公共性评测指标体系及定量方式

资料来源：澳门 2016 年城市用地及建筑信息测绘数据；澳门统计暨普查局分区人口及收入数据 2019，

https://www.dsec.gov.mo/home_zhmo.aspx。

在星形模型五个指标层面的基础上，本文对评测指标包含的具体要素进行了拓展，在指标层级上增加了公共空间的建成年代属性。在运营状况层面，拓展原有星形模型的设施类型，结合澳门实际情况增加绿化和铺地两个评测要素。绿化要素层面的评测内容参考牟燕川（2013）中关于绿地和植物类的评测要素，而设施层面指标则借鉴任帅等（2018）关于开放空间的功能性指标的内容和公共开放空间远程桌面评价工具（杨晓春等，2016）。指标在量化的过程中主要采取三种方法（图12）：第一种是直接处理GIS数据，即根据公共空间面积所对应的服务半径（表1），对每个公共空间进行服务半径内的属性赋值，如建筑密度、容积率、平均建筑层数、人均公共空间面积、服务人群平均收入等（图13）；第二种是通过收集相关数据资料手动录入GIS平台进行公共空间的赋值统计，如公私产权[①]（黄世兴，2003）、用地类型及混合度、服务的游客群体（澳门政府旅游局的游客热点场地统计[②]）等要素；相较于前两种以具体数值为主的数据信息，第三种主要是通过街景照片打分的方式来对公共空间的运营状况进行分类赋值。研究中截取了澳门294个公共空间不同角度的共801张谷歌街景图片，除了功能性树种，运动设施除了有/无的赋值外还有覆盖度/丰富度的判断外，其他指标都以有/无来进行分类赋值（如有赋值1，无则赋值0），照片打分工作由本文作者对各类设施的打分标准达成共识的基础上（图13）共同完成，同时包含2次及以上的分数校核过程。

表1　澳门公共空间GIS赋值统计分类

公共空间面积（hm²）	公共空间类型	服务半径（m）
A≥25	全市型公共空间	2 000
A＜25且A≥10	区域型公共空间	1 000
A＜10且A≥1	社区公共空间	500
A＜1	街旁公共空间	300

资料来源：江海燕等，2010。

开放性边界（全无遮挡）；有休憩设施（座椅）

半开放性边界（可跨越的，绿篱树池或矮墙）；铺装具有艺术性；有公共艺术设施

封闭性边界（有门禁时限）；铺装无艺术性；有遮阳设施（亭子）

运动设施有且丰富（2种及以上：儿童　功能性树种有且丰富（垂直覆盖率超过　有运动设施但不丰富；有功能性树种
设施和健身器材）　　　　　　　　50%）；铺装具有艺术性　　　　　　但不丰富

图 13　公共空间街景照片打分标准示意

3.2　聚类分析结果

对澳门公共空间公共性评测指标数据进行 SPSS 聚类分析，当聚类结果为 6 或 7 类时是较为理想和科学的结果（表 2、表 3）。以 6 类公共空间结果为例，通过要素特征的进一步分析发现其较为符合前文提出的四种澳门公共领域的特点。代表型公共领域主要表现在第 2 类，占公共空间总面积的 4.2%，

表 2　6 类公共空间聚类结果

	聚集中心					
	1	2	3	4	5	6
年代	0.054 69	−1.053 04	0.634 77	0.267 99	−1.185 25	0.689 42
建筑密度	0.035 28	1.501 19	−0.812 99	0.233 54	−0.870 55	−0.029 02
容积率	0.472 34	0.316 68	−0.714 48	0.254 03	−1.204 44	0.306 32
街道密度	−0.329 60	2.012 15	−0.851 39	0.154 59	0.231 49	−0.551 81
权属赋值	1.204 55	−0.519 39	−0.453 77	−0.492 52	−0.722 99	−0.308 39
用地多样性	−0.012 49	−0.826 89	−0.138 18	0.323 46	−0.222 56	1.002 60
绿地覆盖率	−0.570 89	−0.332 64	0.650 05	0.481 95	−0.388 81	0.284 08
休憩设施	0.100 47	−0.255 04	−0.750 70	0.564 35	0.175 09	0.063 49
照明设施	0.098 11	−0.227 91	−0.063 75	0.247 31	−0.608 10	0.247 31
公共艺术设施	−0.618 18	0.291 35	0.038 33	0.341 66	−0.164 53	0.972 77
运动设施有无	0.739 89	−0.615 99	−0.675 84	0.660 03	−0.828 01	−0.814 62
运动设施丰富度	0.235 50	−0.478 90	−0.478 90	0.759 78	−0.393 57	−0.478 90
遮阳设施	−0.361 50	−0.367 90	−0.145 22	1.052 60	−0.257 81	−0.208 27
植物配置丰富度	−0.646 35	−0.139 27	0.444 80	0.671 48	−0.372 29	0.226 91
功能性植物有无	−0.640 48	0.097 35	−0.394 79	0.920 39	0.452 33	0.106 22

续表

	聚集中心					
	1	2	3	4	5	6
垂直绿化覆盖率	−0.426 69	−0.017 94	−0.313 54	0.988 45	0.069 95	−0.351 89
铺地艺术性	−0.564 29	0.052 77	0.146 81	0.034 64	0.569 95	0.772 33
边界类型	1.001 25	−0.178 93	−0.421 74	−0.132 11	−0.887 31	−0.866 40
整洁度	−0.284 90	−0.191 76	0.222 74	0.379 67	−0.499 84	0.424 39
旅游人数	−0.540 91	0.531 28	0.483 71	−0.478 65	1.311 83	−0.355 63
服务人数	−0.046 23	0.618 13	−0.599 37	0.811 68	−0.738 30	−0.539 44
平均收入	0.510 09	−1.032 79	0.323 45	−0.680 77	0.359 28	0.278 09
旅游用地占比	−0.328 26	−0.306 01	−0.360 08	−0.095 24	0.246 38	2.302 58
公共设施用地占比	−0.678 42	0.507 93	−0.328 36	0.608 74	0.587 24	0.110 40
居住用地占比	−0.868 87	1.163 24	−0.468 75	0.595 70	0.562 06	0.193 28
商业用地占比	−0.500 63	−0.004 41	−0.447 56	−0.098 40	1.200 38	1.516 73
平均层数	0.655 18	−0.640 54	−0.258 69	0.110 78	−1.331 43	0.560 67

表3　7类公共空间聚类结果

	聚集中心						
	1	2	3	4	5	6	7
年代	−1.134 90	0.364 80	−1.053 04	0.450 54	0.386 88	0.863 43	0.051 35
建筑密度	1.568 91	0.487 83	−1.133 75	−0.073 23	−0.637 43	−0.529 38	0.026 67
容积率	0.332 52	0.557 53	−1.323 15	0.187 65	−0.726 52	−0.435 83	0.462 67
街道密度	2.088 97	0.310 69	−0.019 85	−0.503 14	−0.300 17	−0.894 41	−0.355 74
权属赋值	−0.503 06	−0.496 26	−0.735 33	−0.360 74	−0.583 46	−0.376 82	1.254 23
用地多样性	−0.878 39	0.257 38	−0.631 70	1.001 11	0.628 80	−0.138 51	0.011 73
绿地覆盖率	−0.371 34	0.449 51	−0.416 64	0.192 89	0.441 70	1.119 90	−0.614 98
休憩设施	−0.251 62	0.733 10	0.268 09	0.135 23	−0.232 69	−1.133 21	0.093 03
照明设施	−0.255 87	0.247 31	−0.346 72	0.247 31	0.082 81	−0.215 07	0.096 36
公共艺术设施	0.284 29	0.411 32	0.111 40	0.874 05	−0.253 12	0.031 96	−0.617 58
运动设施有无	−0.658 66	0.736 97	−0.560 20	−0.823 22	0.032 06	−0.840 67	0.711 87
运动设施丰富度	−0.478 90	0.747 73	−0.123 35	−0.478 90	−0.085 06	−0.478 90	0.213 79
遮阳设施	−0.359 80	1.300 63	0.182 54	−0.240 12	−0.219 70	−0.371 62	−0.359 80
植物配置丰富度	−0.090 32	0.776 18	−0.139 27	0.169 84	−0.280 11	0.755 93	−0.642 52

续表

	聚集中心						
	1	2	3	4	5	6	7
功能性植物有无	0.103 87	0.860 01	0.430 15	0.200 36	0.293 61	−0.472 30	−0.659 60
垂直绿化覆盖率	0.007 91	0.915 81	−0.017 94	−0.269 03	0.353 87	−0.243 58	−0.426 33
铺地艺术性	0.105 68	0.123 04	0.502 50	0.815 70	−0.379 65	0.192 55	−0.560 97
边界类型	−0.254 07	−0.207 96	−0.672 47	−0.879 84	−0.147 67	−0.370 38	1.000 10
整洁度	−0.228 01	0.366 63	−0.268 78	0.424 39	−0.002 18	0.349 45	−0.293 25
旅游人数	0.571 64	−0.508 74	0.767 16	−0.044 64	−0.125 23	0.752 67	−0.540 91
服务人数	0.617 49	1.063 96	−0.769 41	−0.569 54	−0.002 09	−0.633 41	−0.057 98
平均收入	−1.044 94	−0.783 91	0.532 90	0.203 39	−0.303 48	0.278 15	0.539 71
旅游用地占比	−0.302 68	−0.065 50	−0.141 12	2.325 41	−0.204 28	−0.362 62	−0.327 85
公共设施用地占比	0.484 54	0.415 88	−0.132 15	0.077 91	1.910 60	−0.699 79	−0.678 17
居住用地占比	1.153 69	0.524 49	0.483 30	0.156 43	0.715 34	−0.838 94	−0.867 51
商业用地占比	0.017 49	−0.065 48	0.544 79	1.667 03	−0.134 64	−0.478 62	−0.500 37
平均层数	−0.664 23	0.344 93	−1.438 81	0.406 99	−0.286 79	−0.062 61	0.661 20

聚类特征为周边建筑密度、容积率和街道密度都较高，但多以艺术性铺装为主，绿地覆盖率和设施丰富度较低，多服务于游客和当地居民，空间展示性较强。第 1 类和第 5 类体现了市民公共领域的主要特征，占比分别为 13.4% 和 2.5%。第 1 类并不对所有人开放，属于特定住宅区间绿地，设施配备较齐全，铺装较为精致，绿化覆盖率也较高；而第 5 类多为离岛老城的传统街巷，与大规模居住区距离较远，多为旅游热点场所，功能上多为商业街巷，同时也是展示市民生活的城市名片。平民公共领域主要表现在第 4 类（占比 29.4%），服务人群的收入在 6 类空间中最低，多包括较多种运动设施，是儿童及老人日常主要活动场地，铺地不讲求艺术性，有些场地的维护情况也较差。最后，占比 40% 的第 3 类和占比 10.3% 的第 6 类公共空间集中体现了失去权力的公共领域的特点，这两类公共空间多有大片草坪，缺少遮阳，休憩，健身等让人活动和停留的设施，景观设计上多与构筑物或雕塑结合，植物配置较为丰富，具有较强的视觉观赏性，但绿化覆盖率不高。第 3 类空间多与赌场或酒店结合布置，多为游客驻足赌场拍照的热点；而第 6 类多为城市道路景观轴线绿化或滨海景观绿道，虽然居民也会使用滨海绿道上的健身设施，但这些设施多缺乏配套的遮阳树种或凉亭，白天的使用情况没有傍晚高，景观设计上与第 1 类类似，仍以视觉美观为首要考虑要素。

3.3 不同公共领域的使用影响

从聚类统计的分析结果上看，失去权力的公共领域占到总的公共空间面积的一半以上，而使用率最高的平民公共领域占比不足 30%，鉴于平民公共领域多集中在高密度居住区（如澳门佑汉社区的人口居住密度高达 10 万人/平方米），平民公共领域的空间数量及质量都亟待提升。目前已有一些社区菜市场将屋顶空间利用为公共活动空间或将一些街巷限时封闭为活动空间，这些临时性公共空间和小微见缝插针式空间为提升高密度环境下居民的身心健康起到了重要作用，因此建议一方面改善建成公共空间质量，另一方面通过垂直设计方式寻求更多潜在的可利用公共空间，创造可用于活动的社区型场所。代表型公共领域和市民公共领域在传达澳门的历史底蕴方面起到了重要作用，但也需要进一步完善细节设计，如无障碍设施和服务设施等方面，将呈现出衰败的前地空间整合进城市文化景观系统来统筹考虑设计。最后，澳门在不断向高密度发展的过程中，要注意到不断增加的失去权力的公共领域对人的使用和日常生活产生的影响，更多地考虑公共空间的公共性。

4　结论与不足

本文在"公共空间与公共性"的理论框架下，将澳门这一高密度发展的历史城市作为研究对象，深入讨论了澳门存在的公共领域类型，并通过定量评测验证了所提出的观点，即澳门随着城市政治、宗教与经济的改变导致公共领域权力结构的转型，使其城市公共空间的尺度、形式、设施、服务人群产生变化，出现了代表型公共领域、市民公共领域、平民公共领域和失去权力的公共领域四种类型。通过对聚类空间的特征进行分析发现，在资本和消费主义社会的影响下，澳门现有的公共空间开始逐渐商业化，过于追求视觉上的壮观而忽视公共使用和居民的公共生活。而作为市民公共领域和平民公共领域的城市公共空间则存在面积较小、占比较少、服务人群过多的问题。未来澳门的城市设计与城市建设工作应该以增加居民区的小型公共空间、改善居民区公共空间的品质和提升居民区公共空间的宜人性为主。在公共空间的景观设计上，应尽量减少形式性的景观要素，多布置供居民休憩、游览和交流的相关设施，以提升公共空间的公共性。同时需要指出的是，本文在定量评测过程中由于方法限制，无法完整地将澳门公共空间公共性评测体系内的所有指标进行定量（如控制层面的监控信息和运营层面的无障碍设施的设置情况等）。此外，量化不同公共领域对人身心健康所产生的具体影响也是本文需要进一步拓展的内容，这部分工作的完成有助于推进得到以人为本的更具有科学性的公共空间改善建议。

致谢

感谢澳门科技大学郑剑艺老师和清华大学建筑学院陈汉瑜同学提供的相关数据帮助。

注释

① 澳门现行土地法将澳门土地按权属分为三类：本地区公产土地、本地区专用土地、私人业权土地。澳门本地区公产土地：又简称公地，指由法律规定土地公用并接受有关法律管制的土地，即无特定使用者的公用土地，包

括道路、行人道、公园、广场等所占用的土地。澳门本地区专用土地：凡不被视为公用土地也非私人业权的土地，如政府机关所在地或政府正在使用的土地。这一类土地也为澳门政府所有，但是有特定的使用者，特定的使用者仅限于政府及相关部门等公共机构。澳门私人业权土地主要包括三种形式：1）凡由私人而非公权团体在某一地段构成永久性业权者，则该地段受私人业权制度所管制；2）为本老城区长期租借批给的都市房地产的利用权，按民法规定，可通过时效取得；3）倘有关都市房地产无法取得文件、纪录或缴付地租的证据，且自私人占有达二十年以上者，推定为向本地区长期租借。

② 澳门政府旅游局的游客热点场地统计：https://poimonitor.macaotourism.gov.mo/home。

参考文献

[1] ACKERMAN B A. Social justice in the liberal state[M]. New Haven: Yale University Press, 1980.

[2] AKKAR M. The changing "publicness" of contemporary public spaces: a case study of the grey's monument area, Newcastle upon Tyne[J]. Urban Design International, 2005, 10(2): 95-113.

[3] ARENDT H. The human condition[M]. Chicago: University of Chicago Press, 1958.

[4] MEHTA V. Evaluating public space[J]. Journal of Urban Design, 2014, 19(1).

[5] MELIK R V, AALST I V, WEESEP J V. Fear and fantasy in the public domain: the development of secured and themed urban space[J]. Journal of Urban Design, 2007, 12(1).

[6] NADAI L. Discourses of urban public space, USA 1960-1995 a historical critique[D]. Unpublished PhD thesis. Columbia University, 2000.

[7] NEMETH J. Defining a public: the management of privately owned public space[J]. Urban Studies, 2009, 46(11): 2463-2490.

[8] VARNA G, TIESDLL S. Assessing the publicness of public space: the star model of publicness[J]. Journal of Urban Design, 2010, 15(4):575-598.

[9] 陈竹, 叶珉. 什么是真正的公共空间? ——西方城市公共空间理论与空间公共性的判定[J]. 国际城市规划, 2009, 24(3): 44-49＋53.

[10] 冯月. 平民公共领域初控探[D]. 南宁: 广西大学, 2018.

[11] 哈贝马斯. 公共领域的结构转型[M]. 曹卫东, 王晓玉, 刘北城, 等译. 上海: 学林出版社, 1999.

[12] 黄世兴. 澳门地籍管理与土地利用[D]. 广州: 华南师范大学, 2003.

[13] 江海燕, 周春山, 肖荣波. 广州公园绿地的空间差异及社会公平研究[J]. 城市规划, 2010, 34(4): 43-48.

[14] 李昊. 公共空间的意义:当代中国城市公共空间的价值思辨与建构[M]. 北京: 中国建筑工业出版社, 2016.

[15] 梁爽, 高文秀. 深圳南山区城市公共开放空间公共性评价研究[J]. 规划师, 2019, 35(9): 52-56.

[16] 罗超. 城市滨水公共空间公共性研究[D]. 厦门: 厦门大学, 2018.

[17] 牟燕川, 胡昂. 社区园林绿化及其水环境评价指标体系的研究[J]. 四川建筑科学研究, 2013, 39(3): 293-295.

[18] 清华大学、澳门大学, 等. 21 世纪澳门城市规划纲要研究专题报告[中文版][M]. 澳门发展与合作基金会, 1999.

[19] 任帅, 林世平, 陈隆. 基于主成分分析法的城市街道开放空间活力的量化评价研究[J]. 海南大学学报(自然科学版), 2018, 36(1): 69-77.

[20] 童乔慧. 澳门城市环境与文脉研究[D]. 南京: 东南大学, 2004.

[21] 徐磊青, 言语. 公共空间的公共性评估模型评述[J]. 新建筑, 2016(1): 4-9.

[22] 杨晓春, 裴晓晨. 公共开放空间远程桌面评价工具评介[J]. 国际城市规划, 2016, 31(4): 44-50.

[23] 张翰卿. 美国城市公共空间的发展历史[J]. 规划师, 2005(2): 111-114.

[24] 赵云强. 澳门半岛葡城边缘带发展演变研究[D]. 厦门: 华侨大学, 2018.

[欢迎引用]

陈明玉, 甘草, 边兰春. 公共性视角下澳门高密度城市公共空间评测研究 [J]. 城市与区域规划研究·澳门特辑, 2022: 167-184.

CHEN M Y, GAN C, BIAN L C. Measurement of high-density public space in Macao from the perspective of publicity [J]. Journal of Urban and Regional Planning: Special Issue on Macao, 2022: 167-184.

勾地政策对香港房价实施效果研究

——基于回归合成控制法的分析

李　昊　朱　荃　陈广汉

Effects of Land Application List System on Housing Prices in Hong Kong: An Analysis Based on Regression Synthesis Control Method

LI Hao[1,2], ZHU Quan[3], CHEN Guanghan[4]
(1. Jinan University, School of Economy, Guangzhou 510632, China; 2. China Guangfa Bank, Guangzhou 510080, China; 3. Shenzhen Polytechnic, Shenzhen 518000, China; 4. Sun Yat-sen University, Institute of Guangdong, Hong Kong and Macao Development Studies, Guangzhou 510275, China)

Abstract　Through qualitative and quantitative analysis of the effect of the Land Application List System on Hong Kong's housing prices from its full implementation in 2004 to its end in 2013, this paper deems that the Land Application List System ensures the government's land sales revenue and fiscal reserves, stabilizes housing prices and prevents the land sales by low price. Through the Regression Synthesis Method, it is confirmed that the implementation of the Land Application List System inhibits the trend of decline, but the end of the policy has no effect to Hong Kong's housing prices, which, in other words, reflects its positive effect on the stability of Hong Kong's housing market when the housing price declines, but no significant effect when the housing price rises. Land Application List System is an emergency measure for Hong Kong in the face of the financial crisis, the introduction of which will further distort the pricing mechanism of the real estate market in the mainland, leading to high price and increasing rent-seeking, therefore, the experience of Land Application List System could not be replicated in

作者简介

李昊，暨南大学，广发银行；
朱荃（通讯作者），深圳职业技术学院；
陈广汉，中山大学粤港澳发展研究院。

摘　要　文章通过定性结合定量对勾地政策从 2004 年开始全面实施至 2013 年结束对香港房价的作用效果进行探讨，认为勾地政策确保了香港政府的卖地收入和财政储备，稳定了房价，防止了土地贱卖和流拍。通过回归合成法证实勾地政策的实施抑制了香港房价下跌，但在房价上涨时期勾地政策的结束未对香港房价造成影响，体现了勾地政策对香港楼市起到"托市"作用。勾地政策是香港面对金融危机的应急举措，在内地实行将进一步扭曲房地产市场定价机制，导致房价居高不下，增加寻租的空间，因而勾地政策在内地实施不具普遍性。文章为勾地政策在内地的政策实施提供依据和参考。

关键词　勾地政策；房价；回归合成控制法

1　前言

　　高房价造成的民生问题是当今发达城市所共同面临的问题，因此研究房地产政策对于房价的影响一直受到学术界的广泛关注。在 1998 年亚洲金融危机后，由于消费和投资低迷，房价急速下挫，严重影响香港经济。为避免土地流拍和贱卖，抑制住房价下跌的趋势，香港政府采取紧缩地根的方法，停止了原来的定期土地招标拍卖制度，提出了勾地政策并于 2004 年全面实施，随后香港房价止住了下跌颓势并平稳上涨，2013 年历经十年的勾地政策落下帷幕。2015 年由美国市场研究公司 Demographia 公布的《全球住

the mainland. This article provides the basis and reference for the application of this policy in the mainland.

Keywords Land Application List System; housing prices; Regression Synthesis Control Method

房负担能力调查》显示中国香港为世界房价最高的城市之一。香港土地制度是中国内地进行房地产改革的重要参考，在香港实行勾地政策后，2006 年年初国土资源部发布了《招标拍卖挂牌出让国有土地使用权规范（征求意见稿）》允许中国内地政府通过"勾地"政策进行土地拍卖，在上海、广州、深圳等城市不同程度进行采用，因此研究勾地政策也为内地部分城市进行土地交易提供政策参考。勾地政策究竟对香港房价作用效果如何，香港和内地学术界尚缺乏专门的研究。本文基于萧政等（Hsiao et al.，2012）提出的回归合成法，专门针对香港勾地政策的政策效果进行理论和实证探讨，为研究香港房价提供新的视角。

2 文献综述

土地供给政策对于房价影响的研究始于政府对住宅发展的干预。政府对住宅发展的各种干预之所以存在是因为私人成本以外的社会成本的增加（Malpezzi，1996）。马尔佩齐（Malpezzi）确定了五种社会成本，这五种社会成本体现了政府干预纠正外部性的必要性：拥堵、环境、基础设施、财政效应和邻里组成。为了解决这些社会成本的外部性，通常采用两种不同的方法：发展规划系统和土地分区使用。发展规划系统可解释为特定地点的土地分配（Adams and Watkins，2002），这种制度的特点是对土地控制非常严格；土地使用分区则通过将不协调的土地用途分开来，尽量减少这些外部因素的影响（Pogodzinski and Sass，1991）。这是由于土地使用分区是在地方一级实施的，因此允许当局有更大的灵活性来执行这些限制政策（Cullingworth，1997）。

不管实施何种限制，一般认为这些限制会增加开发成本，从而导致住房供应减少、房价上涨以及住房负担能力降低（Gyourko et al.，2008；Malpezzi and Mayo，1997；Hui and Ho，2003）。布鲁克纳（Brueckner，1990）认为，造成房价上涨有两种不同的原因。第一个原因是土地供应减少。限制发展用地供应法规规定了最小地块面积，限制了发展密度，导致土地成本增加和房价上涨（Katz and Rosen，1987；Monk and Whitenhead，1996）。在土地受限的制度下土地供给影响住房供给弹性（Grimes and Aitken，2010），在出现需求冲击时住房价格上升意味着供应弹性降低（Malpezzi and Mayo，1997；Gyourko，2009）。内地不少学者也认为土地供给不足是造成房价高企的诱因，增加土地供给能够有效控制房价（刘民权、孙波，2009；易斌，2015），否则当需求冲击来临时地产商不能做出快速反应增加住房供给从而导致房价持续高涨（丁杰、李仲飞，2014）。但是也有学者提出质疑，科斯蒂洛和罗利（Costillo and Rowley，2010）发现，更高的土地供应并不能保证住房供应的增加。这种情况与地产商进行"土地储备"的做法有关（Evans，2008）。埃文斯（Evans，2008）认为地产商需要保留一些土地待价而沽，房地产行业寡头垄断市场使得地产商可以通过捂盘惜售和价格合谋等手段来抬高房价以获得高额垄断利润（况伟大，2006；高波，2008）。除了土地储备，土地使用和规划法律法规对地产商应对房地产价格变化方面也起着重要影响（Caldera and Johansson，2013）。

第二个原因是提高社区的生活质量。通过改善基础设施和周边的环境，增加新土地供应（Costillo and Rowley，2010），从而创造一种更舒适环境（Katz and Rosen，1987）而使住房价格因此变得更高（Brueckner，1990；Nelson et al.，2002）。

香港的住房供应并不是政府直接参与，而是通过与地产商的土地交易由地产商负责房屋的建设。与其他城市相比，香港的房地产业有两个特点。第一个区别在于房地产市场的竞争。大多数西方城市房地产发展商都以大量小公司为特征（Caldera and Johansson，2013）。相比之下，香港房地产业则由少数拥有大量未开发土地的大型房地产发展商主导。第二个差异涉及土地供应的性质。在香港，除了卖地外，还有其他途径可以产生土地作房地产发展之用，例如换地和修改租约。由于香港大地产商的垄断，单纯增加土地供应并不一定能解决住房问题（Tse，1998；Lai and Wang，1999），因为住房供应由地产商利润最大化决定（Huang et al.，2015)，结果出现土地二级市场相对于土地一级拍卖市场对房价的影响更大的现象（Hui et al.，2014）。勾地政策是香港进行土地管制的创新举措，在现有文献中尚未有专门对此政策效果进行研究。本文试图从这一角度出发，分析香港土地管制对于房价变化所产生的作用，以辨析勾地政策对于香港房价的影响程度，并对内地实施勾地政策提供参考。

3　影响机制分析

香港土地批租的方式有公开拍卖、招标、协议三种。公开拍卖主要用作一般用途的土地。投标主要是针对那些政府鼓励发展、投资庞大、技术水平高而又不适宜在多层大厦设厂经营的工业投资用地。协议一般用于两种情形：一种是土地尚未列入发展计划，但被购买人看中，可直接与政府协商取得官地；另一种是用于非营利的公共事业，如学校、医院、庙宇等，可以通过私下协商的方式申请以优惠条件批租，政府只收取名义地价。

1998 年金融危机后，楼市暴跌，土地招标拍卖市况不佳，香港政府推出了勾地政策，试图通过限制土地供应达到挽救经济和楼市的目的。在勾地政策下，香港地政总署定期列出公开的土地储备表《供申请售卖土地一览表》，即俗称的"勾地表"。有意购买官地的意向人，都可以向地政总署提出申请勾地，并报出底价和提交保证金。如果勾地申请底价达到政府的心理价位，就会将该地块按规定勾出，并在规定期限内组织拍卖，由价高者得，否则将土地收回不卖并退还保证金。提出勾地的意向人必须参与竞价，而且报价不能低于申请底价。如果拍卖时无人出价达到政府的底价（包括意向人），则将土地收回并没收意向人的保证金。

勾地政策的本质是通过市场询价和成交的土地供应制度。原意是通过将土地供应决定权由政府交给市场，显示政府不是市场直接的干预者，并且反映了政府的调控意图，但在实际操作效果方面勾地政策具有以下两个特点。

首先，土地拍卖的申请主动权从政府决定转为土地发展商主导。定期拍卖制度下政府掌握土地供应的主动权，在没有底价的规则下，中小地产商也有资格参与土地竞争。转变为勾地制度后，由于政府在底价金额上定得偏高，而且勾出地皮亦未必被勾出的地产商夺得，故地产商对勾地的兴趣减低。中小房企积极性更小，他们可能只是白白付出了保证金以及融资成本，甚至进行了错误的投资，结果演变成只有大地产商与政府之间的博弈。大地产商拥有雄厚资本和大量土地储备，可以依据市场情况决定是否承担勾地表上价格高昂的地皮，而这些价格高昂的地皮就会用来兴建售价高昂的豪宅以赚得最大利润。这样就将大部分的住房供应和调节房价主动权交给了大地产商，地产商能够根据自身利益最大化决定住房供应和维持房价高企（Huang et al.，2015；Hui et al.，2014），导致政府对土地价格无法发挥应有的调节作用，同时加剧了地产商的垄断程度。

如图 1 所示，1998 年亚洲金融危机前，土地的供给和土地价格符合市场规律，即在供给量增加时，土地价格下降；供给量减少时，土地价格上升。政府可以通过调整土地的规划和供给量来调控地价。而自 1999 年开始，政府逐步放弃主动拍卖土地政策的权利，并于 2004 年取消定期拍卖土地转而全面实行勾地政策，政府土地的供给与地价之间的变动不再符合市场价值规律的变动。土地价格长期维持在高价位的水平，虽然 2008 年世界金融危机有一个突然的骤降，但土地价格在 2009 年即迅速反弹并于 2010 年达到另一个高峰。勾地政策实施后土地价格提升明显：1992～2003 年香港土地年平均价格为 60 979.83 港元，2004～2011 年勾地政策实施期间土地年平均价格为 227 406.08 港元，2012～2015 年逐步恢复拍卖土地期间土地年平均价格为 168 951.74 港元。勾地政策实施期间土地价格上涨为回归前后过渡期的 3.73 倍，恢复卖地后尽管地价有所下跌，但仍旧是 1992～2003 年时期的 2.77 倍。由此可见在实施勾地政策后，政府丧失了对土地价格的控制能力，使土地价格一直处于高位，从而也推高了房价。

进一步分析土地供应与房价的关系，如图 2 所示，1998 年金融危机后，土地交易量持续下降，土地交易市场进入低迷期，直到 2010 年开始复苏。土地供应的收紧抑制了物业价格的进一步下挫，使房价趋于平稳上升，随着市场的复苏，对土地供应的需求日益增加，2013 年取消勾地政策转变回定期卖地后，土地销售量趋于平稳，但房价依旧稳步上升。

图 1　土地供给量与土地单价对比

资料来源：香港政府统计处。

图 2　土地销售与房价对比

资料来源：香港政府统计处。

　　其次，价格主动权由市场决定转为政府指引，政府定期拍卖制度下土地由拍卖价高者得，政府不限底价。随着香港市民对公共服务的需求增多，政府财政的负担也逐步增大，因此，政府在进行卖地交易过程中同样具有理性人趋利避害的特质。如果地产商出的底价达不到政府的预期，政府便有权阻止土地推出拍卖，从而达到托市的目的；而当土地交易市场复苏后，土地便有可能被发展商以高于底价的价格勾出，因而保证了政府收益和防止土地贱卖或者流拍。如图3所示，自1999年始逐步推行勾地政策至2004年全面实施，香港政府的财政储备逐渐抑制了下跌趋势并随后一路攀升，即便在土地交易市场低迷的2004~2008年依旧保持着上升势头。

基于以上经验和统计分析，本节提出以下假设：

（1）假设1：勾地政策的实施对稳定香港房价有明显作用

经过以上分析，2004年勾地政策全面实施后抬高了地价，逆转了香港房价下跌的趋势并保证了政府财政储备充盈，显示勾地政策对香港房价的稳定起到作用。

（2）假设2：勾地政策的废除对香港房价趋势影响较少

2011年逐步恢复卖地制度并于2013年废除勾地政策时期，香港土地需求旺盛，废除勾地政策并不会对香港房价造成影响。

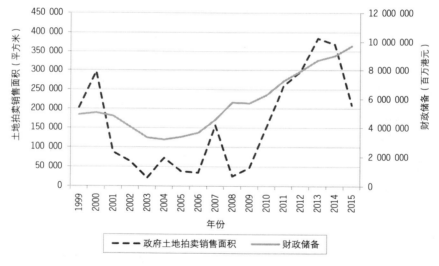

图3　香港政府财政储备与土地销售

资料来源：香港政府统计处。

4　勾地政策实施的实证分析

房价变化是多方面作用的结果，包括人口（陈斌开等，2016）、资本进出（朱孟楠等，2017）、货币政策（谭政勋等，2015）等都会影响房价变化，土地供给制度变化仅是其中一方面，因此，必须能够排除其他因素的作用，才能更加客观地看待勾地政策对房价的影响效果。下面通过实证方法对勾地政策实施前后的政策效应进行分析。萧政等（Hsiao et al.，2012）基于对共同因子的研究提出了简单有效的回归合成法，为采用时间序列数据分析单一处理组的政策效果提供可能，本节采用该方法对勾地政策影响房价效果进行分析，以期得出更加客观的结论。

4.1 估计方法

本节基于萧政等（Hsiao et al., 2012）面板数据政策评估方法，模拟香港不实施该项政策的情况，以对比研究政策的有效性。回归合成法的基本思想是利用截面个体之间的相关性估计干预组个体事后的反事实结果，这种相关性归因于驱动截面个体的共同因子。其基本思想是通过共同因子模拟出一个参照组，从而涵盖影响房价变化的可能的外部信息，因此可以着重考虑政策效应对房价的影响。此方法在只有一个干预组个体在某时刻受到政策干预，而其他个体在考察时期没有受到政策干预时方才适用。假设有 $N+1$ 个不同国家和地区的房价指数，其中设中国香港在 $t > T_0$ 受到勾地政策干预，其他 N 个国家和地区为潜在控制组，没有受到政策干预。用 D_{it} 来表示 i 在 t 期的干预状态，则有：

$$D_{it} = \begin{cases} 1, & i=1, \ t > T_0：中国香港 \\ 0：其他国家和地区 \end{cases}$$

同样，用 Y_{1it}、Y_{0it} 表示两个潜在结果，Y_{it} 表示观测结果，则：

$$Y_{it} = D_{it}Y_{it} + (1 - D_{it}) \ Y_{0it} = Y_{0it} + \tau_{it}D_{it}$$

其中，$\tau_{it} = Y_{1it} - Y_{0it}$，为个体 i 第 t 期的政策效应。这里关心的是干预组个体 1 即香港在勾地政策干预之后的政策效应：

$$\tau_{1t} = Y_{1it} - Y_{0it} = Y_{it} - Y_{0it}, \ t = T_0 + 1, \cdots, \ T$$

假设所有国家和地区的潜在结果服从下列共同因子模型：

$$Y_{0it} = \mu_i + b'_i f_t + \varepsilon_{it}, \ i = 1, \cdots, \ N+1, \ t = 1, \cdots, \ T$$

其中，μ_i 为个体固定效应，f_i 为 $K \times 1$ 维的未观测时变共同因子，b_i 为不随时间变化但可能随着个体变化的常数，ε_{it} 为误差项，满足 $E[\varepsilon_{it}] = 0$。将以上模型写成矩阵形式：

$$Y_{0it} = \mu_i + Bf_t + \varepsilon_{it}$$

其中，$Y_{0t} = (Y_{01t}, \cdots, \ Y_{0N+1t})'$，$\mu = (\mu_1, \cdots, \ \mu_{N+1})'$，$\varepsilon_t = (\varepsilon_1, \cdots, \ \varepsilon_{N+1t})'$，$B = (b_1, \cdots, \ b_{N+1})'$ 为 $(N+1) \times K$ 的共同因子系数矩阵。

反事实结果 Y_{0it}，$t = T_0 + 1, \cdots, \ T$，依赖于不同国家和地区间的个体固定效应、共同因子、个体对共同因子的反应以及个体特质性因素。然而预测模型并不需要这些信息，原因在于共同因子的信息已经蕴含在控制组观测结果中，从而可以利用控制组信息代替共同因子来实现对政策效应的估计，即可以利用各国家和地区对于中国香港的共同因子产生的回归模型作为合成控制香港组来分析勾地政策的政策效应，但进入模型的控制组国家和地区个体越多，模型的自由度损失越多。萧政提出两步法解决这个问题：首先，依次选择 1，2，$\cdots$，N 个控制组国家和地区个体进入模型，利用拟合优度或似然值来选择模型，对于有 m 个控制组进入模型时，共需要估计 C_N^m 个模型，利用拟合优度或似然值从中选择最好的模型，记为 $M(m)^*$，依次选择下来，得到 N 个模型 $M(1)^*, \cdots, M(N)^*$；然后利用模型选择标准，选择最优的模型，最后采用信息准则 AIC 或 AICC 标准进行选择。

模型的优势在于：①采用多组相同性质的时间序列数据对单一政策效应个体的情况进行合成分析，与双重差分法（DID）和倾向得分匹配法（PSM）等政策分析方法相比，避免了缺乏大量微观数据而无法进行政策分析的困境；②通过数据驱动确定权重，且权重可正可负，减少了主观选择的误差，避免了政策内生性问题；③可以对每一个研究个体提供与之对应的合成控制对象，避免平均化的评价，不至于因各国家和地区政策实施时间不同而影响政策评估结果，避免了主观选择造成的偏差；④操作简单有效。

模型的局限性在于当目标国家和地区的共同因子远离某些国家和地区共同因子的组合时，则找不到合适的权重来模拟目标国家和地区，从而导致部分合成因素丧失影响结果，但对于从宏观上研究政策的效果而言仍是有效的。

4.2 实证分析

香港作为中国特别行政区，实行与中国内地不一样的政治、经济和社会制度，拥有独立的货币发行权和宏观调控体系，根据香港基本法"除外交和国防事务属中央人民政府管理外，香港特别行政区享有高度的自治权"。经济合作及发展组织（OECD）以及世界银行（WB）都将中国香港作为一个独立的经济实体进行经济数据统计和分析。由于香港经济政策上相对于中国内地的独立性，本文将其作为与中国内地、美国、日本一样的经济实体看待。

香港实行自由放任经济政策，截至 2018 年，香港连续 24 年获得由《华尔街日报》和美国传统基金会发布的年度报告评级为全球最自由经济体。而且香港实行联系汇率制度，即将港币与美元捆绑并随之变化，因而香港缺乏独立的货币政策，是一个典型的"小型开放经济体"（Small Open Economy, SOE）。"小型"和"高度开放"决定了香港经济受外部因素影响较大，不论是来自内地还是来自美欧及新兴市场经济体供给和需求面的冲击，都会对香港经济形成影响。

目前经济全球化的环境下，由于资金的跨国流动频繁且地产与金融之间的紧密结合，各国和地区之间房价相互影响。如图 4 所示，欧美房价自 20 世纪 90 年代以来一直平稳上涨，直至 2008 年次贷危机导致全球金融体系震荡和房价普遍下跌，具有相类似的变化趋势。勾地政策究竟对现今高企的香港房价有多少推波助澜的作用，有多大程度是受到外部经济的影响特别是因为全球房价普遍上升的推动（Knoll et al., 2017）作用？因此，必须排除有可能给香港房价造成影响的外在因素，才能显示出勾地政策对房价影响的确切效果。

本文采用 CEIC 数据库中国际清算银行（BIS）所汇总的 1998～2016 年世界各国和地区的季度房价指数，包括名义和实际住宅物业价格指数，以 2010 年为基期，合成过程采用 R 语言加以实现。

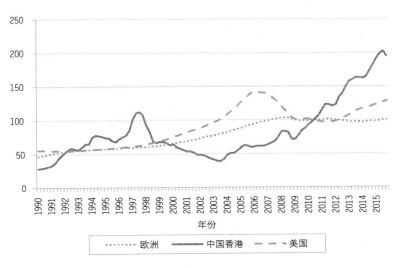

图 4　中国香港与欧美房价指数对比（以 2010 年为基期）

资料来源：CEIC 数据库。

控制组涉及国家和地区包括中国（CHN）、加拿大（CAN）、以色列（ISR）、意大利（ITA）、韩国（KOR）、马来西亚（MAS）、新西兰（NZL）、荷兰（NED）、日本（JPN）、挪威（NOR）、新加坡（SIN）、南非（RSA）、瑞典（SWE）、瑞士（SUI）、英国（GBR）、美国（USA）总共 16 个国家和地区，并确保这些国家和地区在 2004 年与 2013 年前后都没有重大的土地供给政策。各国家和地区数据的描述性统计如表 1 所示。

表 1　描述性统计

	最小值	最大值	均值	样本量
CHN	49.20	120.73	83.85	76
CAN	44.06	146.05	84.72	76
ISR	68.36	153.69	92.36	76
ITA	58.81	102.83	85.27	76
KOR	57.45	116.85	93.61	76
MAS	65.76	177.77	100.43	76
NZL	46.23	160.93	89.57	76
NED	50.02	107.78	88.57	76
JPN	97.71	161.15	117.71	76
NOR	39.49	142.66	86.61	76

续表

	最小值	最大值	均值	样本量
SIN	53.81	116.35	84.17	76
RSA	25.01	137.41	80.8	76
SWE	37.98	150.46	84.24	76
SUI	69.18	119.83	91.66	76
GBR	39.57	126.25	88.34	76
USA	64.43	142.08	106.02	76

4.2.1 勾地政策开始实施的政策效果

勾地政策于2004年全面实施，以香港房价作为处理组，其余国家与地区房价指数作为可能的控制组，在估计过程中利用拟合优度和信息准则（AICC）进行选择，最终合成的反事实控制组选择了意大利、日本、韩国、新加坡、英国、美国6个国家和地区。

具体权重如表2所示，反事实中国香港可以用–1.168个意大利、4.827个日本、2.347个韩国、0.271个新加坡、–1.435个英国、4.439个美国合成。回归合成控制组值中可以看出，虽然一开始2004年12月处理效应为–2.41，但是随着时间推移，处理效应为正且越加明显，到2011年12月时，处理效应达到200.49，随后逐渐减少。效果如图5所示，可见在2004年实施了勾地政策后，合成的预测香港房价趋势控制组经历了一个短暂上升又急速下降随后又持续上升的波浪形结构，但实际房价却形成了稳定上升的趋势，表示在预期香港房价在受到亚洲金融危机的影响下仍然能够保持较平稳的增长势头，可见勾地政策对于稳定香港房地产市场起到了积极的作用，从而验证了假设1。

表2　勾地政策开始时合成控制组权重

	β	std.err	t-stat
CONSTANT	–1 015.399	62.144	–16.340
ITA	–1.168	0.561	–2.083
JPN	4.827	0.276	17.508
KOR	2.347	0.255	9.196
SIN	0.271	0.089	3.028
GBR	–1.435	0.264	–5.444
USA	4.439	0.281	15.804
R^2	0.982		
F 值	193.92		

续表

季度	β 实际值	std.err 合成预测值	t-stat 处理效应
2004/12	55.24	57.65	−2.41
2005/03	59.57	72.99	−13.42
2007/12	75.03	36.43	38.60
2009/12	88.07	−92.23	180.30
2011/12	120.67	−79.82	200.49
2013/12	162.46	19.41	143.05

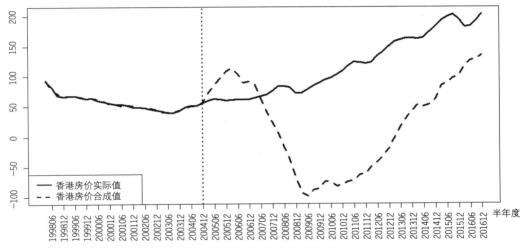

图5 勾地政策开始实施时香港实际名义房价与预测房价

　　为检验估计的政策效应是否显著，可对模型进行安慰剂检验，包括伪控制组安慰剂检验与伪干预时间安慰剂检验。伪控制组安慰剂检验是指随机从控制组中抽出一个国家或地区个体组成伪干预组，利用同样的回归合成法去估计政策效应。对于伪干预个体，事实上没有受到政策影响，如果分析的结果也发现有较大的政策效应，则表明前面的研究存在问题。如图6所示，在伪控制组安慰剂检验下，除中国香港以外的国家和地区的房价的偏度都没有香港大，表示在同时期并没有受到如香港勾地政策那么大的政策效应，香港房价的偏度水平占总体样本的10%以外（即1/16），因此可以在10%的显著性范围内拒绝没有政策影响的原假设，从而说明估计是显著的。

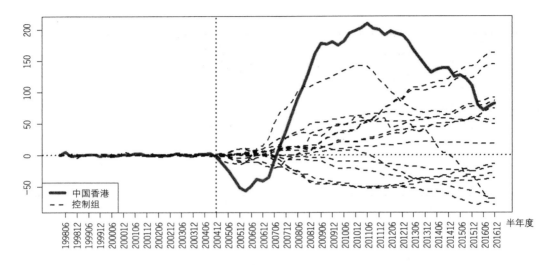

图 6　勾地政策开始实施时伪控制组安慰剂检验

还可以通过改变时间跨度进行安慰剂检验，即伪干预时间安慰剂检验。将政策干预时间提前，判断是否会因为时间变化导致政策效应发生变化。如图 7 所示，即使将时间提前，香港主要发生政策效应的时间仍然是在 2004 年以后，可见政策效应的发生阶段并不会因为时间提前而显著改变，在政策效应实施前的未观测因素通过回归合成法得到控制。

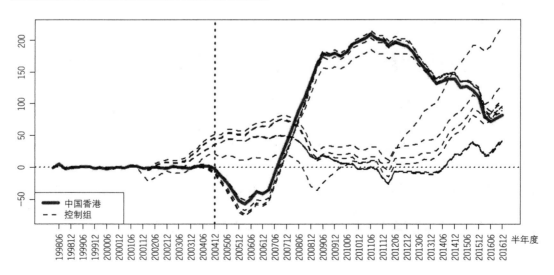

图 7　勾地政策开始实施时伪干预时间安慰剂检验

下面进一步通过两种方法判断模型的稳健性。首先通过随机收取任何一个控制组个体再按照回归合成法进行反复演绎，检验模型是否因为增减某个个体而发生显著的改变。如图 8 所示，通过反复迭代减少一个国家或地区的数据组成预测组对结果进行检验，结果显示，中国香港受 2004 年勾地政策的影响依旧比预测组显著，显示模型稳健。

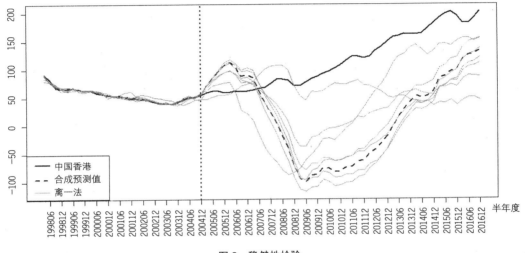

图 8　稳健性检验一

其次，再通过选择不同的样本空间对模型进行检验，以上研究采用的是名义住宅价格数据，下面采用实际住宅价格数据进行回归合成，从而检验结果的稳健程度。如表 3 所示，在不同的数据集下反事实中国香港可以用–1.444 个荷兰、–0.503 个新西兰、0.779 个新加坡、–1.056 个英国、2.301 个美国合成。

表 3　稳健性检验合成控制组权重

	β	std.err	t-stat
CONSTANT	–4.437	12.478	–0.356
NED	–1.444	0.208	–6.924
NZL	–0.503	0.253	–1.987
SIN	0.779	0.087	9.001
GBR	–1.056	0.195	–5.427
USA	2.301	0.328	7.004
R^2	0.958		
F 值	100.3		

合成结果如图 9 所示，在实施勾地政策后，香港房价比合成香港的房价更加平稳且上升，显示勾地政策能够抑制楼价下降的势头，与原本模型分析的结果一致。

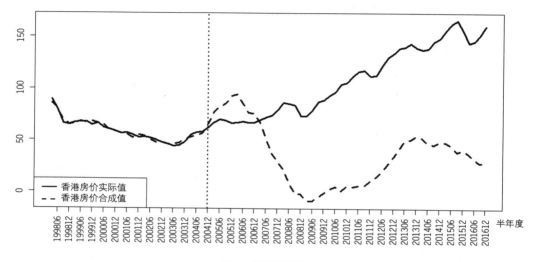

图 9　稳健性检验二

4.2.2　勾地政策结束后的政策效果

经过以上分析，勾地政策的实施能够阻止香港房价持续下滑从而避免影响整体经济。随着楼市回暖和对土地的需求日益增加，勾地政策已经不能满足香港土地需求并于 2013 年正式结束实施，香港政府重新恢复土地定期招标拍卖制度，而取消勾地政策是否会对房价有所影响？本节继续采用回归合成控制法，对 2013 年勾地政策结束前后对香港房价的影响情况进行分析。

表 4　勾地政策结束政策效果合成控制组权重

	β	std.err	t-stat
CONSTANT	-383.551	65.230	-5.880
CHN	0.429	0.216	1.985
ITA	1.086	0.463	2.343
JPN	1.312	0.246	5.324
KOR	-1.204	0.317	-3.792
MAS	0.755	0.232	3.254
NZL	1.082	0.148	7.301
SIN	0.482	0.131	3.684

续表

	β	std.err	t–stat
SWE	−0.697	0.261	−2.669
SUI	2.305	0.544	4.235
GBR	−0.718	0.135	−5.320
R^2	0.985		
F 值	329.02		
季度	实际值	合成预测值	处理效应
201212	149.67	147.54	2.13
201303	157.36	152.96	4.40
201612	202.86	199.16	3.70

　　如表 4 所示，勾地政策结束后合成的反事实中国香港可以用 0.429 个中国内地、1.086 个意大利、1.312 个日本、−1.204 个韩国、0.755 个马来西亚、1.082 个新西兰、0.482 个新加坡、−0.697 个瑞典、2.305 个瑞士、−0.718 个英国组成。从回归合成控制结果中可以看出处理效应并不明显，在 2012 年 12 月、2013 年 3 月、2016 年 12 月处理效应仅分别为 2.13、4.40、3.70。回归合成控制图如图 10 所示，通过香港实际房价与合成香港预测房价对比分析，实际房价曲线与合成预测曲线重合度较高，体现勾地政策取消并未对香港房价造成明显的影响，从而验证了假设 2。

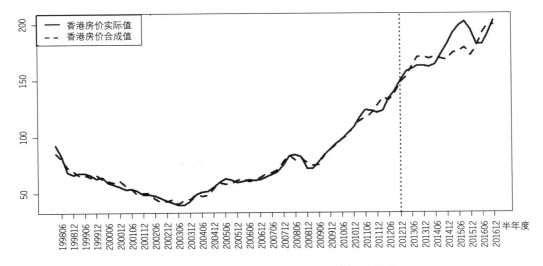

图 10　勾地政策结束后香港实际名义房价与预测房价

　　进一步对结果进行安慰剂检验，包括伪控制组安慰剂检验与伪干预时间安慰剂检验。如图 11 和图 12 所示，伪控制组安慰剂检验中，香港的房价曲线与伪控制组的房价曲线重合度较高，显示政策效应并不明显；而在伪干预时间安慰剂检验中，引起政策效果较大变化区间并不仅仅限于 2013 年前后，由此可见勾地政策结束的政策效应不明显。究其原因，香港土地需求日益旺盛，即使取消勾地政策，并不会对楼价有明显的影响。

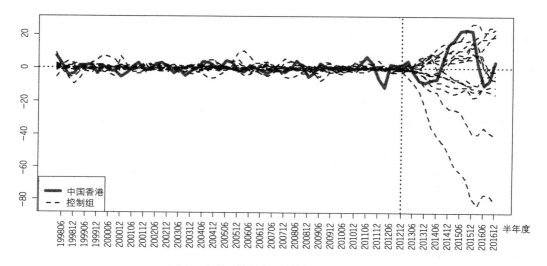

图 11　勾地政策结束后伪控制组安慰剂检验

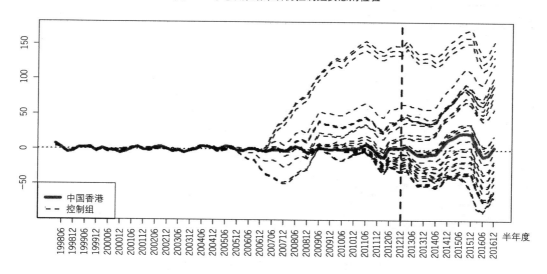

图 12　勾地政策结束后伪干预时间安慰剂检验

5 结语

香港的勾地政策是土地政府所有制下的应急举措，面对的是亚洲金融危机对香港的影响，针对的是香港高度依赖房地产业的产业结构和经济环境。在勾地政策下如果开发商出的底价达不到政府的预期，政府便有权阻止土地推出拍卖，达到托市的目的。而当地价上升时，土地便有可能被开发商勾出。这样一来，无论地价上涨还是下跌，政府总能成为不变的赢家。因此在勾地政策之下，价格形成机制是扭曲的，是与市场规则相斥的。勾地政策被解读为"只许地涨，不许地跌"，因而能够避免土地流拍和保证政府卖地收入，从而能够起到挽救楼市的作用，进而稳定香港以房地产为支柱产业的经济体系。本文通过经验分析结合回归合成法研究勾地制度的实施对香港房价的影响效果，提出如下结论：①勾地政策确保了政府的卖地收入和财政储备，稳定了地价；②勾地政策的实施确实对由于金融危机而下跌的房价起到稳定作用，促进了香港楼市复苏，表示在房价下跌时期，勾地政策的实施有助于提升房价；③在楼市旺盛的市场环境下，结束勾地政策并未对高居不下的香港房价造成影响。这体现了勾地政策对抑制香港房价下跌和挽救楼市的有效性。

我国的房地产和土地制度改革过程中香港经验起到了重要的借鉴作用。在香港 2004 年全面实施勾地政策的第二年，国土资源部即发布了《招标拍卖挂牌出让国有土地使用权规范（征求意见稿）》，其中允许中国内地政府通过勾地政策进行土地拍卖。但是，就中国内地土地市场情况而言，地价狂泻的现象并不存在，勾地政策的实施与其说是防止流拍现象的发生，不如说是对尚不完善的土地出让政策进行补充。此外，我国内地土地市场规则体系滞后，政府对于市场的变化不能及时采取对策，导致其在可观利益的诱惑下容易产生行为偏轨。某些土地开发商利用政府中某些权力寻租人的上述弱点，通过某些手段获取政府勾地的底价，在竞争中掌握主动权，占据优势位置，加剧了房地产市场的垄断，这不仅不利于公平竞争，而且更有可能加剧腐败，导致地方政府利益寻租的可能性增加，进一步促使房价高居不下，对经济的可持续发展和民生造成问题。因而在内地实施勾地政策不具有普遍性，只能是针对特殊情况采取的特殊措施，比如经济下行情况下发生的土地贱卖等等，这种情况在内地暂不会出现，尤其避免在房价高企的城市实施，同时要防止信息不对称的情况发生，严防这一制度为权力寻租提供新的空间，避免其对房地产市场和社会发展造成不良影响。

致谢

本文受深圳市博士后出站后期资助项目（6020271007S）、广东省教育厅人文社科基础研究重点项目（6019210032S）资助。

参考文献

[1] ADAMS D, WATKINS C. Greenfields, brownfields and housing development[M]. Oxford: Blackwell Science, 2002.

[2] BRUECKNER J K. Growth controls and land values in an open city[J]. Land Economics, 1990, 66(3): 237-248.

[3] CALDERA A, JOHANSSON Å. The price responsiveness of housing supply in OECD countries[J]. Journal of Housing Economics, 2013, 22(3): 231-249.

[4] COSTELLO G, ROWLEY S. The impact of land supply on housing affordability in the Perth metropolitan region[J]. Pacific Rim Property Research Journal, 2010, 16(1): 5-22.

[5] CULLINGWORTH J B. British land-use planning: a failure to cope with change?[J]. Urban Studies, 1997, 34(5-6): 945-960.

[6] EVANS A W. Economics, real estate and the supply of land[M]. John Wiley & Sons, 2008.

[7] GYOURKO J, SAIZ A, SUMMERS A. A new measure of the local regulatory environment for housing markets: the wharton residential land use regulatory index[J]. Urban Studies, 2008, 45(3): 693-729.

[8] GYOURKO J. Housing supply[J]. Annual Review of Economics, 2009, 1(1): 295-318.

[9] GRIMES A, AITKEN A. Housing supply, land costs and price adjustment[J]. Real Estate Economics, 2010, 38(2): 325-353.

[10] HUANG J, SHEN G Q, ZHENG H W. Is insufficient land supply the root cause of housing shortage? Empirical evidence from Hong Kong[J]. Habitat International, 2015, 49: 538-546.

[11] HUI E C, LEUNG B Y, YU K. The impact of different land-supplying channels on the supply of housing[J]. Land Use Policy, 2014, 39: 244-253.

[12] HUI E C, HO V S. Does the planning system affect housing prices? Theory and with evidence from Hong Kong[J]. Habitat International, 2003, 27(3): 339-359.

[13] HSIAO C, STEVE CHING H, KI WAN S. A panel data approach for program evaluation: measuring the benefits of political and economic integration of Hong Kong with mainland China[J]. Journal of Applied Econometrics, 2012, 27(5): 705-740.

[14] HUI C M, LEUNG Y P, YU K H. The impact of different land-supplying channels on the supply of housing[J]. Land Use Policy, 2014, 39: 244-253.

[15] HUANG J, SHEN G Q, ZHENG H W. Is insufficient land supply the root cause of housing shortage? Empirical evidence from Hong Kong[J]. Habitat International, 2015, 49: 538-546.

[16] KNOLL K, SCHULARICK M, STEGER T. No price like home: global house prices, 1870-2012[J]. American Economic Review, 2017, 107(2): 331-353.

[17] KATZ L, ROSEN K T. The interjurisdictional effects of growth controls on housing prices[J]. The Journal of Law and Economics, 1987, 30(1): 149-160.

[18] LAI N, WANG K. Land-supply restrictions, developer strategies and housing policies: the case in Hong Kong[J]. International Real Estate Review, 1999, 2(1): 143-159.

[19] MALPEZZI S. Housing prices, externalities, and regulation in US metropolitan areas[J]. Journal of Housing Research, 1996, 7: 209-242.

[20] MALPEZZI S, MAYO S K. Getting housing incentives right: a case study of the effects of regulation, taxes, and subsidies on housing supply in Malaysia[J]. Land Economics, 1997: 372-391.

[21] MONK S, WHITEHEAD C M E. Land supply and housing: a case study[J]. Housing Studies, 1996, 11(3): 407-423.

[22] NELSON A C, PENDALL R, DAWKINS C J, et al. The link between growth management and housing affordability: the academic evidence[J]. Growth Management and Affordable Housing: Do They Conflict, 2002: 117-158.

[23] POGODZINSKI J M, SASS T R. Measuring the effects of municipal zoning regulations: a survey[J]. Urban Studies, 1991, 28(4): 597-621.

[24] TSE R Y. Housing price, land supply and revenue from land sales[J]. Urban Studies, 1998, 35(8):1377-1392.

[25] 陈斌开, 张川川. 人力资本和中国城市住房价格[J]. 中国社会科学, 2016(5): 43-64+205.

[26] 丁杰, 李仲飞. 开发商行为、土地管制与住房供给的动态调整[J]. 当代财经, 2014(9): 18-27.

[27] 高波. 房地产开发商策略性定价行为的经济学分析[J]. 产业经济研究, 2008(2): 35-41.

[28] 黄静, 王洪卫. 土地供给方式对房价的影响研究——基于面板误差修正模型的实证分析[J]. 上海财经大学学报: 哲学社会科学版, 2012, 14(4): 90-97.

[29] 黄振宇. 我国住宅市场供给对住宅价格影响的实证分析——基于 1998~2007 年我国房地产市场数据[J]. 宏观经济研究, 2011(3): 21-31.

[30] 况伟大. 空间竞争、价格合谋与房价[J]. 世界经济, 2006(1): 61-67.

[31] 况伟大, 李涛. 土地出让方式, 地价与房价[J]. 金融研究, 2012(8): 56-69.

[32] 彭代彦, 文乐. 房价上涨的结构性差异研究——基于土地供给的视角[J]. 华中科技大学学报: 社会科学版, 2016, 30(4): 72-80.

[33] 刘民权, 孙波. 商业地价形成机制、房地产泡沫及其治理[J]. 金融研究, 2009(10): 22-37.

[34] 谭政勋, 刘少波. 开放条件下我国房价波动、货币政策立场识别及其反应研究[J]. 金融研究, 2015(5): 50-66.

[35] 王良健, 颜蕾, 李中华, 等. 土地供应计划对房价的传导机制研究[J]. 自然资源学报, 2015, 30(11): 1823-1833.

[36] 王松涛, 刘洪玉. 土地供应政策对住房供给与住房价格的影响研究[J]. 土木工程学报, 2009, 42(10): 116-121.

[37] 王弟海, 管文杰, 赵占波. 土地和住房供给对房价变动和经济增长的影响——兼论我国房价居高不下持续上涨的原因[J]. 金融研究, 2015 (1): 50-67.

[38] 王岳龙. 土地招拍挂制度在多大程度上提升了房价?——基于"8. 31 大限"的干预分析模型研究[J]. 财贸研究, 2012(3): 31-39.

[39] 易斌. 住房需求抑制还是土地供给调节: 房地产调控政策比较研究[J]. 财经研究, 2015, 41(2): 66-75.

[40] 张占录. 构建多要素土地拍卖模式探讨——基于改革土地出让制度抑制高房价角度的分析[J]. 价格理论与实践, 2011(5): 42-43.

[41] 朱孟楠, 丁冰茜, 闫帅. 人民币汇率预期、短期国际资本流动与房价[J]. 世界经济研究, 2017(7): 17-29+53+135.

[欢迎引用]

李昊, 朱荃, 陈广汉. 勾地政策对香港房价实施效果研究——基于回归合成控制法的分析[J]. 城市与区域规划研究·澳门特辑, 2022: 185-203.

LI H, ZHU Q, CHEN G H. Effects of land application list system on housing prices in Hong Kong: An analysis based on regression synthesis control method [J]. Journal of Urban and Regional Planning: Special Issue on Macao, 2022: 185-203.

海峡两岸清代台湾城市史研究述评

孙诗萌

Review of Urban History Study in the Qing Dynasty in Taiwan and Chinese Mainland

SUN Shimeng
(School of Architecture, Tsinghua University, Beijing 100084, China)

Abstract History of Chinese cities and their planning and construction demonstrate the evolution of Chinese civilization and make up an important part in the history of Chinese civilization. The urban historians from Chinese Mainland have already conducted abundant studies on the cities and their planning and construction history in Chinese Mainland, but have insufficient study on the cities of Taiwan region which make an integral part of Chinese cities. In the Qing Dynasty, Taiwan region not only played an important role in the empire's politics and international relations, but its administrative establishment and urban planning also showed great significance and representative-eness in the urban history and urban planning history. Studies on the planning and construction history of Taiwan cities have significant value for the understanding of traditional Chinese urban planning system. This paper explores and compares the study process, major topics, characteristics, and differences of studies conducted by scholars from both sides of the Taiwan Strait on Taiwan cities in the Qing Dynasty, in order to further understand relevant research progress and find out new directions and possibilities in this field.

Keywords urban history; planning history; construction history; site selection; fortification; spatial change; Taiwan region

作者简介

孙诗萌，清华大学建筑学院。

摘 要 城市及其规划建设历史是中华文明发展演进的物质载体与重要表现，是中华文明史的重要组成部分。大陆学界关于大陆地区城市及其规划建设史的研究已有丰富积累，但对作为我国领土不可分割之一部分的台湾地区，相关研究尚不充分。清代的台湾不仅在我国政治史、国际关系史上扮演重要角色，其在两百余年间的行政建置、城市营建也在城市史、规划史上具有典型意义，对探索中国传统城市规划理论与实践体系具有重要价值。文章详细考察海峡两岸学界关于清代台湾城市史的研究历程、关注重点、研究特色与差异，旨在加深对两岸相关研究进展的认知，并在此基础上寻找这一领域后续研究之新意义与新可能。

关键词 城市史；规划史；建设史；选址；筑城；空间变迁；台湾地区

近年来，对中华传统文化的深入发掘与传承发展日益受到重视。2017 年 1 月，中共中央办公厅、国务院办公厅印发《关于实施中华优秀传统文化传承发展工程的意见》，倡导深入研究阐释中华文化的历史渊源、发展脉络、基本走向，着力建构有中国底蕴、中国特色的思想体系、学术体系和话语体系。城市及其规划建设历史是中华文明发展演进的物质载体与重要表现，是中华文明史的重要组成部分。20 世纪以来，大陆学术界关于大陆地区城市及其规划建设史的研究已有丰富积累，但关于海峡对岸我国领土不可分割之一部分的台湾地区，相关研究尚不充分。

清代是台湾开发史上的重要时期。自康熙二十二年（1683）台湾正式归入清朝版图至光绪二十一年（1895）割让给日本，清廷在台湾分设郡县，营建城池，建立起汉文化主导的地方社会，并于光绪十一年（1885）将其设为清朝第 20 个行省。清代在台湾共设府州县厅 19 个，共有治城 16 座[①]。这些城市大部分是在新地择址创建[②]，由大陆渡台官员和技术人员主持，遵照清代地方城市的基本规制和当时通行的规划理念与方法而兴建。因此，它们不仅呈现出当时城市选址、规划、建设的完整过程，还反映出清代城市营建的基本特征和中国传统规划体系在特定环境下的适应与调整。研究清代台湾城市及其规划建设，不仅是中国城市史、规划史论述中不能缺少的一部分，也对探索中国传统城市规划理论与实践体系具有重要价值。

20 世纪中叶以来，两岸学界对清代台湾城市史开始关注。来自历史学、地理学、建筑与城市规划学、文化学、艺术史学等不同学科背景的学者，先后在清代台湾城市史领域中找到有价值的议题，从不同视角共同建构起这一学术领域。两岸相较，台湾学者起步早，挖掘深，涉猎广，成果丰，研究方法与观点在一定程度上受到欧美及日本学界的影响；大陆学者的相关研究起步较晚，但视角宏观，亦有颇多有益的讨论[③]。黄兰翔（2013）、黄琡玲（2001）等对台湾学界关于清代台湾城市史中部分议题的研究进展有所讨论；陈忠纯（2009）、陈小冲（2011）、李细珠（2014）、程朝云（2015）等对大陆学界的清代台湾史研究进行过评述，但针对城市史的部分着墨不多。本文首先在同一框架内分别考察两岸学界关于清代台湾城市史研究的发展历程、关注重点、研究特色，再作比较与进一步思考。一方面旨在检视两岸学者缘何对同一研究对象有不同之关注与理解；另一方面则通过总结两岸相关研究之成绩与不足，探寻该领域继续研究之新意义与新可能。

1 台湾学界关于清代台湾城市史之研究

1.1 研究历程

在台湾开展的关于清代台湾城市史的研究始于日本殖民时期日本学者的调查和整理，如伊能嘉矩《台湾城志》（1903）、《台湾文化志》（1928）等对当时遗留的清代府县城市之建制、规模及特色进行了基础调查。相关研究带有为殖民政策服务的性质，但也对后来台湾本土学者的研究产生了一定影响。

台湾本土学者在台湾城市史研究方面有所建树则待到 20 世纪 60 年代以后。先有地理学者的考察分析，如姜道章（1967），后有建筑学者的发掘梳理，如李乾朗（1979），形成本领域最早的几部通论性奠基之作。姜道章 1967 年发表的"十八世纪及十九世纪台湾古城研究"一文，是笔者所见台湾学界系统论述清代台湾城市的最早专篇。该文指出，台湾真正意义上的大规模城市建设始于 18 世纪初，此后直至割日的城市营建历程主要包括南台湾时期（1700～1740）、北台湾时期（1810～1860）、光绪时期（1875～1895）三个阶段。文章概述了各阶段在城市选址、规模、形态、功能等方面的特点，并注重与大陆同时期城市的比较（图1）。20世纪70年代，台湾建筑界受全球"乡土运动"影响，开始兴起对本土建筑与城市的研究。李乾朗（1979）《台湾建筑史》是这一运动的代表作，也是台湾学界关于本土建筑和城市的首部通论。该书在台湾开发史与汉人移民文化史背景中呈现建筑和城市的发展脉络，以港口经济重心的转移为标志将清时期划分为"1683～1820：重心由台南转向鹿港""1821～1874：以竹堑为重心""1875～1895：以台北为重心"三个阶段。相比于姜氏，李氏的研究更关注城墙及街道空间形态，带有明显的建筑学特征。

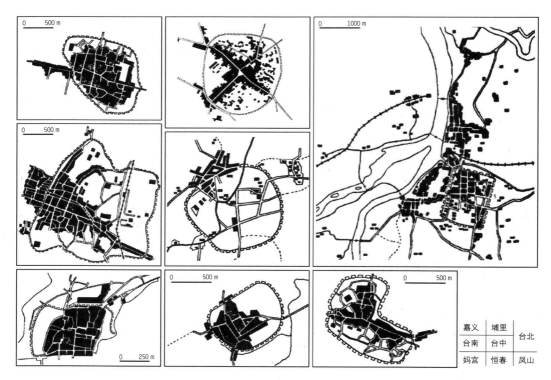

图1　清代台湾府县城市平面举例

资料来源：根据姜道章（1967）改绘。

　　20世纪80年代以后，台湾本土的城市史研究大为丰富，"清代城市史"的分支领域被正式提出（黄兰翔，2013）。来自历史学、地理学、建筑与城市规划学、文化学等不同专业背景的学者纷纷在这一领域找到关注点，如筑城史、城市体系演进、地区开发史、城市空间变迁、风水与城市营建等主要研究议题都在这一时期涌现，伴随着各方向代表作的出现和基本研究范式的确立。90年代，又出现对城市空间要素、地图中的聚落与城市等新的研究兴趣。这一时期，相关研究无论在广度、深度上都有所发展，主要的议题、思路、素材、观点均已呈现。可以说，台湾本土的清代台湾城市史研究在 20 世纪 90 年代达到了高峰。

2000 年以后，随着研究兴趣更多转向日本殖民时期、荷西时期以及少数民族聚落等先前较少讨论的范畴，台湾学者关于清代城市史的讨论有所减少。

1.2 研究内容与重点

考察半个世纪以来台湾学者关于清代台湾城市史的研究成果，主要集中在七类议题。以下大体按诸议题提出之时序，分别简述其研究内容与特点。

（1）筑城史研究

城垣常被认为是中国古代城市的基本构成。但清廷在台湾的筑城政策先后经历了"不筑城—竹城—砖石城"的曲折变化，造就了复杂多样的地方筑城历史。因此，"筑城史"成为台湾城市史领域最早也最多被讨论的议题之一。刘淑芬（1985a）"清代台湾的筑城"是这一方向的代表作。作为历史学者，她提出"竹城"对台湾筑城的原型意义与影响，并论述了筑城过程中的经费来源、官民参与、族群关系等问题。许雪姬（1987）"台湾竹城的研究"、温振华（1983）"清代台湾的建城与防卫体系的演变"等分别从不同视角予以补充。建筑学者黄兰翔（2000）的"解读清代地方志中的台湾城墙之记录"一文则关注城垣的材料、形制、构造，以及中国传统工法在台湾的传承与变通。在上述通论引领下，各地方城市的筑城史专门研究相继涌现，尹章义（1983）对台北城，刘淑芬（1985b）、曾玉昆（1996）对凤山新、旧城，许雪姬（1988）对澎湖妈宫城，黄兰翔（1990）、吴俊雄（1995）、林莉莉（1999）对新竹城，陈亮州（2004）对彰化城，张志源（2008）对嘉义城的研究等等，纷纷对通论中提出的问题予以回应。不难发现，在筑城史研究中，历史学者主要关注城墙的兴建过程及其中反映的政治、经济、社会问题，建筑学者和保护主义者主要关注城墙建筑之形态、材质、工艺及保护对策，而对于城墙与城市空间结构、形态关系的探讨不多。

（2）城市体系与城市选址研究

清代台湾开发有赖闽粤移民农垦，故一般先有汉人聚落及商业市街的形成，后有行政中心城市的设立。在这一过程中，是经济因素还是行政因素更主要地决定着城市选址及城市体系格局的形成，成为台湾学者（特别是地理学者）格外关注的议题。一种观点强调经济因素尤其港口贸易对台湾城市选址的决定性影响。如李瑞麟（1973）"台湾都市之形成与发展"从城市地理学视角分析了清代台湾市镇的人口、功能结构与形成原因，指出港口城市在城镇体系中的绝对优势。又如章英华（1986）对比了 19 世纪中晚期台湾与江南、云贵地区的城市发展状况，指出城市规模小、城市化程度高是台湾地区的突出特点，而经济因素是其主要动力。另一种观点则强调行政军事力量对城市选址的深刻影响。如施添福（1989、1990）"清代台湾市街的分化与成长"一文基于对清代台湾各级行政机关空间分布规律与选址原则的总结，阐释了如何从众多商业市街中挑选出行政治地并发展成为综合性地区中心。对局部地区而言，行政军事力量与经济力量的较量更直接影响着府县治城城址的变动，刘淑芬（1985c）、许雪姬（1988）、郑晴芬（2013）等提供了凤山县城、澎湖厅城城址变迁的个案研究。

（3）地区开发史研究

从地区开发史视角考察聚落与城市建设，也是清代台湾城市史研究的常见议题之一。此类研究多论及特定地区的农业开发历程、水利设施建设、交通设施建设、街庄聚落分布，以及相关土地制度、移垦政策和开发过程中的社群关系等；以聚落和城市作为考量地区开发的指标与手段。盛清沂（1980）从军政设施建置、街庄聚落分布、道路及水利设施建设等方面考察了清代新竹、桃园、苗栗地区的开发历程；何懿玲（1980）、黄雯娟（1990）对宜兰平原、尹章义（1981）对台北平原、邱奕松（1982）对嘉义地区、林会承（1994）对澎湖地区、张永桢（2013）对台湾后山地区的开发史等开展了专论。不过，此类研究往往偏重史料梳理，较少规律性总结。

（4）城市空间变迁研究

如果说前述诸议题更主要关注清代台湾城市的总体结构或局部要素，那么针对个案城市的空间变迁研究则更触及城市史研究的空间本质。以 20 世纪 80 年代陈朝兴（1984）、廖春生（1988）等对台北地区从艋舺、大稻埕到城内的空间转化与变迁研究为先导[④]，陈志梧（1988）对宜兰县城，萧百兴（1990）、黄兰翔（1995）、柯俊成（1998）、郭承书（2016）对台南府城，李正萍（1991）对新竹县城（淡水厅城），张玉璜（1994）对澎湖厅城，赖志彰（1991）对台中省城，赖志彰（2001）对彰化县城等相继开展了个案研究。此类研究的特点有三：一，专注于对城市空间形态的历史考察，注意搜集城市历史地图等图像素材，并基于实地测绘与历史考据等工作对特定历史时期的城市平面进行复原；二，研究时段多为包含清代在内的较长时期，注意总结各时期特点及空间变迁规律；三，在呈现城市物质空间形态变化的同时，亦关注其背后的政治、军事、经济、社会动因，尤其是不同社会阶层、地缘群体之作用[⑤]。在这方面，台湾大学城乡所以其在空间政治学领域的学术传统而有突出贡献。此类研究者多有建筑学教育背景，他们以对空间形态的敏锐洞察和扎实的图绘功底提供了丰富的复原图绘成果（图 2~4）。

（5）风水与城市营建研究

20 世纪 80~90 年代，风水对清代城市营建之影响一度成为台湾城市史领域热衷讨论的议题。先有汉宝德（1983）等从认识论层面将风水解读为中国传统环境观、空间观之表现的概述，后有赖仕尧（1993）、黄兰翔（1996）等关于风水与清代台湾地方空间实践的具体论述。日本学者关于部分城市营建中运用风水思想的研究，曾对台湾学者产生重要影响[⑥]。无论认同或批判，这些研究本质上已将风水理解为中国古代城市规划建设的一种理念与技术。相关研究在 20 世纪 90 年代达到高潮，新世纪后则鲜有人问津（图 5~6）。

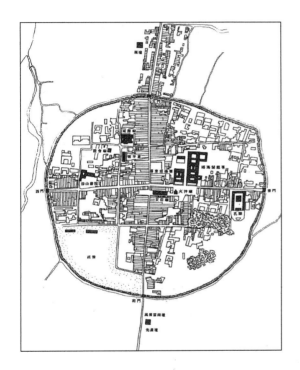

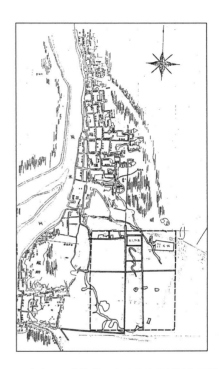

图 2　陈志梧对清代噶玛兰厅城（宜兰县城）的复原推想
资料来源：陈志梧（1988：48）。

图 3　廖春生对岑毓英版台北府城规划的复原推想
资料来源：廖春生（1988：112）。

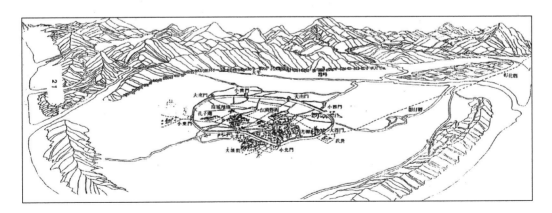

图 4　赖志彰对清末台中省城的复原推想

资料来源：赖志彰（1991：21）。

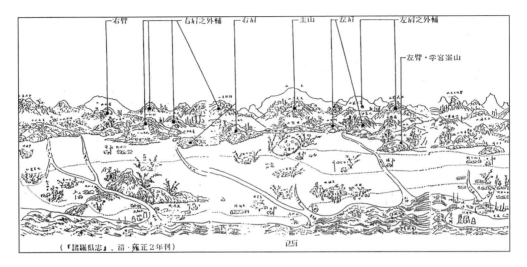

图5 赖仕尧对清代诸罗县城风水格局的分析

资料来源：赖仕尧（1993：29）。

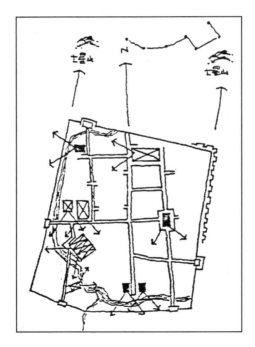

图6 陈朝兴参考Schinz（1973）对台北府城风水格局的分析

资料来源：陈朝兴（1984：165）。

（6）城内空间要素研究

随着清代台湾城市史研究的持续发展,世纪之交开始出现对城市空间布局与构成要素的专门兴趣,研究视角向中微观推进。黄琡玲（2001）《台湾清代城内官制建筑研究》详细论述了府县城市中官制建筑（如官署设施、教育设施、祠庙设施、社会救济设施等）的主要类型、发展历程及建筑规制,进而总结台湾传统城墙城市的空间构成与组织。其中,文教设施和祭祀设施作为传统城市中的重要功能要素,常被单独讨论,也构成后来城市空间结构研究的基础。前者如廖丽君（1998）对清代台湾孔庙、王启宗（1999）对清代台湾书院的研究,后者如高贤治（1999）、卓克华（2003）等对台湾官、民祠庙建筑的研究。他们或侧重对上述功能设施之建置背景与规制的梳理,或侧重对建筑空间与营建过程的考察。

（7）地图中的聚落与城市研究

近年来随着对台湾历史地图的不断发掘和整理,从地图中探查聚落与城市变迁也成为城市史研究的新方向[⑦]。全台尺度上,洪英圣（2002a）《画说康熙台湾舆图》、（2002b）《画说乾隆台湾舆图》对清代前期官方绘制的巨幅台湾舆图做了细致研究,除校核图中古今地名外,还对其中汉番聚落、驻军营盘、城池官署、自然景观的空间分布进行统计和分析,论述台湾在特定历史时期的开发程度与布防体系。局部尺度上,赖志彰等（2003）,赖志彰、魏德文（2010）利用清代古地图分别考察了新竹和台中地区的土地利用与城市空间变迁。此类研究以地理学者和地图学家为主,旨在利用不同时期、类型的古地图补足"土地利用之变迁研究或聚落史、都市史研究之不足"（赖志彰,2003）。此外,也有艺术史学者从清代台湾八景图中考察地方风景建构过程及其背后的政治文化意涵,代表作如萧琼瑞（2006）《怀乡与认同：台湾方志八景图研究》等。

1.3　研究特点

总体来看,台湾学者关于清代台湾城市史的研究具有以下特点:

就研究内容和研究者而言,议题丰富,观点多元,不同学科背景的学者在这一领域中不断发掘出各自感兴趣的议题。历史学者关注清廷治台政策变化影响下的城市营建活动;地理学者关注城市体系的形成与变化机制;建筑与规划学者关注城市空间变迁,以及形塑城市空间形态的规划设计理念与技术;地图学者、艺术史学者则关注地图、绘画等历史图像资料所反映的地区与城市变迁。不同学科背景研究者的介入略有先后。历史和地理学者最早,开启宏观通论之建构。建筑与规划学者次之,在时间上与特定的时代背景和国际思潮相关:一方面,20世纪七八十年代是台湾地区经济崛起、城市快速发展的黄金时期,新的规划建设要求对本土城市与建筑历史有更深入的了解,同时新建设导致的大量古迹破坏也唤起对建筑与城市历史研究的热情和责任;另一方面,20世纪六七十年代全球都刮起反思全球化的文化寻根热潮,台湾地区的建筑与规划界也深受这一思潮影响而激发了对本土建筑和城市历史的研究兴趣。其他学科的介入则依托研究资料的增加、研究视角的扩展而相继出现。

就研究资料和方法而言，台湾学者的相关研究大多是基于文献整理、实地调研、空间测绘、考据复原等基础性工作而展开，研究扎实深入。得益于丰富的历史地图发掘和细致的测绘复原工作，台湾学者在空间再现与分析方面的研究成果尤为突出。

就研究范式而言，各议题的开展大多先有全台性综论或典型个案专论提出主要的研究概念、路径与方法，后有其他地区性研究跟进，形成内容上的补充和方法上的呼应与调适。研究成果总体上有点有面，覆盖较广。

不过，台湾学界的清代城市史研究也不可避免地受到政治因素的影响。早期并不回避在全国语境中观察台湾城市的特性，但自20世纪末以来受到某些政治思潮和运动之影响，城市史领域的研究也越发"就台湾而论台湾"，选题局限于岛内且刻意弱化两岸的历史文化联系，这在相当程度上局限了学术研究的发展。

2 大陆学界关于清代台湾城市史之研究

2.1 研究历程

大陆学界的台湾研究大体自20世纪40年代末起步，至80年代后逐渐活跃而丰富。台湾史研究是台湾研究中的基础性内容，具有学术与现实的双重意义。对清代台湾城市史的关注主要来自两个学科领域，各带有不同的研究目的和关注重点。其一是历史学领域。台湾史研究作为中国历史学的一个分支学科，自1949年以后起步，1980年后迅速发展（陈小冲，2011；李细珠，2014）。清代台湾史是台湾史研究中的重点领域，相关研究最初自政治史发端，逐渐扩展至社会史、经济史、文化史等分支，20世纪末又扩展至城市史领域。近年来随着日本殖民时期台湾史等成为研究热点，对清代台湾史的关注有所减弱（程朝云，2015）。其二是建筑与城市规划领域，主要关注城市规划建设的历程与特点。清代台湾作为国家海疆门户和新设省区，是中国建筑与城市史不可或缺的一部分，虽然相关论述中出现有关清代台湾的内容较晚，但认识正在逐渐加深。

2.2 研究内容与重点

受到研究层级、资料获取等客观条件制约，大陆学界关注清代台湾城市史的研究者和研究成果在数量上略逊于台湾。上述两个学科领域中的相关研究也各有其旨趣与侧重，下文分别概述之。

（1）建筑与城市规划领域的相关研究

在中国古代建筑与城市规划通史及明清断代史论述中，刘敦桢（1984）《中国古代建筑史》第二版、贺业矩（1996）《中国古代城市规划史》、董鉴泓（1989）《中国城市建设史》、孙大章（2001）

《中国古代建筑史·清代建筑》中都有关于清代或明清时期城市之专篇，但受限于当时的研究资料和调研条件，相关内容尚未覆盖台湾地区。

中国城市规划建设史中出现关于清代台湾的论述，始见于董鉴泓（2004）《中国城市建设史》第三版。该书在"明清时期的城市"一章中简述了明清时期台湾的开发历程和主要城市。书中有关台湾的另一处论述，是在中篇"近代部分"新增一节介绍日本殖民时期台湾城市的改造规划。如果说后一部分的相对充实源于当时大陆学者对日本殖民时期台湾城市已有细致研究[⑧]，那么前一部分的简略（百余字篇幅）或许反映出当时对清代台湾城市的价值认知尚不充分。

此后出版的中国城市规划建设史中，关于台湾的论述逐渐增多。吴良镛（2014）《中国人居史》从明清汉族移民与文化融合的视角考察了台湾地区的人居发展，简述了移民定居、土地开发、城市建设之历程与特色。王树声（2016）《中国城市人居环境历史图典》有"福建台湾"分卷，其中台湾部分约占该卷篇幅的十分之一。该部分参考台湾府县方志9种，收录方志图17张，概述了台南、凤山、淡水、诸罗、宜兰、彰化、澎湖七府县的人居建设历史。

上述变化反映出大陆建筑与城市规划学者对清代台湾城市的关注正在不断提升，但对台湾在中国古代城市史、规划史尤其明清时期的特殊意义与价值，仍有待进一步发掘。

（2）历史学领域的相关研究

历史学视野中的清代台湾史研究，最初以清廷治台政策、地方制度等政治史议题为重点，逐渐扩展至社会史、移民史、经济史、交通史、文化史等领域。代表作有陈在正等（1986）《清代台湾史研究》、陈孔立（1990）《清代台湾移民社会研究》、张海鹏及陶文钊（2012）《台湾史稿》等。20世纪末以来，台湾史研究的触角也伸入城市史领域，关注的议题主要有三。

其一关注清代台湾城镇体系。吕淑梅（1999）《陆岛网络：台湾海港的兴起》从海洋社会经济史视角考察明清时期台湾海港城市发展与台湾开发的关系。唐次妹（2008）《清代台湾城镇研究》从城市地理学与区域经济学视角考察清代台湾开港前、开港后两个阶段的城镇体系结构与变迁。周翔鹤（2010）"台湾省会选址论：清代台湾交通与城镇体系之演变"基于台湾地理与交通条件分析清代台湾城镇体系之形成，评价省会选址之成败。吕颖慧（2015）《台湾城镇体系变迁研究》对清代台湾城镇体系的发展历程、功能结构、等级规模、空间分布等进行论述，指出清代台湾城市具有城镇化程度较高，但行政中心城市建设相对薄弱滞后、港口城镇与行政中心城镇并立等特点。

其二关注筑城活动及相关政策。钟志伟（2007）《清代台湾筑城史研究》以府县治所城市为研究对象，依据筑城动力变化划分"不筑城政策制约""民间力量推动""外患刺激"三个阶段考察其筑城活动。刘文泉（2014）《清代台湾城防政策研究》论述了清代台湾城防政策经历的三阶段变化及其相关的政治经济社会变迁。

其三关注城内功能设施建设。文教、祭祀两类设施仍然是讨论的重点：李祖基（1995）、颜章炮（1996）、李新元（2009）等讨论了清代台湾城隍庙、关帝庙等官、民祠庙的空间分布与营建历程；

李颖（1999）、张品端（2011）等讨论了社学、书院等文教设施的情况。

此外，清代台湾史研究的其他分支方向（如开发史、移民史、经济史、社会文化史等）中也或多或少涉及城市相关内容，但非论述主体。

2.3　研究特点

总体来看，大陆学者关于清代台湾城市史的研究表现出以下特点。

就研究视角与内容而言，相关研究多以台湾地区整体为研究对象，讨论其作为清代中国一府或一省之概况。这种宏观视角倾向使大陆学者更多采用中央规制与地方特色的论述逻辑，而这正是近年来台湾学者较少选择甚至刻意回避的角度。不过，这种视角也可能导致对地区内部差异性与多样性的忽视。

就研究资料与方法而言，由于两岸相隔，实地调研困难，大陆学者的研究工作多依赖历史文献和台湾学者的调研测绘成果。这在一定程度上束缚着大陆学者研究的深度与创新性，尤其是对于依赖田野调查的空间形态研究。此外，历史学语境中的台湾城市史研究对空间信息及其表现的重视度略有不足。

大陆学界关于清代台湾城市史的研究总体上启动较晚。历史学者主要关注城市建置之过程、政策、体系而非具体空间形态；建筑与城市规划学者的相关研究仍有较大的发展空间。

3　总结与展望

清代是台湾开发史上的重要时期，清代台湾城市在两岸城市史研究中都是最早也最多被讨论的话题之一。总其大势，台湾本土学者自20世纪60年代开启对台湾城市史的关注，经历70年代的乡土运动，至80年代蓬勃发展，不同学科背景的学者相继加入，共同确立了清代台湾城市史研究领域的主要议题与研究范式，涌现出一批代表作。这股研究热潮在90年代达到高峰，但新世纪后随着研究兴趣转向日本殖民时期、荷西时期及少数民族聚落等而逐渐减弱。大陆学界的台湾史研究至80年代开始活跃，从政治史扩展至社会史、经济史、文化史等领域，20世纪末涉足城市史议题；建筑与城市规划学界对台湾城市史的关注较迟。

对比两岸研究状况，主要表现出以下差异：

从研究视角与选题来看，台湾学界主要关注清代台湾城市的本土问题、个性问题；而大陆学界更关注全国体系中的台湾地方。台湾学界提出的议题丰富而细致，涉及地区开发、城市体系、选址营建、构成组织、空间变迁等诸多方面；在综论之外，对主要城市个案亦有深入发掘与研究。大陆学界讨论的议题一定程度上受到台湾已有研究的影响，在空间层次上多以台湾整体为研究对象。

从研究资料与方法来看，台湾学界占有研究资料与田野调查的地缘优势，总体上研究更为深入。台湾学者以对史料的详尽梳理和综合运用见长，在城市空间形态研究中特别重视实地调查测绘与历史地图的比较运用，图像研究成果丰富。相比之下，大陆学界的相关研究受资料和基地限制而略有不足。

从研究目标与方向来看，大陆学界的相关研究以宏观视角、整体论述见长，对清代台湾城市特殊性与典型性的认识还有待提升。台湾学界的相关研究具体细致，但各议题之间的关联较为松散，缺乏共识性的研究架构支撑和清晰的研究目标，曾有台湾学者感慨尚未形成以台湾城市史为题的专著，亦难建构一个明确的"台湾建筑—都市史"学术领域[⑨]。

随着研究兴趣的转向和政治因素的影响，近年来台湾学界关于清代台湾城市史的研究者和研究成果增长不多，未来进行整合性工作的前景并不乐观。随着大陆对深入挖掘中华传统文化、梳理总结传统城市规划建设理论与方法工作的日益重视，以及对台湾城市史研究价值的重新认知，大陆学界在清代台湾城市史研究领域仍有不断推进的必要性与可能性。笔者仅就现有认识提出若干可能的研究方向：其一，因为清代台湾府县城市的选址规划较少受前代影响，而主要依据清代规制和通行理论由大陆渡台官员与专业人士主导，这为研究清代城市乃至明清集大成的中国传统城市规划建设理论提供了极佳的地区性案例；其二，清代台湾城市营建不仅遵循规制，也表现出一般性通则在特殊地理、经济、社会条件下的调适与变通，可由此考察中国传统营建体系因地制宜的特征与机制；其三，作为清代新辟边疆省区，台湾的开发和城市营建还具有与其他同类地区的比较研究价值，可由此探索中国传统人居体系开拓的程序与特点。

海峡两岸关于清代台湾城市史的研究成果浩繁，笔者掌握资料有限，梳理解读也不免偏颇疏漏，还望两岸前辈同仁批评指正[⑩]。

致谢

感谢台湾东海大学建筑系关华山教授以及台湾大学建筑与城乡研究所张圣琳教授、赖仕尧教授在笔者赴台访学期间的指导与帮助。感谢台湾大学园艺景观系李孟颖助理教授、厦门理工学院王瑶副教授（台湾大学建筑与城乡研究所博士研究生）对本研究资料收集的帮助。

本研究受国家自然科学基金项目（51978360、51608292）资助。

注释

① 包括 3 座府城（含省城）及 13 座州县厅城。

② 明郑（1661～1683）在台湾设一府二县（承天府、天兴县、万年县），实际统辖范围限于今台南及周边地区。清代台湾 16 座治城中除台南府城在明郑时期已有规划建设外，其余均为清代选址创建。

③ 本文所论台湾学者的相关研究，指台湾本土学者在台湾或其他地区公开发表的研究成果（包括学术专著、期刊及会议论文、学位论文等）。大陆学者的相关研究，指中国大陆学者在大陆或其他地区公开发表的研究成果。近年来出现不少台湾学者在大陆高校完成的学位论文，不论是否及在何处公开出版，均算作台湾学界成果。日

本殖民时期（1895～1945）日本学者在台湾发表的关于台湾城市史的研究成果并非本文的研究对象，但因其对后来台湾本土学者的研究产生过深刻影响，故在文中必要处提及。

④ 陈朝兴（1984）曾谈到选择台北为研究对象对探索研究范式的先导意义。

⑤ 如廖春生（1988）探讨了官僚、士绅、豪商在台北筑城过程中的不同作用；张玉璜（1994）考察了妈宫城市空间变迁中从军人主导到官绅共建的过程等。

⑥ 如堀込宪二（1986）"清朝时代台湾恒春县城的风水"、（1990）《风水思想与中国都市的构造：官撰地方志为中心史料》等。

⑦ 关于清代台湾舆图的研究此前已有不少，如黄典权（1988）"台湾地图考索"、施添福（1988）"台湾地图的绘制年代"、庄吉发（1995）《故宫台湾史料概述》、夏黎明（1997）《清代台湾地图演变史：兼论一个绘图典范的移转历史》、夏黎明（2002）《台湾古地图：明清时期》等，但研究兴趣主要集中在厘清清代各时期的地图目录、考证特定地图的绘制年代及意图、综述各时期绘制技术水平等地图学本身的问题。将地图作为一种图像资料来研究清代台湾聚落与城市变迁则大约在2000年以后出现，一方面源于地图学者对研究领域的扩展；另一方面则源于历史学者、建筑学者对研究素材的扩展。

⑧ 如李百浩（1995）"日本殖民时期台湾近代城市规划的发展过程与特点（1895～1945）"（原载《城市规划汇刊》，1999年收入董鉴泓主编《城市规划历史与理论研究》第162～167页）。

⑨ 黄兰翔（2013）指出，"直到2013年的今天，以《台湾都市史》为名的著书非但不见踪影，在近几年内要出现较严谨的专书似乎也不太可能。显然要确立'台湾建筑—都市史'这个学术领域实非易事。"

⑩ 本文在2017年第9届城市规划历史与理论高级学术研讨会报告基础上修改完成。

参考文献

[1] CHIANG T C. Walled cities and towns in Taiwan[A]. KNAPP R G. ed. , China's Island Frontier: Studies in the historical geography of Taiwan[C]. Honolulu: University Press of Hawaii, 1980.

[2] SCHINZ. Ma B-Systeme in Chinese is chen städteban[J]. Architectura, 1976(2): 113-127.

[3] 陈朝兴. 西元1945年以前台北市城市形式转化研究[D]. 台湾: 台湾大学土木工程学研究所, 1984.

[4] 陈孔立. 清代台湾移民社会研究[M]. 厦门: 厦门大学出版社, 1990.

[5] 陈孔立. 台湾"去中国化"的文化动向[J]. 台湾研究集刊, 2001(3): 1-11.

[6] 陈亮州. 清代彰化修筑砖城之研究[J]. 彰化文献, 2004(5): 43-65.

[7] 陈小冲. 近年来大陆台湾史研究的回顾与展望[M]//陈小冲. 台湾历史上的移民与社会. 北京: 九州出版社, 2011: 214-246.

[8] 陈在正、孔立、邓孔昭. 清代台湾史研究[M]. 厦门: 厦门大学出版社, 1986.

[9] 陈志梧. 空间之历史社会变迁: 以宜兰为个案[D]. 台湾: 台湾大学, 1988.

[10] 陈忠纯. 大陆台湾史研究的历史与现状分析: 以《台湾研究集刊》历史类论文(1983-2007)为中心[J]. 台湾研究集刊, 2009(2): 71-81.

[11] 程朝云. 清代台湾史研究的新进展与再出发: 纪念康熙统一台湾330周年国际学术研讨会综述[C]//中国社会科学院台湾史研究中心主编. 清代台湾史研究的新进展: 纪念康熙统一台湾330周年国际学术讨论会论文集. 北京: 九州出版社, 2015.

[12] 董鉴泓. 中国城市建设史[M]. 2版. 北京: 中国建筑工业出版社, 1989.

[13] 董鉴泓. 中国城市建设史[M]. 3 版. 北京: 中国建筑工业出版社, 2004.

[14] 高贤治. 台北府遗存下的官祀庙宇[J]. 台北文献, 1999, 129: 97-106.

[15] 郭承书. 清代台南五条港的发展与变迁: 以行郊、寺庙为切入途径[M]. 新北: 花木兰文化出版社, 2016.

[16] 汉宝德. 风水: 中国人的环境观念架构[J]. 建筑与城乡学报, 1983, 2(1): 123-150.

[17] 何懿玲. 日据前汉人在兰阳地区的开发[D]. 台湾: 台湾大学, 1980.

[18] 贺业矩. 中国城市规划史[M]. 北京: 中国建筑工业出版社, 1996.

[19] 洪英圣. 画说康熙台湾舆图[M]. 台北: 联经, 2002a.

[20] 洪英圣. 画说乾隆台湾舆图[M]. 台北: 联经, 2002b.

[21] 黄琡玲. 台湾清代城内官制建筑研究[D]. 台湾: 中原大学, 2001.

[22] 黄兰翔. 风水中的宗族脉络与其对生活环境经营的影响[J]. 台湾史研究, 1996, 4(2): 57-88.

[23] 黄兰翔. 台南十字街空间结构与其在日治初期的转化[J]. 台湾社会研究季刊, 1995, 19(6): 31-59.

[24] 黄兰翔. 台湾建筑史之研究[M]. 台北: 南天书局, 2013.

[25] 黄雯娟. 清代兰阳平原的水利开发与聚落发展[D]. 台湾: 台湾师范大学, 1990.

[26] 姜道章. 十八世纪及十九世纪台湾营建的古城[J]. 新加坡南洋大学学报(创刊号), 1967(1): 182-201.

[27] 柯俊成. 台南(府城)大街空间变迁之研究(1624-1945)[D]. 台湾: 成功大学, 1998.

[28] 赖仕尧. 风水: 由论述构造与空间实践的角度研究清代台湾区域与城市空间[D]. 台湾: 台湾大学, 1993.

[29] 赖志彰, 魏德文, 高传棋. 竹堑古地图调查研究[M]. 新竹: 新竹市政府, 2003.

[30] 赖志彰, 魏德文. 台中县古地图研究[M]. 台中: 台中县文化局, 2010.

[31] 赖志彰. 彰化县城市街的历史变迁[J]. 彰化文献, 2001(2): 75-105.

[32] 赖志彰. 1945 年以前台中地域空间形式之转化: 一个政治生态群的分析[D]. 台湾: 台湾大学, 1991.

[33] 李百浩. 日本殖民时期台湾近代城市规划的发展过程与特点(1895-1945)[J]. 城市规划汇刊, 1995: 52-64.

[34] 李乾朗. 台湾建筑史(1600-1895)[M]. 台北: 雄狮, 1979.

[35] 李瑞麟. 台湾都市之形成与发展[J]. 台湾银行季刊, 1973, 24(3): 1-29.

[36] 李细珠. 大陆学界台湾史研究的宏观检讨[J]. 台湾研究, 2014, 5: 81-94.

[37] 李细珠, 中国社会科学院台湾史研究中心. 中国大陆台湾史书目提要[M]. 北京: 中国社会科学出版社, 2015.

[38] 李新元. 关帝信仰在台湾的传播与发展之研究[D]. 厦门: 厦门大学, 2009.

[39] 李颖. 清代台湾社学概述[J]. 台湾研究, 1999(4): 89-92.

[40] 李正萍. 从竹堑到新竹: 一个行政、军事、商业中心的空间发展[D]. 台湾: 台湾师范大学, 1991.

[41] 李祖基. 城隍信仰与台湾历史[J]. 台湾研究集刊, 1995(1): 39-42.

[42] 廖春生. 台北之都市转化: 以清代三市街(艋舺, 大稻埕, 城内)为例[D]. 台湾: 台湾大学, 1988.

[43] 廖丽君. 台湾孔子庙建筑之研究——庙学制的影响及庙学关系的变迁[D]. 台湾: 成功大学, 1998.

[44] 林会承. 澎湖聚落的形成与变迁(上)[J]. 文化与建筑研究集刊, 1994, 4: 1-36.

[45] 林会承. 澎湖聚落的形成与变迁(下)[J]. 文化与建筑研究集刊, 1995, 5: 1-44.

[46] 林莉莉. 清代淡水厅砖石城墙营建过程的探讨: 以《淡水厅筑城案卷》为中心[C]//竹堑城学术研讨会会议手册. 新竹: 新竹市政府, 1999: 119-133.

[47] 刘敦桢. 中国古代建筑史[M]. 2 版. 北京: 中国建筑工业出版社, 1984.

[48] 刘淑芬. 清代台湾的筑城[J]. 食货杂志. 1985a, 14(11, 12): 484-503.

[49] 刘淑芬. 清代凤山县城的营建与迁移[J]. 高雄文献, 1985b: 5-46.

[50] 刘淑芬. 清代的凤山县城(1684-1695): 一个县城迁移的个案研究[J]. 高雄文献, 1985c: 47-63.

[51] 刘文泉. 清代台湾城防政策研究[D]. 福建: 福建师范大学, 2014.

[52] 吕淑梅. 陆岛网络: 台湾海港的兴起[M]. 赣州: 江西高校出版社, 1999.

[53] 吕颖慧. 台湾城镇体系变迁研究[M]. 新北: 花木兰文化出版社, 2015.

[54] 邱奕松. 寻根探源谈嘉义县开拓史[J]. 嘉义文献, 1982: 133-190.

[55] 盛清沂. 新竹、桃园、苗栗三县地区开辟史(上)[J]. 台湾文献, 1980, 31(4): 154-176.

[56] 盛清沂. 新竹、桃园、苗栗三县地区开辟史(下)[J]. 台湾文献, 1981, 32(1): 136-157.

[57] 施添福. 清代台湾市街的分化与成长: 行政、军事和规模的相关分析(上)[J]. 台湾风物, 1989, 39(2): 1-41.

[58] 施添福. 清代台湾市街的分化与成长: 行政、军事和规模的相关分析(中)[J]. 台湾风物, 1990, 40(1): 37-65.

[59] 孙大章. 中国建筑史[M]. 第五卷. 清代建筑. 北京: 中国建筑工业出版社, 2001.

[60] 唐次妹. 清代台湾城镇研究[M]. 北京: 九州出版社, 2008.

[61] 王启宗. 台湾的书院[M]. 台北: 文建会, 1999.

[62] 王树声. 中国城市人居环境历史图典. 福建台湾卷[M]. 北京: 科学出版社, 2016.

[63] 温振华. 清代台湾的建城与防卫体系的演变[J]. 台湾师范大学历史学报, 1983(13): 253-274.

[64] 吴俊雄. 竹堑城之沿革考[M]. 新北: 新竹市立文化中心, 1995.

[65] 吴良镛. 中国人居史[M]. 北京: 中国建筑工业出版社, 2014.

[66] 萧百兴. 清代台湾(南)府城空间变迁的论述[D]. 台湾: 台湾大学, 1990.

[67] 萧琼瑞. 怀乡与认同: 台湾方志八景图研究[M]. 台北市: 典藏艺术家, 2006.

[68] 许雪姬. 妈宫城的研究[C]//澎湖开拓史: 西台古堡建堡、妈宫城建城一百周年纪念学术研讨会专题论文. 澎湖: 澎湖县政府, 1988: 1-26.

[69] 颜章炮. 清代台湾官民建庙祀神之比较: 台湾清代寺庙碑文研究之二[J]. 台湾研究, 1996(3): 87-92.

[70] 尹章义. 台北平原垦拓史研究(1697-1772)[M]//尹章义. 台湾开发史. 台北: 联经出版事业公司, 1989: 29-172.

[71] 尹章义. 台北筑城考[J]. 台北文献, 1983(66): 1-21.

[72] 曾玉昆. 凤山县建城史之探讨[J]. 高市文献, 1996(1): 1-64.

[73] 张海鹏, 陶文钊. 台湾史稿[M]. 南京: 凤凰出版社, 2012.

[74] 张品端. 清代台湾书院的特征及其作用[J]. 台湾研究, 2011(3): 55-59.

[75] 张永桢. 清代台湾后山的开发[M]. 新北: 花木兰文化出版社, 2013.

[76] 张玉璜. 妈宫(1604-1945): 一个台湾传统城镇空间现代化变迁之研究[D]. 台湾: 成功大学, 1994.

[77] 张志源. 台湾嘉义市诸罗城墙兴建的变迁与再现研究[G]//建筑历史与理论. 第九辑(2008年学术研讨会论文选辑), 2008.

[78] 章英华. 清末以来台湾都市体系之变迁[M]//瞿海源, 章英华主编. 台湾社会与文化变迁. 台北: "中央研究院"民族学研究所, 1986: 233-273.

[79] 郑晴芬. 清代凤山县新旧城的比较研究[M]. 新北: 花木兰文化出版社, 2013.

[80] 钟志伟. 清代台湾筑城史研究[D]. 厦门: 厦门大学, 2007.

[81] 周翔鹤. 台湾省会选址论: 清代台湾交通与城镇体系之演变[M]//李祖基. 台湾研究新跨越: 历史研究. 北京:

九州出版社, 2010.

[82] 卓克华. 从寺庙发现历史: 台湾寺庙文献之解读与意涵[M]. 台北: 扬智文化事业股份有限公司, 2003.

[欢迎引用]

孙诗萌. 海峡两岸清代台湾城市史研究述评[J]. 城市与区域规划研究·澳门特辑, 2022: 204-219.

SUN S M. Review of urban history study in the Qing Dynasty in Taiwan and Chinese mainland[J]. Journal of Urban and Regional Planning: Special Issue on Macao, 2022: 204-219.

《城市与区域规划研究》征稿简则

本刊栏目设置

本刊设有 7 个固定栏目，分别是：

1. 主编导读。 介绍本期主题、编辑思路、文章要点、下期主题安排。

2. 特约专稿。 发表由知名学者撰写的城市与区域规划理论论文，每期 1～2 篇，字数不限。

3. 学术文章。 城市与区域规划理论、方法、案例分析等研究成果。每期 6 篇左右，字数不限。

4. 国际快线（前沿）。 国外城市与区域规划最新成果、研究前沿综述。每期 1～2 篇，字数约 20 000 字。

5. 经典集萃。 介绍有长期影响、实用价值的古今中外经典城市与区域规划论著。每期 1～2 篇，字数不限，可连载。

6. 研究生论坛。 国内重点院校研究生研究成果、前沿综述。每期 3 篇左右，每篇字数 6 000～8 000 字。

7. 书评专栏。 国内外城市与区域规划著作书评。每期 3～6 篇，字数不限。

根据主题设置灵活栏目，如：**人物专访、学术随笔、规划争鸣、规划研究方法**等。

用稿制度

本刊收到稿件后，将对每份稿件登记、编号及组织专家匿名评审，刊登与否由编委会最后审定。如无特殊情况，本刊将会在 3 个月内告知录用结果。在此之前，请勿一稿多投。来稿文责自负，凡向本刊投稿者，即视为同意本刊将稿件以纸质图书版本以及包括但不限于光盘版、网络版等数字出版形式出版。稿件发表后，本刊会向作者支付一次性稿酬并赠样书 2 册。

投稿要求

本刊投稿以中文为主（海外学者可用英文投稿），但必须是未发表的稿件。英文稿件如果录用，本刊可以负责翻译，由作者审查定稿。除海外学者外，稿件一般使用中文。作者投稿用电子文件，通过采编系统在线投稿，采编系统网址：**http://cqgh. cbpt. cnki. net/**，或电子文件 E-mail 至 **urp@tsinghua. edu. cn**。

1. 文章应符合科学论文格式。主体包括：① 科学问题；② 国内外研究综述；③ 研究理论框架；④ 数据与资料采集；⑤ 分析与研究；⑥ 科学发现或发明；⑦ 结论与讨论。

2. 稿件的第一页应提供以下信息：① 文章标题、作者姓名、单位及通讯地址和电子邮件；② 英文标题、作者姓名的英文和作者单位的英文名称。稿件的第二页应提供以下信息：① 200 字以内的中文摘要；② 3～5 个中文关键词；③ 100 个单词以内的英文摘要；④ 3～5 个英文关键词。

3. 文章正文中的标题、插图、表格、符号、脚注等，必须分别连续编号。一级标题用"1""2""3"……编号；二级标题用"1.1""1.2""1.3"……编号；三级标题用"1.1.1""1.1.2""1.1.3"……编号，标题后不用标点符号。

4. 插图要求：500dpi，14cm×18cm，黑白位图或 EPS 矢量图，由于刊物为黑白印制，最好提供黑白线条图。图表一律通栏排，表格需为三线表（图：标题在下；表：标题在上）。

5. 参考文献格式要求如下：

（1）参考文献首先按文种集中，可分为英文、中文、西文等。然后按著者人名首字母排序，中文文献可按著者汉语拼音顺序排列。参考文献在文中需用括号表示著者和出版版年信息，例如（王玲，1983），著录根据《信息与文献 参考文献著录规则》（GB/T 7714—2015）国家标准的规定执行。

（2）请标注文后参考文献类型标识码和文献载体代码。

• 文献类型/类型标识

专著/M；论文集/C；报纸文章/N；期刊文章/J；学位论文/D；报告/R

• 电子参考文献类型标识

数据库/DB；计算机程序/CP；电子公告/EP

• 文献载体/载体代码标识

磁带/MT；磁盘/DK；光盘/CD；联机网/OL

（3）参考文献写法列举如下：

［1］刘国钧，陈绍业，王凤翥. 图书馆目录[M]. 北京：高等教育出版社，1957: 15-18.

［2］辛希孟. 信息技术与信息服务国际研讨会论文集：A 集[C]. 北京：中国社会科学出版社，1994.

［3］张筑生. 微分半动力系统的不变集[D]. 北京: 北京大学数学系数学研究所, 1983.

［4］冯西桥. 核反应堆压力管道与压力容器的 LBB 分析[R]. 北京: 清华大学核能技术设计研究院, 1997.

［5］金显贺, 王昌长, 王忠东, 等. 一种用于在线检测局部放电的数字滤波技术[J]. 清华大学学报(自然科学版), 1993, 33(4): 62-67.

［6］钟文发. 非线性规划在可燃毒物配置中的应用[C]//赵玮. 运筹学的理论与应用——中国运筹学会第五届大会论文集. 西安: 西安电子科技大学出版社, 1996: 468-471.

［7］谢希德. 创造学习的新思路[N]. 人民日报, 1998-12-25(10).

［8］王明亮. 关于中国学术期刊标准化数据库系统工程的进展[EB/OL]. (1998-08-16)/[1998-10-04]. http://www.cajcd. edu.cn/pub/wml.txt/980810-2.html.

［9］PEEBLES P Z, Jr. Probability, random variable, and random signal principles[M]. 4th ed. New York: McGraw Hill, 2001.

［10］KANAMORI H. Shaking without quaking[J]. Science, 1998, 279(5359): 2063-2064.

6. 所有英文人名、地名应有规范译名, 并在第一次出现时用括号标注原名。

编辑部联系方式

地址: 北京市海淀区清河嘉园东区甲 1 号楼东塔 22 层《城市与区域规划研究》编辑部

邮编: 100085

电话: 010-82819491

著作权使用声明

《城市与区域规划研究》征订

《城市与区域规划研究》为小 16 开，每期 300 页左右。欢迎订阅。

订阅方式

1. 请填写"征订单"并电邮或邮寄至以下地址：

  联系人：单苓君

  电　话：（010）82819491

  电　邮：urp@tsinghua.edu.cn

  地　址：北京市海淀区清河嘉园东区甲 1 号楼东塔 22 层

     《城市与区域规划研究》编辑部

  邮　编：100085

2. 汇款

  ① 邮局汇款：地址同上

      收款人姓名：北京清华同衡规划设计研究院有限公司

  ② 银行转账：户　名：北京清华同衡规划设计研究院有限公司

      开户行：招商银行北京清华园支行

      账　号：866780350110001

《城市与区域规划研究》征订单

每期定价	人民币 86 元（含邮费）						
订户名称						联系人	
详细地址						邮　编	
电子邮箱			电　话			手　机	
订　阅	年　　期至　　年　　期					份　数	
是否需要发票	□是　发票抬头						□否
汇款方式	□银行　　　　　□邮局					汇款日期	
合计金额	人民币（大写）						
注：订刊款汇出后请详细填写以上内容，并将征订单和汇款底单发邮件到 urp@tsinghua.edu.cn。							